Spiele des Zufalls

Didier Dacunha-Castelle

Spiele des Zufalls

Instrumente zum Umgang mit Risiken

Aus dem Französischen von
Bernd Wilczek

Gerling Akademie Verlag

Die Deutsche Bibliothek – CIP Einheitsaufnahme
Dacunha-Castelle, Didier:
Spiele des Zufalls : Instrumente zum Umgang mit Risiken / Didier Dacunha-Castelle. Aus dem Franz. von Bernd Wilczek. – München : Gerling Akad. Verl., 1997
Einheitssacht.: Chemins de l'aléatoire <dt.>
ISBN 3-932425-00-6

Die Originalausgabe erschien 1996 unter dem Titel
»Chemins de l'aléatoire«
bei Flammarion, Paris.

Satz: Fotosatz Reinhard Amann, Aichstetten
Druck und Bindung: Claussen & Bosse, Leck
ISBN 3-932425-00-6

www.gerling-academy-press.com

Inhalt

8. Kapitel
Das Versicherungswesen

9. Kapitel
Börse und Finanz: *Risk is Money*

10. Kapitel
Unberechenbare oder nicht berechenbare Risiken

Dritter Teil
Information und kulturelle Dimension des Zufalls

11. Kapitel
Die andere Seite des Zufalls: Die Information

12. Kapitel
Die Bedeutung der Wahrscheinlichkeit

Epilog
Anstiftung zu einer Pädagogik des Zufalls

Einleitung

Unsicherheit und Unvorhersehbarkeit haben in den letzten Jahren offensichtlich die Entwicklung der Welt bestimmt. Die Unfähigkeit von Geopolitik und Wirtschaft, den Zerfall des Ostblocks bzw. die bevorstehende Wirtschaftskrise vorherzusehen, hat die Gemüter bewegt. Gleichzeitig haben die neuen Anwendungen mathematischer Theorien, wie etwa diejenige der Chaostheorie, den Nachweis dafür erbracht, daß es physikalische Zustände gibt, die mittelfristig nicht vorhersehbar sind. Wenig fundierte Analogieschlüsse haben die allgemeine Unvorhersehbarkeit in vielen Bereichen in Mode kommen lassen. Die Auseinandersetzung über Zufall, Ordnung, Unordnung und Komplexität ist aufgrund der Anleihen beim mathematischen Vokabular vollkommen undurchsichtig geworden.

Es gibt kaum Gemeinsamkeiten zwischen dem unvorhersehbaren Zufall – dem Mann, dem an genau jenem Tag ein Blumentopf auf den Kopf fällt, als er ausnahmsweise einmal einen anderen Weg genommen hat[1] – und der Wissenschaft des Zufalls bzw. der mathematischen Wahrscheinlichkeitstheorie. Sie ist nicht nur für Glücksspiele, sondern für viele Bereiche des alltäglichen Lebens von großer Bedeutung. Ob Versicherungswesen, medizinische Diagnostik, Risikobestimmung von Atomenergie, virtuelle Finanzprodukte, Umfragen, Wettervorhersage bzw. Vorhersage der wirtschaftlichen Entwicklung oder Zuverlässigkeit industrieller Anlagen, all das sind Anwendungsbereiche der Wissenschaft des Zufalls. Ohne die Wahrscheinlichkeitstheorie wäre es genauso wenig möglich, die Mechanismen der Genetik zu formalisieren wie die Quantenmechanik oder die Thermodynamik. Im Bereich der Gesellschaftswissenschaften hat die Bedeutung dieser mathematischen Verfahren ständig zugenommen. Zentrale politische Entscheidungen in bezug auf technologische Entwicklungen oder die Wirtschaft werden Analyseverfahren unterzogen, die auf Wahrscheinlichkeitsberechnungen basieren.

Aus diesem Grunde müssen die Schlüsselbegriffe der Wahrscheinlichkeitstheorie zum Bestandteil unserer Kultur werden. Nichts berechtigt die »Fachleute«, ein Wissen zu beschlagnahmen, das nicht nur nicht den Wissenschaftlern vorbehalten bleiben darf, sondern auch dem breiten Publikum zugänglich gemacht werden kann. Die Bürger müssen immer besser gerüstet sein, um sich gegen Formen des politischen oder über die Medien verbreiteten Diskurses zu wehren, der sich insbesondere in bezug auf die Wahrscheinlichkeit und das Risiko ohne große Strenge und manchmal auch ohne die notwendige Redlichkeit ausschließlich auf quantitative Kriterien beruft.

Ziel dieses Buches ist es also, die Anwendung der Wahrscheinlichkeitstheorie in der zeitgenössischen Gesellschaft zu prüfen und ihre zentralen Begriffe zu erläutern, ohne dabei auf mathematische Formeln zurückzugreifen. Leser, die gegen mathematische Symbole allergisch sind, können ganz beruhigt sein, denn ich bemühe mich in erster Linie darum, die Abhängigkeit zwischen theoretischen Begriffen und insbesondere gesellschaftlichen Praktiken zu veranschaulichen. Ich verfolge keinesfalls die Absicht, in die Diskussion mathematischer Methoden einzutreten, auch nicht durch eine Hintertür.

Auch geht es nicht darum, Bilanz zu ziehen, sondern vielmehr möchte ich einen seinerseits etwas zufälligen Weg einschlagen, der zu den entscheidenden Punkten führt und einen Einblick in die gängigsten, häufig impliziten Anwendungen der Wahrscheinlichkeitstheorie ermöglicht.

Durch welche Besonderheiten zeichnet sich die auf der Wahrscheinlichkeitsrechnung beruhende Argumentation aus? Auf welcher Grundlage lassen sich ausgehend vom Zufall Berechnungen anstellen? Das 19. Jahrhundert war gekennzeichnet von der Frage nach dem »statistischen Warum«: Warum bleibt die Anzahl der Selbstmorde und Verbrechen in allen Regionen von Jahr zu Jahr in etwa gleich? Will man eine Antwort auf diese Frage finden, so bedarf es einer genauen Untersuchung des Gesetzes der großen Zahl, der Regelmäßigkeiten, die bei großen Einwohnerzahlen zum Ausdruck kommen. Von diesem regelmäßigen Verhalten gibt es Ausnahmen, die seltene und bedeutende Ereignisse ausmachen.

Auch in der Mathematik ist Seltenheit ein schwieriger Begriff. Wenn sich das, was selten ist, nicht auf eine allgemein gültige Art definieren läßt, kann man dann die Dialektik von Zeit und Seltenheit veranschaulichen? Wie lange muß man warten, damit etwas eintritt, was selten ist, und tritt ein seltenes Ereignis auf eine bevorzugte Weise ein? Die jüngsten Ergebnisse in bezug auf die großen Abweichungen vom Gesetz der großen Zahl machen es möglich, die Antworten auf diese Fragen zu skizzieren.

Darüber hinaus gibt es aber auch direkte Anwendungsmöglichkeiten für die Wahrscheinlichkeitstheorie, die dem ähneln, was man als mathematische Technologie bezeichnen könnte: Statistik, Vorhersage und Kontrolle. Millionen von Menschen auf der ganzen Welt beschäftigen sich mit diesen Anwendungsfeldern.

Die Moderne ist häufig aufgrund der Fähigkeit der Gesellschaft definiert worden, ihre eigene Zukunft zu entwerfen und diese Zukunft zwecks Gestaltungsversuchen vorherzusehen. Besteht angesichts des aktuellen Scheiterns Grund zu der Vermutung, daß unsere Vorhersagemethoden unbrauchbar sind, oder haben diese Schwierigkeiten nichts mit Mathematik zu tun? Wahrscheinlichkeitsrechnungen und Statistiken sind dazu da, um mit ihrer Hilfe Vergangenheit zu erklären und Zukunft vorherzusagen. Die ganze Kunst der Vorhersage besteht in der Erstellung von Modellen, die auf der Wahrscheinlichkeitsrechnung basieren. Eignet sich ein und dasselbe Modell sowohl für die Erklärung der Vergangenheit als auch für die Vorhersage der Zukunft? Kann es im Laufe der Zeit nicht zu Brüchen kommen, die das Vorhersagemodell unwirksam werden lassen? Wie groß muß das Gedächtnis sein, damit es für richtige Vorhersagen taugt? In dieser Hinsicht ist das Langzeitgedächtnis des Nils, dessen Pegelstände seit dem 7. Jahrhundert bekannt sind, ein faszinierendes Beispiel.

Der im allgemeinen nur unzureichend definierte und noch stärker als die Vorhersage im gesellschaftlichen Bereich verankerte Begriff des Risikos ist universell und unsicher zugleich; jeder ist davon betroffen, aber auf eine ihm eigene Weise. Der Spieler, der Politiker, der Arzt, der Autofahrer, der Abenteurer, der Soziologe, der Finanzfachmann oder der Vulkanologe haben jeder eine zu spezifische Vorstellung von Risiko, um höchst notwendige Vergleiche anzustellen. Unsere Gesellschaften fühlen sich zunehmend verletzbar, immer neuen Risiken wie Atomenergie, Unsicherheit oder Krankheiten ausgesetzt. Das Risiko, das traditionellerweise mit einer Gefahr in Verbindung gebracht und als etwas Negatives wahrgenommen wird, ist seit zwei Jahrhunderten zu einem positiven Wert geworden, wenn er mit dem Unternehmergeist in Verbindung gebracht wird; einigen dient er sogar als Rechtfertigung für Profit. Unser durch den Neoliberalismus gekennzeichnetes Zeitalter sieht sich einem Widerspruch ausgesetzt: zum Risiko ermutigen, um die Wirtschaft zu dynamisieren, oder es vermeiden, um die Bürger zu schützen.

Die Mathematik des Zufalls kann in den angesprochenen Bereichen die Voraussetzungen zu einer kohärenten Argumentation zur Verfügung stellen. Am Ende des 18. Jahrhunderts schuf die Entdeckung des Gesetzes der großen Zahl die Voraussetzung für das Entstehen der Versicherungen. Heute können Risikoberechnungen zu Faktoren des Fortschritts sowohl auf der Ebene der Sicherheit als auch auf derjenigen demokratischer Auseinandersetzungen werden. Allerdings ist die Rolle der Mathematik nicht allein darauf beschränkt. Um sich in einer riskanten Situation für eine Strategie zu entscheiden, benötigt man Regeln und Kriterien, auf deren Grundlage sich die möglichen Entscheidungen miteinander vergleichen lassen. Die wirtschaftliche Prägnanz hat die sogenannte »Maximierung des erwarteten Nutzens« zum vorherrschenden Kriterium erhoben. Um dieses Kriterium anzuwenden, mußte man sich daran gewöhnen, alles an der Elle des Geldes zu messen: das Leben genauso wie den Schmerz oder die Schönheit einer Landschaft. Unabhängig davon, ob man sich auf den Marxismus früherer Tage oder die heutigen ultraliberalen Theorien beruft, in einem unsicheren Universum entgeht nichts dem Kriterium der Maximierung. Demzufolge ist es ganz und gar angebracht, sich eingehender mit der Nutzung der Mathematik zu befassen und sie der kulturellen oder psychologischen Betrachtungsweise des Risikos durch die Menschen gegenüberzustellen, und sei es auch nur, um das Gewicht eines Ökonomismus zu beschränken, der von seiner eigenen Dynamik lebt. Das bedeutet, einen kritischen Blick auf einen Begriff zu werfen, der außerhalb des mathematischen Feldes kaum zu definieren ist, der aber häufig ins Spiel gebracht wird, sobald es um gesellschaftliche Probleme geht: die Gerechtigkeit.

Die Medizin ist das Reich der Urteilskraft in einem unsicheren Universum, die Börse und das Versicherungswesen haben das Risiko zu einer Ware gemacht. Sowohl hier als auch was die großen ökologischen Risiken betrifft, stützen wir uns auf die Anwendung der Wahrscheinlichkeitstheorie. Wie können unsere Mitmenschen ein Ergebnis der Art »die Wahrscheinlichkeit, daß es im Laufe eines Jahres in einem Atomkraftwerk zu einem schweren Zwischenfall kommt, beträgt 1 : 100 000« interpretieren und dann auf dieser Grundlage den Beschluß einer Energiepolitik ermessen?

Um der Wissenschaft des Zufalls ihre ganze Tragweite zu geben, bedarf es einer anderen, etwas schwerer zugänglichen Lesart. Sie stellt Unsicherheit und Information einander gegenüber. Unser Weg beschreibt also eine Biegung.

Die Informationstheorie betrachtet die Welt des Möglichen als eine Welt der Symbole, Buchstaben des Alphabets oder einfach nur als eine Folge von 0 und 1. Sie ermöglicht es, sowohl die Informationsmenge eines stattgefundenen Ereignisses als auch die von einem Experiment zu erwartende Informationsmenge zu bestimmen. Diese Informationsmenge ist in der Tat eine Zufallsmenge. Von jetzt an ist es vorstellbar, sich beispielsweise zu fragen, ob eine Zahlenfolge »nach dem Zufallsprinzip« gebildet worden ist. Die Antwort auf diese Frage mag ungewöhnlich erscheinen, denn sie basiert auf dem Gedanken der Komplexität. Dieser dem Allgemeinverständnis sehr nahe Komplexitätsbegriff steht im Fall der Folge von 0 und 1 sowohl mit ihrem zufälligen Wesen (kam sie zufällig zustande?) als auch mit der minimalen Dauer eines für ihre Erzeugung notwendigen Computerprogramms in Verbindung. Auf diese Weise wird eine zwar überraschende, aber wichtige Brücke zwischen der Wahrscheinlichkeitstheorie und der Mathematik geschlagen, die zur Entstehung der Informatik beiträgt und a priori keinerlei Interesse am Zufall hat!

Auf diese Weise wird für uns insbesondere einsehbar, daß wir den vollkommenen Zufall bestenfalls grob imitieren können. Trotzdem sind wir darauf angewiesen, diesen Zufall zu imitieren, um die immer wichtigere Simulationstechnik nutzen zu können. Es bleibt uns also nichts anderes übrig, als Generatoren für etwas zu entwickeln, das dem Zufall ähnelt! Die Wahrscheinlichkeitstheorie stellt demzufolge einen engen Zusammenhang her zwischen Zufalls- und Informationsmenge, Komplexität der Beschreibung und Dauer der Computerprogramme. Und das ist noch nicht alles! Die Informationsmenge ähnelt merkwürdigerweise der physikalischen Entropie, die im Zentrum der Thermodynamik steht. Diese Gegenüberstellung stellt eine neue Quelle der Inspiration für zahlreiche Disziplinen dar.

Jetzt muß nur noch der Versuch einer Einordnung der Wissenschaft des Zufalls gemacht werden. Auch wenn sie einerseits in beträchtlichem Ausmaß an die Mathematik angelehnt ist, so ist auf der anderen Seite ihre Bedeutung für verschiedene praktische Anwendungen doch beträchtlich. Geht man noch weiter, so hängt alles von der allgemeinen Auffassung ab, die man von der Mathematik hat, insbesondere was ihr Verhältnis zur Wirklichkeit betrifft. Dabei muß man allerdings den geschichtlichen Besonderheiten der Wahrscheinlichkeit Beachtung schenken, die der Physik häufig näher stehen als der Mathematik.

Das führt uns natürlich zu nicht mehr nur ausschließlich mathematischen Betrachtungen des Zufalls und der Wahrscheinlichkeiten, Betrachtungen, die sich mit einem Thema decken, das die Philosophie schon immer beschäftigt und in ihrer etwas monotonen Auseinandersetzung mit dem Determinismus zum Ausdruck kommt. Gibt es keinen Zufall, dann ist seit dem Big bang oder Adam und Eva alles festgeschrieben, und es gibt keine Freiheit. Und wenn es doch einen elementaren Zufall gibt, der wie der Teufel jederzeit zum Vorschein kommen kann, um die Ordnung (bzw. die Unordnung) der Dinge durcheinander zu bringen, dann liegt das daran, daß »Gott Würfel spielt«. Eine Vorstellung, die nach Einstein vielen mißfällt. Dagegen erhob wiederum ein anderer großer Physiker, Niels Bohr, seine Stimme. Er sah nicht ein, warum man Gott vorschreiben soll, was er zu tun habe und ihm deshalb insbesondere untersagt, Würfel zu spielen, damit unsere Elementarteilchen funktionieren. Die Schlußfolgerungen aus dieser Auseinandersetzung sind rein metaphysischer Natur.

Der Epilog am Ende des Weges ist eine provokative Aufforderung zu einer Pädagogik des Zufalls. Durch die Spiele, die für einen Staat, der in dieser Beziehung vollkommen unbedarft ist, zu einem interessanten Konsumartikel geworden sind, wird der Zufall mit jedem Tag ein wenig gegenwärtiger. Obwohl das Lotteriespiel keinen guten Ruf genießt, erinnern doch so manche Einstellungsverfahren in Zeiten hoher Arbeitslosigkeit an ein ... gerechteres Lotteriespiel. Die fehlende Genauigkeit der meinungsforschenden Politologen macht eine Deontologie der Statistiker notwendig, und das mangelnde pädagogische Verständnis der Politiker eine Verbesserung der Art und Weise, wie Informationen, die auf Zahlenmaterial basieren, präsentiert werden. Der Rückgriff auf die Mathematik des Zufalls stellt ein wichtiges pädagogisches Instrument zur Verfügung, das es zu nutzen gilt, um die Überlegungen zu Umfrageergebnissen, medizinischen Risiken oder Risiken der Atomenergie weiterzubringen.

Sobald man sich mit gesellschaftlichen Belangen befaßt, muß einem zwangsläufig die »eigenartige Macht« der Mathematik noch bewußter werden, als dies ohnehin der Fall ist, und man muß zugleich die Grenzen ihrer Bedeutung als bevorzugtes Analyseinstrument abstecken. Die Mathematik, und insbesondere diejenige des Zufalls, darf nicht zum wenig überzeugenden Alibi für diejenigen werden, die sich unter Berufung auf einen Realismus, der auf Berechnungen basiert, deren Voraussetzungen man verheimlicht, jeder ideologischen Auseinandersetzung verweigern.

Erster Teil

Mathematik des Zufalls

1. Kapitel

Die Wahrscheinlichkeiten

Eine verspätete Entdeckung

Der etymologische Ursprung der französischen Wörter für »Zufall« und »Unvorhersehbarkeit« geht auf die arabischen bzw. römischen Würfel- und Geschicklichkeitsspiele zurück, die festen und leicht verständlichen Regeln unterlagen.[1] Die Spieler konnten sich eine genaue Vorstellung vom Ablauf einer Partie machen, auch ohne sie wirklich zu spielen. Heute würden wir sagen, daß diese Wörter dazu dienen, Spielmodelle darzustellen und keinen Bezug zum geheimnisvollen und unerklärlichen Schicksal aufweisen, der den Auguren sowie den Gottheiten vorbehalten bleibt. Je stärker der Mensch den Zufall zu beherrschen versucht, um so mehr löst er sich vom Schicksal und von den Göttern. Diese Entwicklung geht in erster Linie auf die dem Menschen zur Verfügung stehende Möglichkeit zurück, die Erfahrungen, bei denen der Zufall eine Rolle spielt, nachzuahmen. Das Schicksal oder Gott werden demgegenüber weiterhin als Vollzieher von etwas Einzigartigem angesehen. Die im Laufe dieser Wiederholungen beobachteten Regelmäßigkeiten waren dafür verantwortlich, daß es zu dem langwierigen Trennungsprozeß kam. Demzufolge ist der Zufall eine dauerhafte kulturelle Konstruktion, an der die Mathematik einen immer größer werdenden Anteil hat.

In der Antike ist der Zufall ein Instrument für Vergöttlichung, Vorhersagen und Entscheidungen. Die Untersuchung von Eingeweide und Vogelflug lüftet den Schleier der Zukunft. Aber alles, was geschieht, ist letztlich eine Entscheidung des Schicksals, die man lediglich vorwegnimmt.[2] Warf man seinerzeit die Knochen oder Würfel, so wurde einem dabei nicht die Regelmäßigkeit der Häufigkeit[3] bewußt und niemand hat sich gefragt, welchen Mechanismen der Zufall und das Fehlen erkennbarer Ursachen unterlag. Es wurde also nie irgendeine Berechnung angestellt. Warum sollte man auch die Wahrscheinlichkeit berechnen, wenn das Ergebnis durch göttlichen Eingriff sowieso unabänderlich feststand?

Am Ende des Mittelalters ist die aristotelische Logik untergraben: Man fragt sich, wie groß die Gewißheit eines Satzes ist, und stellt fest, daß Naturphänomene nicht nur wahr oder falsch sein können. Auch wenn die Traditionalisten weiterhin den Rückgriff auf den Zufall im Namen der Religion ablehnen, wenn er wie in der Antike eine ratgeberische oder wahrsagerische Funktion besitzt, so geht die Zeit des Verbots von Glücksspielen, das in der Zeit des Römischen Imperiums verhängt und von der Kirche noch verschärft wurde, unweigerlich zu Ende. Zwar werden die Glücksspiele nach wie vor aus moralischen Gründen wegen der Bedeutung, die sie dem Geld beimessen, kritisiert, aber Auslosungen werden nicht mehr prinzipiell verurteilt. Thomas von Aquin rechtfertigt den Losentscheid, wenn er beispielsweise bei einer Erbstreitigkeit zur Beilegung des Konfliktes beiträgt.

Ausgehend insbesondere von den Arbeiten Pascals, begünstigt im 17. Jahrhundert die Übereinstimmung zwischen philosophischen Fragen und mathematischer Spekulation das Auftauchen des Gedankens der Wahrscheinlichkeit. Und wenn die Glücksspiele zum bevorzugten Untersuchungsgegenstand werden, so liegt das zweifellos daran, daß zu dieser Zeit keine andere eindeutig auf Zufall beruhende Aktivität dazu geeignet ist, sich mathematisch darstellen zu lassen. Die Entdeckung der Wahrscheinlichkeitsrechnung wird verstanden als die Offenbarung von Gesetzen, die Gott für die Glücksspiele festgelegt hat. Das gilt beispielsweise für die Entdeckung, daß bei einer großen Anzahl von Würfen ungefähr bei jedem sechsten Wurf die Zahl Vier fällt.

Im 18. Jahrhundert werden in Adelskreisen die Wetten über die Lebensdauer großer Persönlichkeiten so beliebt, daß man in diesem Zusammenhang von einem allgemein verbreiteten gesellschaftlichen Phänomen sprechen kann. Allerdings reicht das noch nicht für die Entstehung einer mathematischen Theorie. Einen zusätzlichen Anstoß hierfür stellen die ersten Versuche zur Schaffung von Lebensversicherungen dar; hierdurch kommt es sowohl zur Lösung praktischer Probleme, die mit den Sterbetafeln im Zusammenhang stehen, als auch zur Veranschaulichung des Gesetzes der großen Zahlen, das die eigentliche Grundlage für die Wahrscheinlichkeitstheorie bildet.

Es genügten also hundert Jahre, um die Vorstellung der Wahrscheinlichkeit zutage treten zu lassen. Vom Ende des 18. Jahrhunderts bis Anfang des 20. Jahrhunderts sahen viele der kreativsten Mathematiker, wie etwa Laplace, in der Wahrscheinlichkeitstheorie eine der wesentlichsten menschlichen Erkenntnisse und erkannten bereits ihre Bedeutung für so unterschiedliche Forschungsgebiete wie Demographie oder Physik. Diese herausragende Stellung wird ihr auch von zwei Mathematikern zuerkannt, die das 20. Jahrhundert geprägt haben, Jules-Henri Poincaré und später A. N. Kolmogorow. Die anwendungsorientierte Nutzung der Wahrscheinlichkeitstheorie datiert auf die Zeit nach dem Zweiten Weltkrieg: Ohne die Wahrscheinlichkeitstheorie gäbe es keine Signal- und Telekommunikationstheorie und kaum Fortschritte bei der Automatisierung. Durch das Auftauchen von Computer, Simulationstechnik sowie Problemfeldern wie Betriebssicherheit und Qualitätskontrolle vergrößert sich die Bedeutung der Theorie[4] und die Zahl ihrer Anwender.

Die Maschine Zufall

Um von der Unsicherheit zum Zufall zu gelangen, muß der Blick innehalten, muß eine ungewöhnliche Seltenheit oder erstaunliche Häufigkeit einzelne Menschen oder ganze Gruppen in Erstaunen versetzen. Der Zufall wird immer in Verbindung gebracht mit einer mehr oder weniger unklaren Vorstellung von Menge, der Suche nach Darstellungsmöglichkeiten sowie vermittelbaren Rationalitäten: der Zufall ist nicht nur das Unsichere. Außerhalb der gelebten Wirklichkeit von Menschen, Gruppen oder Gesellschaften gibt es keinen Zufall. Der Zufall versucht, diese Wirklichkeit begrifflich[5] zu erfassen und dient in erster Linie dazu, eine Vorstellung zu vermitteln, ohne etwas der sinnlichen Wahrnehmung und nur wenig der Intuition zu verdanken. Die Wahrscheinlichkeitstheorie ist die Wissenschaft des Zufalls. Diese Wissenschaft befaßt sich damit, was am Unvorhersehbaren formalisierbar und quantifizierbar ist. Sie steht dem entgegen, was man landläufig als Unsicherheit oder im antiken Griechenland als Gott Chaos bezeichnet hat, der gerade dasjenige repräsentiert, was nicht »organisierbar« ist.

Man kann sich den Zufall bildhaft vorstellen. Am Anfang steht das Unbekannte, Unzugängliche. Der Zufall ist eine Maschine, die ein Bild vom Unzugänglichen vermittelt, das wir durchleuchten. Die Maschine Zufall ersetzt die nicht vorhandene, unsichtbare oder nicht sinnlich wahrnehmbare Ursache. Das neugeborene Kind ist ein Mädchen, die Maschine Zufall wollte es so. Die Maschine läuft: Der Würfel fällt auf die Sechs, demnach hat das Unvorhersehbare für diejenigen ein, die auf die Sechs gesetzt haben.

Die Maschine Zufall geleitet uns in die Welt der Möglichkeiten. Diese Möglichkeiten unterteilen sich in Ereignisse, die sie realisieren können und solche, die sie nicht realisieren können; ein Ereignis kommt zustande durch die Möglichkeiten, die es realisieren. Das Universum der Möglichkeiten in drei nacheinander gespielten Partien eines Münzwurfspiels mit Kopf oder Zahl besteht aus der Gesamtheit der aus jeweils drei Wörtern gebildeten Folgen in der Art von: »Kopf, Zahl, Kopf« unterscheidet sich von »Kopf, Kopf, Zahl«. Ein Ereignis wäre beispielsweise: »häufiger Kopf als Zahl«. Die Möglichkeit »Kopf, Zahl, Kopf« verwirklicht dieses Ereignis, die Möglichkeit »Kopf, Zahl, Zahl« nicht. Bei einem Pferderennen, an dem fünfzehn Pferde teilnehmen, bestehen die Möglichkeiten aus allen vorstellbaren Einlaufergebnissen; für einen Wetter liegt dann ein wesentliches Ereignis vor, wenn genau die Möglichkeiten eintreten, bei denen die drei Pferde zuerst über die Ziellinie laufen, auf die er gesetzt hat. In bezug auf das Wetter beispielsweise vom 7. Januar 1995 kann es zu den Ereignissen »Regen und Hagel«, »Regen oder Schnee« kommen. Die Verbindungsregeln für die Ereignisse sind den intuitiven Regeln der Umgangssprache verwandt: »und« bedeutet, daß beide Ereignisse gemeinsam auftreten, »oder« bedeutet, daß mindestens eines von beiden eintritt.[6]

»Zufall« und »Unvorhersehbarkeit« verweisen also auf ein Universum des Möglichen, das von den Ereignissen strukturiert wird.[7] Würden nicht noch andere Begriffe mit dem herkömmlichen Zufall und seiner mathematischen Darstellung in Verbindung stehen, wären sie von nur untergeordnetem Interesse. Dieses Interesse kommt nur durch die Einführung der Wahrscheinlichkeit zustande, die die Welt des Möglichen quantifizieren und aus der Maschine Zufall eine Rechenmaschine machen. Hierdurch werden Ausdrücke wie »reiner Zufall« oder »vollkommener Zufall« präzise definierbar.

Wahrscheinlichkeiten

Ein und dieselbe Welt des Möglichen läßt sich mit mehreren Wahrscheinlichkeiten verknüpfen. Um eine Wahrscheinlichkeit zu bestimmen, verknüpft man jedes Ereignis mit der Möglichkeit, daß es eintritt; es handelt sich um eine Zahl zwischen 0 und 1; ein Ereignis ist um so wahrscheinlicher, je näher seine Wahrscheinlichkeit bei 1 liegt.

Es gibt mehrere Arten, wie sich eine Wahrscheinlichkeit mit einer Möglichkeit verknüpfen läßt. Anders gesagt, mehrere Wahrscheinlichkeitsgesetze können mit Experimenten wie dem Werfen einer Geldmünze verknüpft werden. Diese Mehrzahl ist von grundlegender Bedeutung. Die Symmetrie der Münze ist die Voraussetzung dafür, den Satz aufzustellen, daß die Wahrscheinlichkeit von Kopf oder Zahl bei jedem Wurf 1:1 beträgt. Allerdings kann uns eine große Zahl von Versuchen mit einer Münze, die einen nicht ohne weiteres feststellbaren Fehler in der Symmetrie aufweist, dazu veranlassen, den Satz aufzustellen: Das Wahrscheinlichkeitsverhältnis von Kopf zu Zahl beträgt 2:1. Mit der symmetrischen Münze beträgt die Wahrscheinlichkeit des Ereignisses, daß »bei zehn aufeinander folgenden Würfen achtmal Kopf fällt«, 5,5 %, während die Wahrscheinlichkeit bei der asymmetrischen Münze 27 % beträgt.

Die erste Regel der Wahrscheinlichkeiten lautet, daß die Wahrscheinlichkeit eines Ereignisses die Summe der Wahrscheinlichkeiten aller Möglichkeiten ist, die es realisieren.[8] Das Gesetz der Wahrscheinlichkeit besagt, daß jede Möglichkeit über dieselbe Wahrscheinlichkeit verfügt. In diesem Fall genügt es, zur Berechnung der Wahrscheinlichkeit eines Ereignisses die Anzahl der Möglichkeiten zu ermitteln, die das Ereignis realisieren.[9] Diese Form der Berechnung im Rahmen einer gleichmäßigen Wahrscheinlichkeit wird häufig wie folgt formuliert: »Die Wahrscheinlichkeit eines Ereignisses ist gleich der Anzahl der günstigen Fälle geteilt durch die Anzahl der möglichen Fälle«, wobei unter einem günstigen Fall eine Möglichkeit verstanden wird, die das Ereignis realisiert.[10]

Wenn die Wahrscheinlichkeit nicht gleichmäßig ist, dann reicht es für die Bestimmung der Wahrscheinlichkeit eines Ereignisses nicht, die günstigen Möglichkeiten zu zählen, sondern man muß, und das ist schon etwas schwieriger, die Wahrscheinlichkeiten aller Möglichkeiten hinzuaddieren, die das Ereignis realisieren.

Das Gleichheitsgesetz und die anderen Wahrscheinlichkeiten

Im Bereich der Gesellschaftswissenschaften, wo man normalerweise auf der Grundlage einer genau umrissenen Gruppe aus n Individuen arbeitet, ist das Gleichheitsgesetz fast die Regel. Die durch Losentscheid aus einer Gruppe ausgewählten Individuen werden als mögliche Ergebnisse dieses Entscheids angesehen. Wenn man diese Individuen in einer Umfrage befragt, läßt sich an den gegebenen Antworten ablesen, ob sie bestimmte Ereignisse wie etwa »das Einkommen beträgt weniger als 7000 Francs monatlich« oder »sie wählen liberal« »realisieren«. Die implizite Hypothese in der Soziologie lautet, daß mit jeder Möglichkeit (Individuum) die Wahrscheinlichkeit 1 : n verknüpft wird. Dennoch ist Vorsicht geboten. Wenn die Umfrage per Telefon durchgeführt wird, besteht nicht für alle Individuen dieselbe Wahrscheinlichkeit, angerufen zu werden. Für Handelsreisende, Bauarbeiter und alle diejenigen, die kein Telefon haben, ist die Wahrscheinlichkeit gering! Die

Gleichheitshypothese ist nicht mehr wirklich aufrecht zu erhalten.

Die gleichmäßige Wahrscheinlichkeit läßt man intuitiv so lange gelten, wie sie nicht durch ein äußeres Ereignis in Frage gestellt wird. Beim Würfelspiel geht man von einer Wahrscheinlichkeit von 1:6 aus, daß eine bestimmte Seite eines Würfels fällt, wobei uns für diese Annahme schon unsere Wahrnehmung der Geometrie des Würfels ausreicht. Es gibt noch viele andere Möglichkeiten für die Bestimmung einer Wahrscheinlichkeit, um ein mathematisches Modell für eine konkrete Situation zu erstellen. Will man Wahrscheinlichkeiten mit einem physikalischen oder gesellschaftlichen Phänomen verknüpfen, so kann man das auf der Grundlage von Experimenten tun. Das nennen wir dann »Statistik machen«. Allgemeiner läßt sich sagen, daß die Wahrscheinlichkeit unter Berücksichtigung von durchgeführten Experimenten, Denkmodellen, wissenschaftlichen Erkenntnissen, in jedem Fall aber von Informationen bestimmt werden, die man für richtig hält. Jedes Experiment liefert eine neue Information. Die Ergebnisse einer biologischen Untersuchung veranlassen den Arzt dazu, den Wahrscheinlichkeitsgrad der verschiedenen Krankheiten, an denen sein Patient leiden könnte, zu verändern. Die Information kann aus der Wiederholung ein und desselben Experiments resultieren: Auf diese Weise ermessen wir subjektiv die wahrscheinlich zu veranschlagende Dauer einer Autofahrt. Wenn allerdings keine Wiederholung möglich ist, wenn sich die Häufigkeit nicht errechnen läßt und wenn etwas physisch nicht so offensichtlich ist wie zum Beispiel die Symmetrie des Würfels, dann zwingen uns die Umstände, einfach diejenige Wahrscheinlichkeit eines Ereignisses anzunehmen, die ihm die am besten informierten Leute, die »Fachleute« bzw. diejenigen, die wir dafür halten, zuerkennen. Auf diese Weise bestimmt man die Wahrscheinlichkeit eines Vulkanausbruchs oder diejenige, eine Arbeitsstelle zu bekommen, auf die man sich beworben hat.

Es ist jedoch erwiesen, daß unsere Intuition in bezug auf die Wahrscheinlichkeiten begrenzt ist, daß die Einschätzung sowie der Umgang mit den Wahrscheinlichkeiten der gängigsten Ereignisse häufig falsch sind. Einige Schwierigkeiten ergeben sich bereits aus dem Sprachgebrauch als solchem. Ohne allzu sehr auf Einzelheiten eingehen zu wollen, möchte ich das Beispiel des französischen Wortes »chance« anführen.[11] Eigentlich steht es für Erfolg, Gelingen, Glück. »Man hat Glück« oder »man hat kein Glück«. Immer steht es im Singular und ist abstrakt. Man kann »viel Glück« oder »wenig Glück« haben. Wieder steht es im Singular und hat keine Ergänzung, d. h., es ist nicht quantifizierbar. Die Bedeutung verändert sich, sobald man quantifiziert. Dann spricht man nicht mehr von Glück, sondern man sagt, daß man »eine Chance«, »mehrere Chancen«, »eine Chance von 2 zu 3«, »wenig Chancen«, »keine Chance« hat ...

»Jules hat gute Möglichkeiten, sein Abitur zu schaffen«, bedeutet, daß Jules zwar nicht sicher ist, es zu schaffen, daß das Ereignis »erfolgreich bestandenes Abitur« aber sehr wahrscheinlich eintreffen wird. Im Gegensatz dazu bedeutet »Jules hat kein Glück gehabt«, ganz einfach festzustellen, daß Jules, nachdem das Experiment durchgeführt wurde, das Abitur nicht geschafft hat. Diese Feststellung verändert die Meinung seiner Verwandten in keiner Weise. Für Jules bestand die 90%ige Wahrscheinlichkeit, das Abitur zu bestehen, und trotzdem ist er durchgefallen. Der Grund hierfür ist vielleicht die Tatsache, daß die Benotung naturgemäß willkürlich ist und Jules unter Prüfungsangst leidet. Eine spätere Analyse der Ursachen ist immer möglich, aber dennoch bedeutet die Aussage »Jules hat kein Glück gehabt«, daß ein Ereignis, das man für sehr wahrscheinlich hielt, nicht eingetroffen ist. Die Maschine Zufall hat nicht das erwartete Ergebnis geliefert.

Unabhängigkeit

Der Begriff der unabhängigen Ereignisse stellt eine der größten Schwierigkeiten der Wahrscheinlichkeitsrechnung dar. Auf die Frage: »Was sind zwei unabhängige Ereignisse?« erhält man im allgemeinen die Antwort: »Es sind Ereignisse, die keinen Einfluß aufeinander haben.« Diese Antwort, die eindeutig und zufriedenstellend zu sein scheint, ist in Wahrheit ungenau.

Unabhängigkeit bedeutet, daß die Realisierung von B nicht die Wahrscheinlichkeit einer möglichen Realisierung von A verändert, die Realisierung von B liefert keine Informationen in bezug auf die Wahrscheinlichkeit, die man A beimißt. Demzufolge darf man nicht von Unabhängigkeit reden, wenn man nicht zuvor eine Wahrscheinlichkeit festgelegt und damit ein vollständiges mathematisches Modell des Experiments erstellt hat.[12]

Wir werfen einen Würfel. Ereignis A: »Es fällt 1 oder 2«, Ereignis B: »Die Summe beider Ergebnisse ist eine gerade Zahl«. Sind A und B unabhängig voneinander? Diese Frage hat keinen Sinn! Die Unabhängigkeit von Ereignissen bleibt unbestimmbar, wenn man nicht zuvor sowohl A als auch B und dem Ereignis (A und B), das anzeigt, daß A und B gleichzeitig realisiert werden, eine Wahrscheinlichkeit zuordnet.[13] Wenn es sich bei dem Würfel um einen perfekten Kubus handelt, dann sind A und B unabhängig. Sollte der Würfel nicht vollkommen symmetrisch sein, was dazu führen würde, daß für eine der Seiten eine minimal höhere Wahrscheinlichkeit besteht zu fallen als für die anderen, dann sind A und B nicht unabhängig. Die Unabhängigkeit der Ereignisse A und B steht in Verbindung mit der Wahrscheinlichkeit, die ihrerseits von der Qualität des Würfels bestimmt wird.

Es ist schwer, Unabhängigkeit anzuerkennen.[14] Jeder weiß, daß die Spieler, die beim Roulette in einem Spielkasino zehnmal nacheinander die rote Zehn haben fallen sehen, trotz aller Erklärungen denken werden, daß die Wahrscheinlichkeit, beim elften Mal die Kugel auf Schwarz fallen zu sehen, gestiegen ist (es sei denn, sie sind mißtrauisch und halten die Kugel für manipuliert, so daß sie zu Recht denken, die Wahrscheinlichkeit, daß die Kugel auf Rot fällt, sei höher als bei einem nicht manipulierten Spiel ...)[15]. Selbst nach einer Million Spiele würde man keinerlei zusätzliche Information in bezug auf das Ergebnis der folgenden Partie erhalten. Die Ergebnisse dieser Million Partien können nicht dazu dienen, größere Sicherheit für die folgende Partie zu erhalten; viele Spieler, auch Akademiker, haben das noch nicht begriffen!

Abhängigkeit und Kausalität

Die Körpergröße eines Menschen, seine Augenfarbe, der Name seines Lieblingsschauspielers bzw. seiner Lieblingsschauspielerin stellen für jeden Menschen einen besonderen Wert dar. Wir bezeichnen sie als zufällige Variablen. Diese Variablen[16] verfügen also über ein Ensemble möglicher Werte (die gesamte Palette der möglichen Augenfarben . . .). Jede zufällige Variable schafft die Voraussetzung dafür, Ereignisse zu definieren: »Jemand hat blaue Augen«, »er mißt zwischen 1,52 m und 1,57 m« . . . Unabhängig davon, ob sich diese Ereignisse nun auf die Augenfarbe oder die Körpergröße beziehen, ermöglichen sie es, Gruppen von jeweils betroffenen Individuen zu bilden, und unabhängige Variablen sind genauso definierbar wie unabhängige Ereignisse: Wenn alle Ereignisse, die mit Hilfe einer der zufälligen Variablen definiert wurden, von allen Ereignissen unabhängig sind, die mit der anderen Variablen verknüpft sind, dann sind die Variablen unabhängig.[17] Ist eine der Variablen bekannt, so bedeutet das nicht, daß man über eine Information verfügt, um den Wert der anderen vorherzusagen.

Allerdings gibt es nicht nur unabhängige Variablen, und wenn die Variablen abhängig sind, dann ist jede Information über die eine gleichzeitig auch eine Information über die andere. Die Körpergröße des Sohnes hängt von der Größe des Vaters ab (sowie von derjenigen der Mutter und einigen anderen Faktoren). Weiß man aber, daß der Sohn größer als 1,85 m ist, dann besteht die hohe Wahrscheinlichkeit, daß die Körpergröße des Vaters über dem Durchschnitt liegt. Es gibt eine kausale Lesart der Abhängigkeit vom Vater zum Sohn und eine ebenso wesentliche induktive Lesart der Abhängigkeit vom Sohn zum Vater; der auf der Wahrscheinlichkeitsrechnung basierende Begriff der Abhängigkeit mißt den beiden Körpergrößen eine symmetrische Rolle bei.

Die Idee der Abhängigkeit zwischen zufälligen Variablen ist also sehr viel umfassender als diejenige der Kausalität. Jede Variable übt einen Einfluß auf die andere aus, ohne sie deshalb zu definieren. Sie definiert sie nur in einem ganz bestimmten Fall, im vollkommenen Gegensatz zur Unabhängigkeit. Dieser

Fall liegt vor, wenn Y sich mit Hilfe einer einfachen Rechnung aus X herleiten läßt. Er stellt die maximale Abhängigkeit dar, so daß keinerlei Zweifel mehr in bezug auf Y besteht, wenn man X kennt.

Der Begriff der Abhängigkeit ist symmetrisch, so daß bei der Verbindung zwischen Ereignissen die Zeit keine Rolle spielen kann. Demgegenüber bedeutet die Idee der Ursache, daß es etwas Vorgängiges gibt: die Ursache liegt vor der Wirkung. Die Diskussionen im Wirtschaftsteil der Zeitungen in den letzten drei Jahren spiegeln beide Sätze wider. Sowohl die Position, daß »der an den Wirtschaftsdaten ablesbare Aufschwung einhergeht mit einem wachsenden Vertrauen der Unternehmer« als auch diejenige, daß »das wachsende Vertrauen der Unternehmer einen wirtschaftlichen Aufschwung bedingt«, haben ihre Anhänger. Man stellt fest, daß beides notwendigerweise Hand in Hand geht, aber eine wirklich befriedigende Analyse des »Warum« ist bisher nicht geleistet worden. Deshalb besteht kein Konsens hinsichtlich des Übergangs von der Abhängigkeit zur Kausalität. Keiner der beiden Sätze wird heute als zutreffend angesehen.

Es ist wichtig festzuhalten, daß die Abhängigkeit zweier Größen »mittels« einer dritten, manchmal verborgenen Größe zustande kommen kann. Die schwankenden Temperaturen bedingen sowohl den Energieverbrauch als auch den Verkauf von Mänteln. Bei gleichbleibenden Temperaturen werden diese Variablen unabhängig.

Der Umgang mit dem Wenn

Viele Menschen geben sich damit zufrieden, den Zufall deshalb als eine »Ursache« anzusehen, weil sie keine andere zur Hand haben, und beachten dabei nicht den Unterschied zwischen Kausalität und Abhängigkeit. Hierbei handelt es sich um ein kulturelles Problem mit ziemlich weitreichenden Konsequenzen.

Der Kausalität ist ein vorhersagender Aspekt zu eigen, den sie auch beibehält, wenn man sie in den Rahmen der Wahrscheinlichkeitsrechnung einordnet. Die Aussage: »Rauchen verursacht Kehlkopfkrebs« wird nicht immer als probabilistische und quantifizierte Behauptung verstanden. Das Wort »verursachen« ist hier genauso unangebracht wie es das Wort »beinhalten« wäre, denn es gibt keine deterministische, sichere Kausalität. Die mathematische Formulierung basiert auf Wahrscheinlichkeitsbegriffen, die an bestimmte Bedingungen geknüpft sind: Die Wahrscheinlichkeit, »einem Krebsleiden zu erliegen, wenn man raucht«, ist höher als die Wahrscheinlichkeit, »einem Krebsleiden zu erliegen«. Aus diesem »wenn« folgt also die neue, sogenannte konditionale Wahrscheinlichkeit. Sie kann noch vor jeder Diagnostizierung eines Krebses benutzt werden, denn sie ist allgemeingültig und begründet die präventive Medizin. Aber auch der Kausalität ist eine erklärende Dimension zu eigen, auf die man im Rahmen der Wahrscheinlichkeitsrechnung ebenfalls stößt. Wenn ein Patient einen Infarkt erleidet, so kann dieser durch mehrere Ursachen hervorgerufen worden sein, die durch ihre Wahrscheinlichkeit bestimmt sind. Die Infarkt-Wahrscheinlichkeit kann bekanntermaßen steigen, wenn einem Risikofaktor wie zum Beispiel dem »Vererbungsfaktor« eine große Bedeutung zukommt. Auch in derartigen Fällen handelt es sich um eine konditionale Wahrscheinlichkeit. Die Verwendung des »wenn«, insbesondere wenn mehrere von ihnen miteinander verknüpft sind, und das Verständnis des zufälligen Wesens der Abhängigkeit, ihrer mittels konditionaler Wahrscheinlichkeiten quantifizierten Beschaffenheit, spielen im alltäglichen Leben eine große Rolle. Die Berechnung der Wahrscheinlichkeit, daß A eintritt, wenn B bereits eingetreten ist, was sich kurz mit »Wahrscheinlichkeit A wenn B« formulieren läßt, ist die Daseinsberechtigung der Wahrscheinlichkeitsrechnung, und trotzdem führt dieses Verfahren schon bei ganz einfachen Beispielen zu gravierenden Fehlern.[18] Bei der Verwendung des »wenn« täuschen wir uns regelmäßig.

Das »wenn« bedeutet eine zusätzliche Information. Diese Information führt dazu, die Welt der Möglichkeiten zu verändern, sie zu verkleinern und dadurch die Wahrscheinlichkeit, die man den Ereignissen beimißt, zu verändern. Wenn man weiß, daß das Ereignis B bereits eingetreten ist, wird B zur neuen Welt der Möglichkeiten, und die anderen Möglichkeiten, die nicht zu B gehören, darf man vergessen.[19] Nehmen wir an, die Welt der Möglichkeiten bestünde zu Anfang aus Familien mit zwei Kindern, einem älteren und einem jüngeren. Es gibt vier Möglichkeiten: MM, JM, MJ, JJ (M steht für Mädchen und J für Junge). Die Wahrscheinlichkeit, daß eine Familie zwei Mädchen hat, beträgt 1 : 4. Wie groß ist die Wahrscheinlichkeit, daß eine Familie zwei Mädchen hat, wenn man weiß, daß sie bereits eines hat? Aufgrund dieser Information werden die Familien mit zwei Jungen aus der Welt der Möglichkeiten gestrichen, so daß drei Möglichkeiten übrig bleiben und die gesuchte Wahrscheinlichkeit 1 : 3 beträgt. Erhält man die Information, daß das ältere der beiden Kinder ein Mädchen ist, werden die Familien mit der Konstellation Junge-Mädchen gestrichen, so daß nur noch zwei Möglichkeiten bleiben und die gesuchte Wahrscheinlichkeit 1 : 2 beträgt.

Die Schwierigkeit besteht darin, daß im alltäglichen Leben das Universum der Möglichkeiten, das das Experiment beschreibt, auf der Zeitachse nur sehr selten stabil ist. Im Alltagsleben stellt man sich die Wahrscheinlichkeit wie ein Handlungsschema vor: Wenn das eine passiert, dann passiert anschließend vielleicht das andere. Die Kette der unsicheren Ereignisse begründet unser normales Verhalten. Und die Wahrscheinlichkeiten schätzen wir fortwährend neu ein, indem wir das »wenn« verwenden, das entweder die gemachten Erfahrungen zum Ausdruck bringt oder das Ergebnis des bevorstehenden Experiments überschlägt. Wir streichen laufend Möglichkeiten und führen neue ein, genauso wie es die Autofahrerin macht: Entsprechend der erhaltenen Informationen (andere Autos, Ampeln, Straßenzustand, unerträgliche Anweisungen des Beifahrers), ermißt diese fortwährend die Möglichkeiten wie beispielsweise die eines Unfalls und schätzt die Wahrscheinlichkeiten neu ab, um so Gefahren aus dem Weg zu gehen.

Dieser Umgang mit dem »wenn«, diese Interpretation des neuen Ergebnisses markiert die zentrale Bruchstelle zwischen den Wahrscheinlichkeitsrechnungen und der einfachen Abschätzung. Abzuschätzen bedeutet einfach nur, Zahlen festzulegen, die Längen bzw. Oberflächen darstellen, und anschließend zu addieren bzw. zu multiplizieren. Die konditionale Schätzung dagegen ist das charakteristische und häufig wenig intuitive Element der Wahrscheinlichkeitstheorie.

Die konditionale Beweisführung wird häufig durch mehrdeutige Sätze untergraben. In diesem Zusammenhang gibt der englische Wahrscheinlichkeitstheoretiker Lindsey folgende Geschichte zum besten: Ein Verbrechen ist begangen worden; jedes Mitglied einer Gruppe, bestehend aus (n + 1) Personen kommt als Täter in Frage; zu Beginn der Untersuchung besteht für jeden die Wahrscheinlichkeit von 1 : n + 1, der Schuldige zu sein. Der Untersuchungsbeamte sagt: »Es scheint klar zu sein, daß angesichts der Umstände dieses Verbrechens der Täter Linkshänder sein muß.« Nach einigen Diskussionen mit seinem Untergebenen erklärt er: »Die Wahrscheinlichkeit, daß der Täter Linkshänder ist, beträgt 80 %.« Einige interpretieren die Worte des Untersuchungsbeamten als »die Wahrscheinlichkeit, daß sich der Täter unter den Linkshändern der Gruppe aus (n + 1) Personen befindet, beträgt 80 %«. Andere interpretieren diese Äußerung als »die Wahrscheinlichkeit, daß es sich bei dem Täter um einen Linkshänder handelt, beträgt 80 %«. In dem einen Fall hält man es für 80 % wahrscheinlich, daß ein Linkshänder der Täter ist, in dem anderen Fall hält man es für wahrscheinlich, daß der Täter ein Linkshänder ist! Das ist ganz und gar nicht dasselbe. Wenn man jemanden verdächtigt, stellen wir uns die Frage: In welcher Weise verändert sich die Wahrscheinlichkeit, daß er schuldig ist, wenn man weiß, daß er Linkshänder ist? Um diese Berechnung durchzuführen, geht man zwangsläufig von der Wahrscheinlichkeit aus, daß irgendein Mensch dieser Erde Linkshänder ist. Diese Wahrscheinlichkeit steht in keiner Beziehung zu der vorliegenden Situation, während bei der ersten Interpretation die Berechnung nicht diese gegebene Größe nutzt.[20] Der Fehler, der hier deutlich wird, ist weit verbreitet. Zu viele Menschen verwechseln die Wahrscheinlichkeit, daß ein Arbeiterkind studiert mit der Wahrscheinlichkeit, daß ein Student Arbeiterkind ist.

Die Erinnerung oder die zeitliche Dimension der Abhängigkeit

Um die Zukunft vorherzusagen, muß man auf die Beobachtung der Vergangenheit zurückgreifen. In der Wahrscheinlichkeitstheorie ist die Erinnerung an das, was man beobachtet, der nützliche Teil dieser Beobachtung. Er schafft die Voraussetzung dafür, die durch die Wahrscheinlichkeitsrechnung zu ermittelnde Abhängigkeit zwischen Gegenwart und Vergangenheit zu verdeutlichen. In einem Münzwurfspiel ist die Erinnerung nicht von Bedeutung; die Gegenwart hängt nicht von der Vergangenheit ab. Es gibt keine Erinnerung. Die einzige Freiheit eines Spielers bei einer globalen Strategie, die der Zeit Rechnung zu tragen vermag, besteht darin, die Höhe seiner Einsätze festzulegen. Er kann sich unter Umständen im voraus entscheiden, wie viele Spiele er spielen wird, indem er sich für eine Regel zur Beendigung des Spiels entscheidet, die von den erzielten Ergebnissen abhängt. Wenn dagegen das einwandfreie Funktionieren eines Telefons mit 1 und ein Defekt mit 0 notiert wird, so kann die 0 natürlich von einer kurzfristigen Störung verursacht worden sein. Diese erhöht aber natürlich die Wahrscheinlichkeit, daß auch für den nächsten Anruf eine 0 notiert werden muß: die beobachtete Folge von 0 und 1 besitzt eine Erinnerung.

Wenn man eine Warteschlange vor einem Schalter beobachtet, wenn der Vorgang bei jedem Kunden gleich lang dauert und wenn der Angestellte am Schalter weder ermüdet noch für den Reiz seiner Kundinnen empfänglich ist, dann hängt die Wartezeit eines Kunden, der sich zu einem beliebigen Zeitpunkt einreiht, lediglich von der Länge der Schlange in genau diesem Augenblick ab. Es ist nicht von Bedeutung, Informationen darüber zu haben, was seit der Öffnung des Schalters passiert ist. Die Erinnerung beschränkt sich auf die Erfassung des gegenwärtigen Zustandes, der im vorliegenden Fall die Länge der Schlange und nicht die Abfolge der vergangenen Zustände ist.

Die Erinnerung hat die Dauer D, wenn das Wissen um eine Vergangenheit, die weiter zurückliegt als D, nicht mehr Informationen bereitstellt als die Vergangenheit mit der Dauer D. In der Wirtschaftsstatistik nutzt man für die monatliche Erstellung von Daten mathematische Modelle, deren Erinnerung mehrere Monate umfaßt. Die über einen sehr langen Zeitraum hinweg reichenden Erinnerungen stellen in der Mathematik ein großes Problem dar; ein Beispiel für eine sehr weit zurückreichende Erinnerung ist das der Lernmodelle, bei denen das, was aus einer weit zurückliegenden Vergangenheit stammt, in der Gegenwart immer noch einen großen Einfluß besitzt.

Das Rauschen oder die zeitliche Dimension der Unabhängigkeit

Phänomene ohne jegliche Erinnerung werden in der Mathematik als »Rauschen« oder »stilles Rauschen« bezeichnet. Dieser metaphorische Name stammt aus der Elektronik. Als die Radios noch Röhren hatten, gaben sie immer ein Hintergrundgeräusch ab, das von den Bewegungen der Elektronen verursacht wurde, die »von ihrem normalen Platz wegsprangen«. Mittels einer eingehenden Analyse dieses als metallisch bezeichneten Rauschens fand man heraus, daß das Ereignis »ein bestimmtes Elektron springt weg« nicht vom gleichen Ereignis bei einem anderen Elektron abhängt. Die Folge dieser Sprünge hat keine Erinnerung; sie ist das typische Beispiel für einen sogenannten »reinen« oder »vollkommenen« Zufall, mit anderen Worten, die Wahrscheinlichkeit ist derart beschaffen, daß all das, was passiert, unabhängig ist sowohl von der Vergangenheit als auch von der Zukunft.

Jedes Phänomen ohne Erinnerung, das sich im Laufe der Zeit ereignet, wird in der Wahrscheinlichkeitstheorie Rauschen genannt. Die Stärke eines mathematischen Rauschens zwischen 12 Uhr und 12.02 Uhr hat nichts mit der Stärke zu tun, die vor 12 Uhr festgestellt wurde, sagt nichts voraus und liefert keine Information über das, was nach 12.02 Uhr passieren wird. Registriert man das Rauschen nicht kontinuierlich, sondern nur sekunden- oder minutenweise, dann erfaßt man es lediglich als eine Folge von zufälligen und unabhängigen Größen. Das am leichtesten vorstellbare Rauschen (das aber, wie wir sehen werden, einen Gegenstand von großer Komplexität darstellt) ist eine zufällige Folge von 0 und 1 ohne jede Erinnerung. Hier beträgt die Wahrscheinlichkeit, daß eine 0 oder eine 1 erscheint, 1 : 2. Das ist einer der zentralen Gegenstände nicht nur der Mathematik, sondern der Wissenschaft überhaupt! Das Modell des Beispiels vom elektronischen Rauschen läßt sich auch auf andere Mengen übertragen: die Anzahl der Spaltungen einer großen Masse Radiumatome innerhalb eines Zeitintervalls, die Anzahl der Fahrzeuge auf einer durchschnittlich stark befahrenen Straße, auch das innerhalb eines Zeitintervalls[21] ... Es gibt noch sehr viel kompliziertere Formen des Rauschens, von denen das Brownsche Rauschen, das man sowohl in der Physik als auch im Finanzwesen nutzt, das bekannteste ist.

Im vorliegenden Buch wird das Rauschen – eine *a priori* störende Sache – eine ganz wesentliche Rolle spielen. Bei den Vorhersagemodellen werden wir so weit gehen, die Meinung zu vertreten, daß die in der Wirtschaftsstatistik, aber auch in der Signal- und Kommunikationstheorie zu beobachtenden Phänomene nichts anderes sind als gewichtete Summen von Rauschen. Dies scheint auf den ersten Blick überraschend und paradox zu sein.

Die Variabilität: Vom Gleichheitsgesetz zur Glockenkurve

Die Variabilität ist mit Sicherheit derjenige Begriff, der die größte Verwirrung stiftet, wenn es um Zufall geht. Die Variabilität wird intuitiv mit einer Vielzahl möglicher Werte in Verbindung gebracht; so beispielsweise, wenn von der »starken Veränderung der Farbe« oder »der Variabilität der Ergebnisse beim Lottospiel« die Rede ist. Allerdings bleibt die Intuition nicht hierauf beschränkt. Sie verlangt, daß alle diese möglichen Werte mit einer spezifischen Wahrscheinlichkeit besetzt werden. Die Variabilität im Ausdruck eines biologischen Merkmals bedeutet, daß dieses Merkmal zwar eine Vielzahl von Werten annimmt, ohne jedoch den außergewöhnlichen »Zwischenfällen«, wie etwa bestimmten Mutationen, Beachtung zu schenken. Schließlich kann die Variabilität als eine »Zufallsgröße« der Wahrscheinlichkeit bei der Auswahl der Möglichkeiten angesehen werden, die uns später in Form der Informations- oder Entropiegröße erneut begegnen wird.

Man ahnt, daß die Variabilität auf den ersten Blick nachläßt, wenn die Anzahl der Möglichkeiten verringert wird. Wenn dann die Anzahl der Möglichkeiten einmal festgelegt ist, läßt die Variabilität nach, je weiter man sich von der einheitlichen Wahrscheinlichkeit entfernt. Bildlich ausgedrückt: Es ist ein wenig so, als würde die Maschine Zufall sehr stark ins Stocken geraten, wenn die Wahrscheinlichkeiten gleich sind (große Variabilität), wohingegen sie weniger stockt, wenn eine kleine Zahl von Möglichkeiten eine hohe Wahrscheinlichkeit aufweist!

Ich möchte noch anmerken, daß der Begriff der Variabilität sich auch auf Variablen wie die Augenfarbe – eine Variable, von der sich kein Durchschnitt ermitteln läßt – oder die menschliche Körpergröße – eine quantitative Variable, deren Durchschnitt definierbar ist – bezieht. Die quantitativen Variablen sind verantwortlich für eine Unklarheit in bezug auf Variabilität und Streuungsgrad, d.h. das Maß der Abweichungen vom Durchschnitt. Dieses Maß heißt Varianz, ein Wort, das die Gefahr der Verwechslung mit der Variabilität noch erhöht.

Stellen wir uns ein Glücksrad vor, dessen Fläche in eine rote und eine blaue Hälfte unterteilt ist. Bei Rot beträgt der Gewinn DM 3,60, bei Blau DM 2,40. Der durchschnittliche Gewinn eines Spielers im Laufe des Tages beträgt DM 3,00. Der durchschnittliche Gewinn wäre genauso hoch, wenn man bei Rot DM 6,00 und bei Blau nichts gewinnen würde. Aber die tatsächlichen Gewinne lägen häufiger weiter vom Durchschnitt entfernt, d. h., in diesem Fall wäre die Varianz größer. Die Variabilität jedoch ist dieselbe, denn in beiden Fällen ist die Anzahl der Möglichkeiten gleich und das Gesetz einheitlich. Wenn die Fläche des Rades dagegen zu drei Vierteln aus Rot und einem Viertel aus Blau besteht, wäre die Variabilität geringer, es gäbe »weniger Zufall«.

Verursacht wurde die genannte Unklarheit durch den Umstand, daß die Varianz deshalb immer beliebter wurde, weil seit ungefähr hundert Jahren eine andere als die gleichmäßige Wahrscheinlichkeit eine sehr wichtige Rolle spielt. Hierbei handelt es sich um die Glockenkurve, die Gauß-Laplacesche Wahrscheinlichkeit, mit der wir uns später noch beschäftigen werden. Ihr durchschnittlicher Wert ist die Spitze der Glocke; ist dieser Durchschnitt erst einmal festgelegt, hängt ihre Form von nur einem einzigen Parameter ab, von ihrer Varianz. Allerdings gibt es eine wichtige Besonderheit[22]: die Varianz-Streuung sowie die Variabilität-Zufallsmenge bilden hier grundsätzlich dieselbe Menge, und die Unklarheit hat keine Folgen mehr. Wenn in der Agrarwissenschaft, der Medizin oder anderen Bereichen die Variabilität oftmals mit dem Begriff der Varianz zum Ausdruck gebracht wird, so ist das im wesentlichen auf die Verwendung der Gauß-Laplaceschen Wahrscheinlichkeit zurückzuführen. Varianz und Variabilität sind zwei verschiedene Begriffe, die oft miteinander verwechselt werden.

2. Kapitel

Die große Zahl und die Abweichung vom Durchschnitt

Der Durchschnitt und der Sinn

»... aber ohne Zweifel wäre es mir persönlich sehr wichtig, zu wissen, ob dahinter unverstandene Gesetze der Gemeinschaft stecken oder ob einfach durch Ironie der Natur das Besondere daraus entsteht, daß nichts Besonderes geschieht, und der höchste Sinn sich als etwas erweist, das durch den Durchschnitt der tiefsten Sinnlosigkeit erreichbar ist. Es müßte das eine wie das andere Wissen auf unser Lebensgefühl doch einen entscheidenden Einfluß haben!« fragt sich Ulrich, der Held in Robert Musils *Mann ohne Eigenschaften*.

Demzufolge wäre der Sinn der Dinge nur dann ausmachbar, wenn der Zufall ausgeschaltet würde, der ihre mannigfaltigen Realisierungen erzeugt. Die Maschine Zufall müßte von einer anderen Maschine ausgeschaltet werden, und zwar von derjenigen Maschine, die das Wesentliche hervortreten läßt, die den Durchschnitt ermittelt. Jeder weiß, daß das Leben, die Dinge so nicht laufen. Die durchschnittliche Energie der in einem Gefäß enthaltenen Moleküle ist leicht meßbar, das durchschnittliche Einkommen stellt die Ökonomie dar, aber die durchschnittlichen Reaktionen, die die Schönheit eines Gemäldes hervorrufen, bestimmen nicht seinen Wert. Der gesellschaftliche Nutzen ist nicht immer der Durchschnitt der individuellen Vorlieben, und der Durchschnitt des Empfindungsvermögens läßt sich nicht ermitteln. Das ist auch gar nicht die Aufgabe der Mathematik. Es gibt Grenzen für die Ermittlung des Durchschnitts, für den Übergang vom Individuellen zum Kollektiven, vom mikroskopisch Kleinen zum makroskopisch Großen.

Die große Zahl: Ausgeglichenheit und Identität

Es hat sich gezeigt, daß die Wahrscheinlichkeitsrechnung die bevorzugte Art des Nachdenkens über große Mengen ist. Das gilt sowohl für die Gesamtheit der Partikel in der Physik als auch für Pflanzen-, Tier- oder menschliche Populationen. Wenn man im letzten Fall davon ausgeht, daß jedes Element der Gemeinschaft über einen gewissen Teil an Autonomie verfügt, die mathematisch ausgedrückt werden muß, und wenn man sich weniger für das Individuum als vielmehr für den gesellschaftlichen Stand der Dinge interessiert, dann ist es reizvoll, effizient und gefährlich zugleich, davon auszugehen, daß diese Autonomie eine Zufälligkeit darstellt.

Für ein in einem Schutzbehälter enthaltenes Gasmolekül wäre diese Zufälligkeit, die seine individuelle Autonomie darstellt, seine Geschwindigkeit und seine Position. Für ein Tier wäre es seine Erbanlage sowie die Konfiguration seiner Neuronen in einem bestimmten Alter. Bei einem Franzosen interessiert man sich entsprechend der jeweiligen Absichten für seine Körpergröße und sein Gewicht, seinen Beruf und seinen Ausbildungsstand, für sein familiäres Umfeld oder für alles zusammen. Und in jedem Fall ist ein der Gesamtheit dieser Mengen zugeordneter Wert ein möglicher Zustand für das Individuum.

Um die große Zahl anwenden zu können, muß von vornherein die Vorstellung einer gewissen Ausgeglichenheit der Individuen angenommen werden, aus denen die Gemeinschaft besteht. Ihre ganze Ähnlichkeit besteht darin, daß sie alle von derselben Zufallsmaschine erzeugt werden und die gleiche Wahrscheinlichkeit aufweisen, sich in einem bestimmten Zustand zu befinden. Wenn man zufällig die Schüler eines durchschnittlichen Geschichtskurses befragt, wird man feststellen, daß eine gewisse Wahrscheinlichkeit besteht, daß sie die Namen der kriegführenden Länder im Zweiten Weltkrieg kennen und daß diese Wahrscheinlichkeit bei allen dieselbe ist. Der Schüler des durchschnittlichen Kurses wird einfach durch die zufällige Variable »weiß oder weiß nicht, wer im Zweiten Weltkrieg gegen wen kämpfte« dargestellt.[1] Diese zufällige

Ausgeglichenheit läßt den Unterschied zwischen unwissenden und wissenden Kindern fortbestehen, aber die Wahrscheinlichkeit, daß ein Kind *a priori* zu denen gehört, die es wissen, ist für alle gleich.

Es ist wichtig, daß diese Ausgeglichenheit nicht immer die Unabhängigkeit der Variablen, die die Individuen darstellen, bedeutet. Man darf es sich nicht so vorstellen, als würde die Maschine Zufall jedes Individuum einzeln erzeugen, sondern sie erzeugt sie alle gleichzeitig. Aufgrund der Auswirkungen beispielsweise des Wettbewerbs, der Ansteckung oder der Begrenztheit weltweiter Ressourcen interagieren benachbarte Individuen oder nebeneinander gepflanzte Bäume zwar miteinander. Dessenungeachtet ist aber die Wahrscheinlichkeit, daß diese Bäume sich in einem bestimmten Zustand befinden, für alle gleich, und in vielen vergleichbaren Situationen hat der Durchschnitt einen Sinn.

So unterschiedliche Bereiche wie Statistik, Thermodynamik, Genetik von Populationen oder Soziologie stützen sich auf diese Form der mathematischen Darstellung. Das durchschnittliche Verhalten ist das, was erklärbar, meßbar ist. Die Makrogrößen der Physik: Energie, Gasdruck, durchschnittliche Lebensdauer einer Population, Erfolgsquote schulischer Ausbildung werden den mikroskopischen Größen wie dem Erfolg eines einzelnen Schülers oder der Position eines bestimmten Moleküls gegenübergestellt.

Aber der Begriff des Durchschnitts setzt meßbare Dinge voraus, die addierbar und teilbar sind. Das Gefühl, das ein Gemälde von Cézanne in einem hervorruft, das Gefühl der Ungerechtigkeit angesichts des Schicksals der Unterdrückten, gehören zweifellos nicht zu jener Welt, in der man den Durchschnitt ermittelt. Dennoch scheint sich die Unterscheidung bei einer Umfrage, bei der die Frage gestellt wird: »Berührt Sie dieses oder jenes Gemälde ein wenig, sehr oder ganz wahnsinnig, empört Sie diese oder jene Hungersnot, widert Sie dieses oder jenes Verhalten an?«, zu verflüchtigen. Man kann alles zählen wollen (oder angeblich zählen), indem man auf eine Kodierung zurückgreift. Bedient man die Durchschnittsmaschine blind, ebnet sie alles ein, was von Interesse sein könnte.

Der Durchschnitt und seine Schätzung: das Gesetz der großen Zahl

Was sagt das im Jahre 1713 von Bernoulli aufgestellte und bis heute immer weiter vervollkommnete Gesetz aus? Am besten geht man von der Idee der Häufigkeit aus. Um vom Durchschnitt einer Größe sprechen zu können, muß sie folglich Werte annehmen, die sich addieren lassen. Es gibt keine genetische Durchschnittsfarbe der menschlichen Augen, lediglich eine durchschnittliche Zahl Individuen mit grünen Augen, also eine Häufigkeit, eine Proportion. Zu zählen ist die einfachste Art der Addition.

Beträgt die Anzahl der gespielten Partien beim Münzwurfspiel N, nähert sich das Verhältnis der Anzahl von »Kopf« einer Grenze, die dem Verhältnis von 1:2 entspricht, wenn N sehr groß und die Münze gut austariert ist. Ist die Münze nicht gut austariert, entspricht diese Proportion der Anzahl p. Je größer N wird, um so weniger schwankt die Proportion von »Kopf«, sie bleibt bei einem Wert p stehen. Spielt man noch einmal eine große Zahl von Partien, ergibt sich dieselbe Proportion p. Folglich ist p eine physische Eigenschaft der Münze, die alle entsprechenden Experimente von neuem hervorbringen. Das Gesetz der großen Zahl erlaubt die Aussage: »Die Wahrscheinlichkeit eines Ereignisses ist in etwa gleich der Häufigkeit seiner Realisierungen im Verlauf einer langen Folge von Wiederholungen.« Wenn die Wahrscheinlichkeit eines Ereignisses nicht bekannt ist, kann sie auf der Grundlage der Anzahl seiner Realisierungen im Laufe einer langen Reihe von identischen Experimenten geschätzt werden.

Dieses Gesetz veranschaulicht den Gedanken der Approximation: wenn alles gut geht, dann reicht es, für die Berechnung einer zufälligen Menge, die Maschine Zufall N Mal in Betrieb zu setzen, wobei N groß ist, und den Durchschnitt von N Ergebnissen zu ermitteln. Der theoretische Durchschnitt ist »praktisch« gleich dem Durchschnitt der Ergebnisse von N gleichartigen Experimenten. Auf dieses »praktisch« werden wir später nochmals eingehen, und wir werden sehen, daß es unter Umständen gar nicht so »praktisch« ist, wie es zu sein scheint!

Die Schätzung eines Durchschnitts oder einfach nur einer Wahrscheinlichkeit ist die erste Anwendung des Gesetzes der großen Zahl. Nehmen wir an, wir würden die Lebenserwartung eines Franzosen ermitteln wollen, der im Jahre 1996 lebt. Bedient man sich eines Rechenverfahrens, muß man für die Ermittlung der durchschnittlichen Lebenserwartung sowohl das Leben als auch den Tod der Individuen in Betracht ziehen. Nimmt man die Menschen in den Blick, die im Jahre 1900 geboren wurden, so ist, abgesehen von einigen rechnerisch unwesentlichen Ausnahmen, ihre Lebensdauer bekannt. Mit Hilfe einer einfachen Rechnung läßt sich die durchschnittliche Lebenserwartung der Menschen des Jahrgangs 1900 feststellen. Nähert man sich dem Jahr 1996, ergibt sich eine andere Situation. Es ist jetzt unbedingt erforderlich, die Lebensdauer als eine Unvorhersehbarkeit anzusehen.

Man stellt die Hypothese auf, daß die Lebensdauer jedes Individuums eine unvorhersehbare Größe ist und daß die Wahrscheinlichkeit, n Jahre zu leben, nicht vom Individuum abhängig ist. Die Lebensdauer aller Individuen ist also mittels desselben mathematischen Modells darstellbar. Indem man diese Hypothese aufstellt, wendet man das Gesetz der großen Zahl an. Mit seiner Hilfe ist es demzufolge möglich, sehr genau die Wahrscheinlichkeit für ein 1940 geborenes Individuum abzuschätzen, im Jahre 1996 weniger als 56 Jahre zu leben. Wie aber läßt sich die Wahrscheinlichkeit schätzen, mehr als 60 Jahre zu leben, wo es doch unmöglich ist, im Jahre 1996 diejenigen Individuen zu zählen, die 1940 geboren wurden und weniger als 60 Jahre gelebt haben? Um sich ins Jahr 2000 zu versetzen (1940 + 60 = 2000), muß man sich ein Instrumentarium verschaffen: ein sehr viel genaueres mathematisches Modell für die Lebensdauer. Auf der Grundlage der Erfahrungen mit früheren Generationen wählt man ein Modell, das es erlaubt, unter Berücksichtigung eines einzigen Parameters die Wahrscheinlichkeit zu errechnen, mehr als n Jahre zu leben. Gewöhnlich wählen die Demographen den Parameter durchschnittliche Lebensdauer oder Lebenserwartung. Demzufolge sind die Lebenszeiten mit jedem einzelnen Individuum verknüpfte zufällige Variablen, die im Verständnis der Wahrscheinlichkeitsrechnung die gleichen Eigenschaften aufweisen, und diese Eigenschaften sind tatsächlich von einer einzigen Zahl abhängig, der Lebenserwartung. Das Verfahren ist also recht einfach. Das Gesetz der großen Zahl bietet die Möglichkeit, 1996 eine Wahrscheinlichkeit wie etwa die, 55 Jahre zu leben, abzuschätzen. Mittels einer einfachen Rechnung verknüpft das Modell diese Wahrscheinlichkeit mit der Lebenserwartung, die damit geschätzt wäre. Mittels einer zweiten Rechnung leitet man daraus die Wahrscheinlichkeit ab, mehr als 60 Jahre zu leben. Hierbei gilt es anzumerken, daß die Wahl des Modells auf der Grundlage einer zugleich mathematischen und demographischen Aktivität zustande kommt.

Bei sehr großen Bevölkerungen lassen sich die Zählungen nur schwer durchführen, so daß man sich dazu veranlaßt fühlen könnte, das Gesetz der großen Zahl auf der Grundlage nur eines kleinen Teils der Bevölkerung anzuwenden. Statt einer detaillierten Zählung führt man beispielsweise ausgehend von Gemeindeverzeichnissen eine Umfrage durch und wählt zweitausend Personen des Jahrgangs 1940 aus. Das Ergebnis weicht etwas von demjenigen ab, das man mit einer anderen Gruppe von zweitausend Personen erzielen würde. Es weicht auch vom Ergebnis der Berechnung ab, die auf der Grundlage der gesamten Bevölkerung des Jahrgangs 1940 angestellt werden würde. Zweitausend Personen reichen nicht, damit die Anwendung des Gesetzes der großen Zahl die Voraussetzung dafür schafft, möglichst genau zu rechnen, denn zweitausend stellt keine »quasi unendliche« Bevölkerung dar, wie es bei einer Volkszählung der Fall wäre. Wir werden zwar sehen, wie wichtig die Einbeziehung dieses »quasi« ist, aber dennoch ist 2000 eine ausreichend große Zahl, um eine Vorstellung vom Ergebnis zu erhalten, das eine interessante Genauigkeit aufweist. Der durch die Umfrage ermittelte Durchschnitt ist eine Annäherung an den durch eine Volkszählung errechneten »theoretischen« Durchschnitt. Die unterschiedlichen Ergebnisse der Umfrage und der Volkszählung werden als »zufällige Schwankung« bezeichnet, d. h., es handelt sich um eine relativ kleine Abweichung vom Gesetz der großen Zahl.

Die Tyrannei des Durchschnitts

Wir sind davon ausgegangen, daß alle im Jahre 1940 geborenen Franzosen »identisch« sind. Wir haben nicht nach ihrer Krankheitsgeschichte oder nach ihrem Beruf gefragt. Man hätte die Lebensdauer homogener Bevölkerungsgruppen schätzen können, etwa die Lebenserwartung aller Franzosen, die im Alter zwischen fünf und zehn Jahren an Tuberkulose erkrankt waren. Wenn die Anwendung des Gesetzes der großen Zahl in jeder Gruppe zu unterschiedlichen Ergebnissen führt, so stellt dies bereits einen wichtigen Hinweis in bezug auf die langfristigen Auswirkungen von Tuberkulose dar.

Diese Art der Verwendung des Gesetzes der großen Zahl veranlaßte die Soziologen zu der Frage nach dem »statistischen Warum«, die in der zweiten Hälfte des 19. Jahrhunderts wachsende Bedeutung erlangte.[2] Die Entdeckung, daß die Zahl der Verbrechen und Selbstmorde pro Jahr und Region einen kaum veränderlichen Durchschnitt aufweist, schien eine bestimmte Form von Determinismus in bezug auf gesellschaftliche Gegebenheiten zu bedeuten. Diese vom Soziologen Quételet aufgezeigte Problematik im Zusammenhang mit dem »statistischen Warum« ist im 20. Jahrhundert erst zunehmend verblaßt und dann völlig in den Hintergrund getreten. Es gibt zwei naive Lesarten dieses gesellschaftlichen Pseudo-Determinismus. Die erste stützt sich eher auf das »Erworbene«, läßt aber dem Zufall Platz. Man geht davon aus, daß man es ursprünglich mit einer gleichmäßigen Bevölkerung zu tun hat. Somit wird die Tatsache, daß die Proportion der Straftäter festliegt, dahingehend interpretiert, daß für jeden Menschen bei seiner Geburt eine feststehende Wahrscheinlichkeit besteht, zum Straftäter zu werden. Dabei ist diese Wahrscheinlichkeit gleich der festgestellten Proportion der Straftäter. Die zweite Lesart, die eher vom »Angeborenen« ausgeht, zeichnet sich durch die Annahme aus, daß es eine feststehende Proportion von Individuen gibt, die als Straftäter geboren werden. Die Bevölkerung ist nicht mehr einheitlich, sondern eine Mischung aus zwei Bevölkerungsgruppen, der guten und der bösen. Es ist bekannt, wozu diese Lesart geführt hat! In beiden Fällen stellt dieser gesellschaftliche Determinismus eine probabilistische Einschränkung der Freiheit und der Verantwortlichkeit des Individuums dar. Merkwürdigerweise hat die Auseinandersetzung um das »statistische Warum« die Physiker am Ende des 19. Jahrhunderts beeinflußt und zur Entwicklung der statistischen Mechanik beigetragen[3], während im 20. Jahrhundert die genau entgegengesetzte Tendenz einsetzte. Die Modelle der statistischen Mechanik faszinieren manche Soziologen, aber die Umsetzung dieser Modelle bleibt schwierig. Insbesondere die in der Physik im Zusammenhang mit den Partikeln sehr wichtige Vorstellung der Wechselbeziehung wird in seiner quantitativen Form in der Soziologie kaum angewendet, um die probabilistische Abhängigkeit der Verhaltensweisen der Individuen zu veranschaulichen. Trotzdem vertritt man einhellig die Meinung, daß das Wesen der gesellschaftlichen Interaktion zwischen Individuen den Selbstmord begünstigt oder nicht begünstigt.[4] Und glaubt man den Soziologen, dann umfaßt dieses Wesen Begriffe, die mit dem Integrationsgrad in der Familie oder am Arbeitsplatz, mit den Lebensbedingungen für die Jugendlichen und Alten, mit der Ideologie in Verbindung stehen.

Die Zufalls-Individuen sind demzufolge nicht im probabilistischen Sinne des Wortes unabhängig. Zwar interagieren sie, aber trotzdem läßt sich immer noch das Gesetz der großen Zahl anwenden. Damit hat man hier den Weg zu einer Erklärung für das statistische Warum[5] (sowie darüber hinaus für seine über große Zeiträume hinweg feststellbaren Variationen) vor Augen. Das Individuum ist nicht isoliert. Die Form der Interaktion mit den anderen ist wesentlich für seine Entwicklung, und jedes Individuum bringt seine »Freiheit« in die Praxis dieser Wechselbeziehung, dieser Abhängigkeit mit ein. An die Stelle des zufällig Angeborenen, das eine bei der Geburt bestehende Wahrscheinlichkeit des Selbstmords wäre – und nicht ist –, tritt das Erworbene der Interaktion mit den anderen! Wenn »sich die Soziologie des Selbstmords in der Weise bedient wie andere des Prismas, um die verschiedenen Elemente zu zerlegen, die für die gesellschaftliche Einordnung des Individuums verantwortlich sind«[6], dann würde ich dahin tendieren, folgendes zu sagen: Die Denkanstrengungen sollten sich ausschließlich auf diese Art der Interaktion konzentrieren, wenn sie sich auf eine mathematische Formalisierung stützen, und man sollte versuchen, in diesen Bereichen die Wahrscheinlichkeitstheorie zu benutzen.[7]

Das Gesetz der großen Zahl ist nicht immer zutreffend

Jedenfalls wird das Gesetz der großen Zahl komplizierter, sobald man außergewöhnlich große Werte, Abhängigkeiten oder Interaktionen zwischen Individuen einführt, und sobald man der Gemeinschaft äußere Zwänge auferlegt.

Zunächst einmal stimmt das Gesetz der großen Zahl nur dann, wenn das untersuchte Phänomen keinen allzu großen Schwankungen ausgesetzt ist.

Der Zuckerpreis stellt das Beispiel für ein extrem veränderliches Phänomen dar. Betrachtet man den Zuckerpreis der letzten hundert Jahre auf dem Londoner Markt, ist – bei einem konstanten Wert des Pfund Sterling – der Preis im Jahre 1974 zehn Mal höher als 1966. Auf einer Skala von 0 bis 50 ergeben sich zum Beispiel für die Jahre von 1960 bis 1983 folgende Werte für den Zuckerpreis:

10, 9, 9, 27, 18, 6, 5, 6, 6, 9, 10, 11, 17,
19, 49, 30, 17, 11, 9, 10, 27, 17, 9, 9

Der errechnete Durchschnitt des Zuckerpreises springt im Laufe der Jahre, man kann sagen, entmutigend hin und her, ohne sich zu stabilisieren. Es macht keinen großen Sinn, für die vergangenen hundert Jahre eine Variable wie Durchschnitt des Zuckerpreises zu erstellen, zumal der Durchschnittspreis nur wenig Aussagekraft in bezug auf das ökonomische Phänomen hat. Der von den klimatischen Zufälligkeiten oder den Spekulationen der Händler zur Zeit der Handelsbörse – Spekulationen, die heute noch durch die Einführung von Quoten verschlimmert worden sind[8] – abhängige Zuckerpreis hat so sehr variiert, daß nur wenig Interesse besteht, einen Durchschnitt zu schätzen. Das Gesetz der großen Zahl funktioniert praktisch nicht mehr. Die Mathematik eignet sich nicht für alles, sie erfaßt keine allzu großen Schwankungen.

Die Situation läßt sich mathematisch folgendermaßen schematisieren: Damit der festgestellte Durchschnitt zum theoretischen Durchschnitt konvergiert, wenn die Zahl der Beobachtungen gegen unendlich tendiert, muß es den theoretischen Durchschnitt zunächst einmal geben[9]. Hierzu ist es notwendig, daß die beobachtete Menge keinen allzu großen Wert mit bedeutenden Wahrscheinlichkeiten[10] annimmt, daß ihre Streuung nicht übermäßig groß ist.

Außergewöhnliche Werte können dem Durchschnitt jeden Sinn nehmen, selbst wenn es sich um ein anscheinend ausgewogenes Phänomen handelt. Ziehen wir als Beispiel die Arbeitskonflikte in Frankreich heran. Seit Ende des Zweiten Weltkrieges verfügt man über verläßliche Daten hinsichtlich der Zahl der Streiktage in jeder einzelnen Industriebranche jeder Region sowie über die Dauer der jeweiligen Konflikte. Dank dieser Daten lassen sich präzise Untersuchungen durchführen, die auf statistischen Techniken basieren. Mit ihrer Hilfe ist es möglich, die entscheidenden Faktoren der Variabilität wie zum Beispiel die sinkende Bedeutung bestimmter Industriezweige etwa im Montanbereich, den Anteil der unternehmerischen Aktivitäten auf dem Dienstleistungssektor oder den Anteil von Spitzentechnologieunternehmen in der Region herauszuarbeiten. Die Ergebnisse dieser Analysen stützen oder induzieren interessante soziologische Hypothesen, die auf tiefer gehende Entwicklungen in der Arbeitswelt hindeuten. Nun tritt ein bestimmtes Ereignis ein, das eine außergewöhnliche Zahl von Streiks bedingt: Mai 68. Jetzt wird es unmöglich, der Zahl der »verlorenen Arbeitstage« – um ein im Frühling jenes Jahres gängiges Wort zu benutzen – Rechnung zu tragen. Sobald man den Monat Mai des Jahres 1968 hinzuzieht, verliert eine globale Analyse jeden Sinn; es ist so, als würde man ein volles Tintenfaß über die Zahlenreihen vor und nach Mai ausgießen. Praktisch, nicht theoretisch, ist der Begriff des Durchschnitts mit diesen außergewöhnlichen Werten unvereinbar. Vom Standpunkt des Durchschnitts aus betrachtet, stellt Mai 1968 eine Abweichung dar! Man könnte sagen, daß dieser Monat für sich allein genommen einen Durchschnitt »ausmacht«. Die Industriellen, die Berechnungen hinsichtlich des Risikos von Arbeitskonflikten anstellen, können derartig gewichtige Konflikte in ihren Wahrscheinlichkeitsschätzungen nicht berücksichtigen. Demzufolge gibt es eine »globale« Wissenschaft für die Interpretation von Arbeitskonflikten, und zwar die Soziologie, sowie ein Werkzeug, nämlich die Statistik, die einen Teil der Wirklichkeit analysiert – d. h. die regelmäßigen Bewegungen in der Arbeitswelt. Die Statistik muß sich die Berücksichtigung von derartig außergewöhnlichen Ereignissen versagen, weil sie außerhalb des technischen Anwendungsfeldes der Mathematik liegen.

Das zweite Hindernis für die Gültigkeit des Gesetzes der großen Zahl steht mit dem Vorhandensein einer verborgenen Variablen in Zusammenhang. Nehmen wir an, wir würden aufgrund eines Verwaltungsproblems wissen wollen, welche Wahrscheinlichkeit für eine bestimmte Person besteht, aus Krankheitsgründen nicht arbeiten zu können. Im Jahr a gibt es N_a Kranke bei N in Frage kommenden Personen, wobei N sehr groß ist. Folglich beträgt die Wahrscheinlichkeit eines krankheitsbedingten Arbeitsausfalls $N_a : N$. Im darauffolgenden Jahr allerdings ist die Situation $N_a+1 : N$, wobei N_a+1 sehr stark von N_a abweicht. Der über viele Jahre hinweg ermittelte Durchschnitt entspricht nicht dem während eines bestimmten Jahres auf der Grundlage sehr vieler Personen ermittelten Durchschnitt. In diesem Beispiel ist die verborgene Variable der Grippevirus, der von Jahr zu Jahr unterschiedlich starke Auswirkungen hat. Jeder Grippevirus führt zu unterschiedlichen Durchschnitten bei der Zahl der Erkrankten. Eine in einem bestimmte Jahr gemachte Feststellung erlaubt es nicht, die durchschnittlichen Auswirkungen der Grippe über viele Jahre hinweg zu errechnen, selbst wenn die Ergebnisse auf der Grundlage einer großen Zahl von Individuen ermittelt worden sind. Die Grippe bedingt eine Form der Abhängigkeit, der (von der Grippe ausgehenden) probabilistischen Interaktion zwischen den Individuen. Sie führt zu einem Gesetz der großen Zahl, das bei einer bestimmten Grippeart gültig ist, und zu einem allgemeineren Gesetz der großen Zahl, bei dem ein zweiter Durchschnitt auf der Grundlage aller möglichen Grippeviren ermittelt wird, die alle mit der jeweiligen Wahrscheinlichkeit verknüpft sind, auch wirklich aufzutreten. In der Epidemiologie gilt diese Art der Verletzung des Gesetzes der großen Zahl als ein Hinweis auf das Vorhandensein von Risikofaktoren.

Führt das Unendliche zur Sicherheit?

Wenn das Gesetz der großen Zahl funktioniert, sagt es aus, daß, wenn die Zahl der Beobachtungen beinahe unendlich ist, der Durchschnitt dieser Beobachtungen konstant wird. Er ist dann beinahe nicht mehr zufällig, da die unendliche Zeit den Zufall zunichte gemacht hat. Die Wahrscheinlichkeit, daß der über einen »sehr langen« Zeitraum hinweg beobachtete Durchschnitt sich jenem nicht zufälligen mathematischen Objekt, das der Durchschnitt ist, unendlich annähert, beträgt 1. Wenn man über zufällige Phänomene nachdenkt, die sich unendlich wiederholen, kann man sich fragen, ob alle miteinander verknüpften Phänomene, die sich in sehr weiter Zukunft ereignen, eine Wahrscheinlichkeit von null, d. h. eins, haben. Im allgemeinen lautet die Antwort nein[11], aber oft auch ja. Wenn man also eine unendliche Zahl von unabhängigen Ziehungen der Ziffern 0 bis 9 – mit einer Wahrscheinlichkeit von 1 : 10 für jede Ziffer – durchführt und einen Block aufeinanderfolgender Zahlen betrachtet, zum Beispiel 2709mal die Ziffer 7, dann ist die Wahrscheinlichkeit, daß dieser Block im Laufe der Ziehung erscheint, gleich 1. Damit aber nicht genug: Dieser Block aus 2709mal die Ziffer 7 erscheint unendlich oft. Es versteht sich von selbst, daß man lange warten muß, bis der tausendste Block aus 2709mal die Ziffer 7 erscheint, und noch länger muß man warten, bis er eine Milliarde Mal erscheint. Aber irgend wann erscheint er ... Diese Art von Phänomen ist eine der Erklärungen für das Gesetz der großen Zahl, dessen elementare Veranschaulichung mit Hilfe derselben Techniken geschieht.

Diesem unendlichen Verhalten, dieser neuen Form der Gewißheit, die mit dem Gesetz der großen Zahl zutage trat, verdankt sich sehr wahrscheinlich der Begriff »Gesetz«, den die Gelehrten des 17. und 18. Jahrhunderts benutzten, um vom Gesetz der großen Zahl zu sprechen, das ja nur ein mathematisches Theorem unter anderen ist. Das Wort Gesetz bezog sich seinerzeit auf die physikalische Ordnung der Welt. Die Regelmäßigkeit, die durch das Gesetz der großen Zahl zum Ausdruck kam, konnte, genau wie die physikalischen Gesetze, die auf der Feststellung basierten, daß dasselbe Experiment immer zu denselben Ergebnissen führt, nur einer göttlichen Ordnung entstammen. Der mit dem Unendlichen verknüpfte Zufall führte also auch zur Wiederholbarkeit. Diese Wiederholbarkeit war eine der Ursachen dafür, daß die Wahrscheinlichkeitsrechnung bis ins 20. Jahrhundert hinein eher als ein Zweig der Physik denn der Mathematik angesehen wurde. Die Untersuchung der Schwankungen, der Abweichungen vom Gesetz der großen Zahl, die auf den Umstand zurückzuführen sind, daß die Zahl der Beobachtungen in der Praxis endlich ist, wurde mit der Art und Weise verglichen, wie man in der Physik mit Meßfehlern umgeht. Diese Tendenz verstärkte sich in einem solchen Maße, daß Gauß eine für beide Bereiche gültige Theorie ausarbeitete.

Die Schwankungen um den Durchschnitt

Das Gesetz der großen Zahl liefert eine Schätzung des theoretischen Durchschnitts mittels des beobachteten Durchschnitts, dessen Genauigkeit von der Anzahl der durchgeführten Experimente abhängt. Diese Anzahl muß groß »genug« sein. Um jedoch praktisch angewendet werden zu können, muß dieses »genug« unbestimmt bleiben. Es hängt von der Praxis und der Methodologie des jeweiligen Bereichs ab. Man muß von Anfang an zwei Arten der Abweichung zwischen dem beobachteten und dem theoretischen Durchschnitt voneinander unterscheiden, die beide gleich wichtig, aber sehr unterschiedlich sind. Die erste Art der Abweichung stellt die immer vorhandene kleine Schwankung dar, die sich aus dem Umstand ergibt, daß die Zahl der Individuen immer endlich ist, unabhängig davon, ob es sich um 40, 100 oder 1000 Individuen handelt. Dieses Phänomen ist beispielsweise für die eingeschränkte Genauigkeit von Umfragen verantwortlich. Man betrachtet das Gesetz der großen Zahl gewissermaßen mit einem Mikroskop, um die Mängel zu entdecken. Die zweite Form der Abweichung ist eine große Abweichung vom erwarteten Durchschnitt. Diese Abweichung läßt sich »mit bloßem Auge« erkennen und entspricht der Realisierung eines seltenen Ereignisses.

Die kleinen Schwankungen sind zufällig. Sie sind Gegenstand eines sehr allgemeinen Theorems, das ihr Verhalten in einer auf der Wahrscheinlichkeitsrechnung basierenden Begrifflichkeit beschreibt, wenn die Anzahl der Experimente groß genug ist. Diese Schwankungen lassen sich beispielsweise beobachten, wenn man Serien von tausend Würfen mit einer perfekten Münze erstellt. Diese Serien ergeben nicht 500mal Kopf, was exakt der theoretischen Häufigkeit entspräche, sondern Werte wie 469, 516, 521, 502, 492 ... Auch bei Phänomenen wie die Radioaktivität eines ist, lassen sich diese Schwankungen beobachten: Die Zahl der Atome, die innerhalb einer bestimmten Zeiteinheit zerfällt, schwankt um die durchschnittliche Anzahl. Diese zufälligen Schwankungen entsprechen demselben statistischen Gesetz wie die Schwankungen der Anzahl von »Kopf« beim Münzwurfspiel oder der Anzahl der Selbstmorde in einer Region. Diese Übereinstimmungen, die zeigen, daß das probabilistische Verhalten der Schwankungen nicht vom Wesen des Experiments abhing, rechtfertigten nach Ansicht von Schrödinger, der einer der großen Physiker der dreißiger Jahre war, die Anwendung eher der probabilistischen Modelle als des Gesetzes der großen Zahl in der Physik.

Die Abweichung vom Durchschnitt ist nicht proportional zur Anzahl der Würfe beim Münzwurfspiel. Die Wahrscheinlichkeit, daß »bei hundert Würfen zwischen 45- und 55mal Kopf fällt«, ist kleiner als die Wahrscheinlichkeit, daß »bei tausend Würfen zwischen 450- und 550mal Kopf fällt«, wobei diese Wahrscheinlichkeit wiederum kleiner ist als diejenige, daß bei zehntausend Würfen zwischen 4500- und 5500mal Kopf fällt. Die Wahrscheinlichkeit, daß die registrierte Anzahl von Kopf sich innerhalb einer »Spanne« von 10% des Durchschnitts bewegt, steigt sehr schnell mit der Anzahl der Versuche.

Das Theorem der mittleren Grenze bzw. Theorem der Gaußschen Schätzung bzw. Theorem der Konvergenz zur Glockenkurve hat dieses Verhalten der Schwankungen systematisiert.[13] Nehmen wir an, es liegt eine Abweichung a zwischen dem beobachteten Durchschnitt $X_1 + \ldots + X_n : n$ der Ergebnisse von n Beobachtungen $X_1, \ldots, X_n$ ein und desselben Phänomens und dem theoretischen Durchschnitt vor. Da die Beobachtungen von a einer Zahl von Versuchen in der Größenordnung n entsprechen, erzielt man keine eindeutigen Ergebnisse. Die Abweichungen sind zu klein. Man muß ein Vergrößerungsverfahren einsetzen, das an die Größenordnung des Versuchs angepaßt ist, das heißt man muß in mikroskopischen Dimensionen denken. Die angemessene Vergrößerung ist die Quadratwurzel von n: man untersucht $\sqrt{n}a$ anstatt a. Bei hundert Beobachtungen beträgt der Vergrößerungsfaktor 10, bei tausend beträgt er 100. Die Abweichung zwischen dem beobachteten und dem theoretischen Durchschnitt weist eine Größe von 1 : 10 auf. Bei zehntausend Beobachtungen sinkt diese Größe auf 1 : 100. Wenn man die Experimente wiederholt und jedesmal diese Vergrößerung mit Hilfe des Faktors $\sqrt{n}$ der Abweichung zwischen dem auf der Grundlage der beim Experiment gegebenen repräsentativen Auswahl errechneten Durchschnitt und dem theoretischen Durchschnitt ausrechnet, dann verteilen sich die verschiedenen Werte entsprechend einer »Glockenkurve«. Es gibt nur wenige Stichproben, deren Durchschnitt stark vom theoretischen Durchschnitt abweicht, und viele Stichproben, deren Durchschnitt in seiner Nähe liegt. Und das vollkommen unabhängig von der Art der Beobachtungen. Es kann sich um das ausgewogene Verhältnis zwischen Kopf und Zahl handeln, um die Lebensdauer von Meerschweinchen, Radiumatomen oder Glühbirnen, oder auch um die Philosophienoten beim Abitur – eine Größe, deren höchst zufälliges Wesen jeder ohne weiteres anerkennen wird. Lediglich die Ausweitung der Glockenkurve hängt vom untersuchten Phänomen ab, und das über das Zwischenglied eines einzigen Parameters, nämlich der Varianz der Quantität, deren

Durchschnitt man ermittelt. Je größer die Streuung ist, um so größer ist die Varianz, und um so stärker verbreitet sich die Glockenkurve.[13]

Die großen Abweichungen vom Durchschnitt

Seit zwei Jahrhunderten führte die alltägliche Anwendung der Wahrscheinlichkeitsrechnung dazu, daß über die kleinen Abweichungen vom Durchschnitt nachgedacht wurde. Es gibt aber auch große Abweichungen, für die die zuvor dargestellte Theorie, die Glockenkurve, keine Lösung bereitstellt. Die Theorie der großen Schwankungen, die diese großen Abweichungen zum Gegenstand hat, ist immer noch kaum bekannt. Ihre Ergebnisse interessieren weder die »Meinungsforscher« noch die Biologen, wohl aber die Physiker und Ingenieure.

Wenn man 100 000 Partien »Kopf oder Zahl« spielt, registriert man ungefähr 50 000mal »Kopf«. Die Abweichung a zwischen dem beobachteten Durchschnitt und dem erwarteten Durchschnittswert bewegt sich in der Größenordnung von etwa 5000. Der tatsächliche Wert beträgt 50 000 + a. Bei diesen 100 000 Partien ist die Wahrscheinlichkeit, daß die Proportion von »Kopf« um mehr als 1 : 10 vom theoretischen Durchschnitt abweicht, d. h., daß das Gesetz der großen Zahl ein vollkommen falsches Ergebnis hervorbringt, äußerst gering. Sie bewegt sich in einer Größenordnung von einem Milliardstel. Die Theorie der großen Schwankungen berechnet sehr seltene Ereignisse, deren Wahrscheinlichkeit sehr viel kleiner ist als diejenige der Ereignisse, die von der Gaußschen Schätzung erfaßt werden. In der Praxis besagt diese, daß die Abweichung a mit einer Wahrscheinlichkeit von 99 : 1 nicht größer ist als 200 bis 300. In diesem Fall bewegt sich das Verhältnis der Abweichung vom Durchschnitt in einer Größenordnung von einigen Tausendstel an Stelle von einem Zehntel beim zuvor mit Hilfe der Berechnung der großen Schwankungen analysierten Fall.[14]

Die Soziologen haben bislang die großen Schwankungen

noch nicht wirklich in ihren Denkansatz integriert. Um den »Durchschnittsmenschen« zu definieren, dachte Quételet das Individuum als einen Zufall, der durch die mittels der Gaußschen Kurve gegebene Wahrscheinlichkeit zustande kommt. Bei der Untersuchung der durchschnittlichen Zahl von Selbstmorden handelte es sich bei den Abweichungen vom beobachteten Durchschnitt ausschließlich um kleine Schwankungen. Das ist auf eine statistische Sichtweise der mathematischen Anwendung in der Soziologie zurückzuführen, die Ausnahmefälle lediglich als kontingente Zufälle ansieht und solche seltenen Ereignisse, die die Gesellschaft betreffen, nicht unter quantitativen Gesichtspunkten berücksichtigt. Die mathematische Formalisierung, die für die Soziologie nützlich wäre, erweist sich, selbst mit den gegenwärtig zur Verfügung stehenden Werkzeugen, als sehr schwierig. Dennoch sollte dieser Weg erkundet werden. Die genannte Methode bietet sich deshalb an, weil die Theorie der großen Schwankungen die Voraussetzung dafür schafft, die Wirkungen der Interaktionen auf eine ziemlich natürliche Weise in eine mathematische Begrifflichkeit zu fassen. Man kann auch einen Begriff einführen, der schwieriger ist als das gängige Gesetz der großen Zahl. Mit dessen Hilfe ist es möglich, die Kenntnis der Interaktionsformen auszunutzen: Es handelt sich um den Begriff der gleichbleibenden Wahrscheinlichkeit auf der Grundlage einer großen Menge von Individuen und des Übergangs von einem statistischen Gleichgewichtszustand zum anderen.[15]

Große Schwankungen und Interaktionen

Ein möglicher Zustand einer großen Menge von Individuen wird durch die Kenntnis jedes einzelnen Zustands der Individuen definiert, aus denen die Menge besteht. Selbst wenn jedes Individuum nur über zwei mögliche Zustände verfügt, so ergibt sich daraus bei einer großen Gruppe eine beachtliche Zahl von Zuständen.

Bei Fragen, die die Interaktion zwischen Individuen betreffen, beispielsweise in Hinblick auf geographisch benachbarte

Individuen, läßt sich die Wahrscheinlichkeit, die die Entwicklung der Gesellschaft reguliert, nicht auf der Grundlage derjenigen Wahrscheinlichkeit bestimmen, die sich auf ein einziges Individuum bezieht. Es muß sich um eine globale Definition handeln. Um die Gesellschaft zu einem bestimmten Zeitpunkt zu beschreiben, muß man die Wahrscheinlichkeit jedes möglichen Zustands der ganzen Gesellschaft kennen. Um die Entwicklung im Laufe der Zeit zu analysieren, muß man die Wahrscheinlichkeit des Übergangs innerhalb einer bestimmten Zeit von einem möglichen Zustand zu einem anderen möglichen Zustand kennen. Die Gesellschaft befindet sich in einem statistischen Gleichgewicht, wenn sich die Wahrscheinlichkeit eines jeden ihrer möglichen Zustände nicht im Laufe der Zeit entwickelt. Diese Wahrscheinlichkeit wird als unveränderlich oder gleichbleibend bezeichnet. Es gibt Systeme, die nur eine einzige Gleichgewichtswahrscheinlichkeit aufweisen, und wenn diese sich entwickeln, tendiert ihre Wahrscheinlichkeit zu dieser Gleichgewichtswahrscheinlichkeit. Nehmen wir das Beispiel einer Termitenpopulation. Um die Sache zu vereinfachen, lassen wir die Königin und die Männchen beiseite und betrachten ausschließlich drei Funktionen: Soldat, kleiner Arbeiter, großer Arbeiter. Bei ihrer Geburt verfügen die Larven über keine genetische Anlage für eine bestimmte Funktion, es herrscht Chancengleichheit! Der statistische Gleichgewichtszustand der Gesellschaft zeichnet sich durch eine bestimmte Proportion von Individuen aus, die die drei Funktionen ausüben.[16] In Folge der zufälligen Umgebung weicht das System von diesem Gleichgewicht ab, d.h., die Proportionen zwischen den jeweiligen Aufgaben werden nicht aufrechterhalten. Im Verhältnis zu den idealen Proportionen entsteht eine große Abweichung. Da eine Arbeiterin nicht mehr zur Soldatin werden kann, geschieht die Rückkehr zum Gleichgewicht mittels einer Kontrolle: Wenn es zu wenig Soldaten gibt, werden mehr Larven so ernährt, daß sie zu Soldaten werden. Bei den in gesellschaftlichen Verbänden lebenden Spinnen gibt es keine morphologische Spezialisierung, und um zum Gleichgewicht zurückzukehren, wechseln einige Individuen ihre Funktion. In beiden Fällen ist die Dynamik derart beschaffen, daß sich das

System nach einer spürbaren Abweichung vom theoretischen Durchschnitt entwickelt, um zu jenem Gleichgewicht zurückzukehren, das durch diesen Durchschnitt definiert ist. Hier findet eine Interaktion zwischen sämtlichen Individuen der Gesellschaft statt. Die Abweichungen zwischen der tatsächlichen Proportion der verschiedenen Funktionen und der angemessenen Proportion lenken die Dynamik der Population.

Das Ausbrechen einer Epidemie sowie ihre Entwicklung veranschaulichen sehr gut, wie es zu den großen Abweichungen vom Durchschnitt kommt. Nehmen wir an, in einer Population gäbe es einen sehr geringen Anteil von Individuen, die an einer Infektionskrankheit leiden, die entweder latent vorhanden oder aber von außen hereingetragen worden ist. Normalerweise entwickelt sich die Epidemie nur dann, wenn eine kritische Schwelle von kranken Individuen überschritten und an einem bestimmten Ort eine hohe geographische Konzentration kranker Individuen erreicht wird. Es handelt sich also um ein seltenes Ereignis. Wenn dieses eintritt, kann die Interaktion, die im vorliegenden Fall in der Ansteckung durch direkten Kontakt besteht, zu einer Vergrößerung des ursprünglichen Kerns der Kranken und zu einer großen Abweichung vom Durchschnitt führen.

Es besteht nur eine sehr geringe Wahrscheinlichkeit, daß es zu großen Abweichungen kommt. Ist man aber geduldig genug, entdeckt man sie schließlich doch; sie sind es, die nicht selten Geschichte machen und die mit qualitativen Veränderungen, wie zum Beispiel mit Verhaltensänderungen, in Verbindung stehen. Sie stehen im Mittelpunkt der zeitlichen Entwicklung komplexer Systeme. Die Tatsache, mit großen Zahlen zu arbeiten und Durchschnitte zu berechnen, sollte uns nicht vergessen lassen, daß es immer zu seltenen Ereignissen mit sehr geringer Wahrscheinlichkeit kommen kann. Diese stellen beträchtliche Abweichungen vom Durchschnitt dar. Das ist beispielsweise der Fall, wenn in einer Population Mutationen auftreten: Zunächst gibt es nur wenige Mutanten, dann aber kommt es eines Tages nach Millionen von Jahren zu einem seltenen Ereignis. Dann ist eine genügend große Anzahl von Mutanten vorhanden, um sich zu vermehren, und die

»durchschnittliche« Population wird diejenige der Mutanten. Die »Normalen« sind zu einer Minderheit geworden und werden verschwinden. Es ist zu einer großen genetischen Abweichung gekommen.

Gehen wir noch einen Schritt weiter. Ein System kann viele Zustände aufweisen, in deren Bereich es stabil zu sein, zu ruhen scheint. Betrachten wir einen Theatersaal, in dem die Zuschauer gebannt auf die Bühne schauen, weil das Stück fesselnd ist. Ein Zuschauer betritt unbekümmert den Saal zu spät, allerdings ohne ein Störer zu sein. Mit einer geringen Wahrscheinlichkeit drehen sich zwei oder drei Zuschauer zu ihm um, und schon ist die Ordnung wiederhergestellt. Mit einer noch geringeren Wahrscheinlichkeit tun es ihnen einige ihrer Nachbarn gleich, und schließlich besteht die äußerst geringe Wahrscheinlichkeit, daß sich der ganze Saal umdreht. Hierbei handelt es sich um eine starke Abweichung vom normalen Verhalten der Zuschauer, das darin besteht, auf die Bühne zu schauen.[17] Das System entwickelt sich, indem es so sehr von seinem normalen Zustand abweicht, daß es schließlich zu einer Zustandsveränderung kommt. Alle blicken nun zum Eingang. Diese große Abweichung steht in Zusammenhang mit der Interaktion zwischen Individuen.

Es ist interessant, das Umdrehen im Laufe der Zeit mathematisch zu betrachten. Es geht vorzugsweise durch Zellbildung vor sich. Es bilden sich also kleine, nach hinten blickende Zuschauerzellen, die sich verfestigen. Man kann die Phase des Umdrehens mathematisch beschreiben, auf Wahrscheinlichkeitsrechnung basierende Gesetze aufstellen, die das Anwachsen der Zellen regeln. Unter Berücksichtigung der Amplitude der Störung, d.h. des Lärms des Eindringlings und seiner Interaktion mit den in der Nähe der Tür sitzenden Zuschauern (mit welcher Wahrscheinlichkeit werden sie sich umdrehen?), läßt sich auch der Durchschnitt der zufälligen Zeit ermitteln, die notwendig ist, damit sich der ganze Saal umdreht.

Die Wahl eines gleichbleibenden Zustands hängt nicht notwendigerweise mit den großen Abweichungen zusammen.[18] Ein bekanntes Modell für gesellschaftliches Verhalten, das von Schilling stammt, hat ein Problem zum Gegenstand, das bald auch in den französischen Grundschulen an Bedeutung gewinnen wird, wenn man das Wochenende weiterhin als eine privilegierte Zeit ansieht: Die untersuchte Population besteht aus Studenten, die am Samstag morgen Seminar haben. Ihr Professor kann wahlweise als Sadist oder als jemand betrachtet werden, der sich um ihre Zukunft sorgt. Jeder Student wird mittels einer zufälligen Variablen formalisiert, die den Wert »Ich gehe ins Seminar« oder »Ich gehe nicht hin« haben kann. Die Entscheidung eines Studenten hängt von der Entscheidung sämtlicher seiner Kommilitonen und Kommilitoninnen ab. Die Wahrscheinlichkeit w »hinzugehen«, ist Funktion des Prozentsatzes der Studenten, »die hingehen werden«. Zu Anfang macht sich jeder seine eigenen Gedanken, mit einem vorauszusehenden Schätzfehler. Zum Beispiel beträgt w »hinzugehen« 0,7 %, wenn man glaubt, daß mehr als 30 % der Studenten »hingehen werden«. Wenn es am ersten Tag lediglich eine Anwesenheit von 25 % gibt, wird sich herausstellen, daß sich vier oder fünf Samstage später nur noch der einzige bedingungslose Anhänger des Professors im Hörsaal befindet. Wenn jedoch aufgrund kleiner Schwankungen beim ersten Seminar die Anwesenheit 35 % beträgt, füllt sich der Hörsaal von Samstag zu Samstag! Hierbei handelt es sich um ein System, bei dem die Interaktion sich verallgemeinert hat, d.h., jedes Individuum ist mit allen anderen verknüpft. Eine kleine Abweichung beim Ausgangsverhalten kann zu großen Abweichungen beim Ergebnis führen.

Nehmen wir im Gegensatz hierzu an, daß jeder Student seine Haltung von derjenigen abhängig macht, die vier weitere Studenten einnehmen. Im strengen Sinne des Wortes sind sie seine »Nachbarn«, in Wahrheit seine besten Freunde, wobei wir davon ausgehen, daß zwei Studenten niemals dieselben vier besten Freunde haben. Anfangs entscheidet sich die große Mehrheit der Studenten, ins Seminar zu gehen. Aber eine Handvoll nicht so pflichtbewußter Studenten ist der Meinung, daß diese Gewissenhaftigkeit überflüssig ist. Die Theorie der großen Abweichungen zeigt, daß es mit einer sehr geringen Wahrscheinlichkeit, die jedoch nicht gleich null ist, zur Verbreitung einer begrenzten Desinformation kommen kann. Dabei vergrößert sich die Zelle der wenig interessierten Studenten und das System weist eine große Abweichung im Verhältnis zur normalen Einstellung auf, bei der die Studenten ins Seminar gehen. Auf diese Weise verbreiten sich auch wenig glaubhafte Gerüchte.[19]

Simulation: Die Stärke des Paars Informatik–Wahrscheinlichkeit

Die Entwicklung der Computer und diejenige der Wahrscheinlichkeitsrechnung haben die Entstehung der Simulationstechniken ermöglicht, die praktisch alle Tätigkeits- und Forschungsbereiche revolutionieren. Um eine Simulation durchzuführen, überträgt man, auch auf die Gefahr hin, es zu vereinfachen, das untersuchte physikalische, technologische, biologische, soziologische Modell, oder auch den oben erwähnten Theatersaal, in ein auf der Wahrscheinlichkeitsrechnung basierendes mathematisches Modell. Daraufhin wird das Modell mittels einer angemessenen Sprache in einem Computer »implantiert«, d. h., es wird auf ihn übertragen. Dieses Modell verfügt über ein Mittel, um nach dem Zufallsprinzip bestimmte Werte von Variablen oder Parameter des Modells auszuwählen, indem es den Zufall mit Hilfe eines Generators beliebiger Zahlen imitiert. Wir sind nicht dazu in der Lage, den reinen Zufall, das Rauschen oder eine vollkommen unabhängige Folge von »Kopf und Zahl« zu erzeugen. Man könnte daran denken, ein physikalisches Geräusch, zum Beispiel das metallische Geräusch einer elektronischen Komponente, zu übertragen. Allerdings könnte diese Übertragung nur mittels eines Apparates, eines Sensors, geschehen, dem eine gewisse Trägheit zu eigen ist. Denn jedem physikalischen System ist eine gewisse Trägheit zu eigen, mag sie auch noch so gering sein. Würde man die Spaltung von Radiumatomen nutzen wollen, die *a priori* hervorragende Kandidaten für die Herstellung beliebiger Zahlen wären, stößt man auf die Trägheit der Sensoren. Diese Trägheit bedeutet immer eine Verzögerung bei der Übertragung einer Information wie »Spaltung eines

Atoms«. Diese Verzögerung ist nur schwer kontrollierbar und schafft Erinnerung. So handelt es sich bei dem beobachteten Phänomen schon deshalb um kein Rauschen, weil es durch das nicht reibungslose Funktionieren des Sensors mit Erinnerung ausgestattet wurde. Bleibt also nur noch die Möglichkeit, auf die Mathematik als Maschine für die Erzeugung des »reinen Zufalls« zurückzugreifen. Aber im Kapitel über die Information werden wir sehen, daß die mathematische Erzeugung eines Rauschens bedeutet, ein Objekt von sehr großer Komplexität, in Wahrheit sogar von größtmöglicher Komplexität zu erzeugen. Mit anderen Worten, es ist eine zu große und vor allem fast unendlich lange Aufgabe, die unsere Arbeitskapazität übersteigt. Es läßt sich beweisen, daß wir mit Hilfe der Mathematik niemals mehr als bestenfalls eine gute Imitation des Rauschens, des »reinen Zufalls« erzeugen können.

Tabellen mit beliebigen Zahlen zu erstellen ist ein praktisches Problem, dessen Auswirkungen erheblich sind. Den Ausgangspunkt bildet eine ganze Reihe von Theoremen der Arithmetik, die besagen, daß bestimmte Gegenstände über Eigenschaften verfügen, die denjenigen der Folgen von »Kopf und Zahl« ähneln. Zum Beispiel die aufeinanderfolgenden Abweichungen zwischen Primzahlen[20], die aufeinanderfolgenden Dezimale bestimmter Zahlen, die keine Brüche sind, und noch kompliziertere Gegenstände. Wenn man aber lange Tabellen mit »pseudo-beliebigen« Zahlen erstellen möchte, stößt man auf technische Probleme wie die Abrundungen der Computerberechnungen. Alle diese Hindernisse, die der Konstruktion des Zufalls im Wege standen, wurden eines nach dem anderen mit Hilfe der Findigkeit und der Geschicklichkeit der Mathematik aus dem Weg geräumt. Somit erhält man Generatoren für beliebige Zahlen, die man statistischen Tests »unterzieht«, um zu überprüfen, ob die Ziffernfolge, die diese in Dezimalform notierten Zahlen darstellt, wirklich über keine Erinnerung verfügt, ob jede Ziffer in der Häufigkeit 1 : 10 vorkommt usw. Alles in allem handelt es sich hierbei um ein klassisches technologisches Verfahren: Für die meisten der heutigen Simulationen ist das Ergebnis ausreichend, aber man arbeitet weiter an seiner Verbesserung.

Die Simulation ersetzt die normale Rechnung. Diese Methode wird als Monte-Carlo-Methode bezeichnet. Um die Oberfläche einer sehr komplizierten Blume zu berechnen, die auf einem Blatt Papier aufgezeichnet wurde, wählt man nach dem Zufallsprinzip eine große Anzahl von Punkten auf dem Rechteck aus, das das Blatt Papier darstellt. Das Gesetz der großen Zahl zeigt, daß die Oberfläche der Blume sich fast mit der Proportion der Anzahl von Punkten deckt, die in die Blume fallen, wenn die Oberfläche des Rechtecks als Einheit genommen wird. Diese Methode ist praktisch die einzige, die bei bestimmten komplizierten numerischen Rechnungen effizient ist.[21]

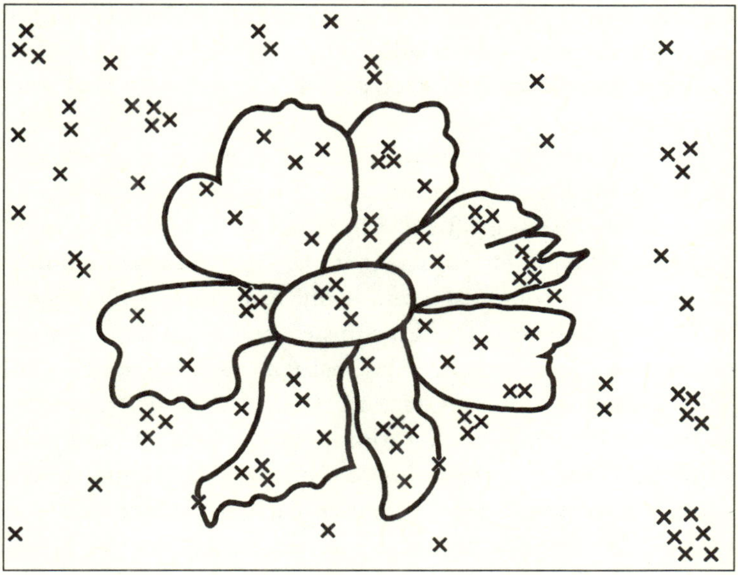

Will man Phänomene wie das Umdrehen der Zuschauer im Theatersaal beobachten, greift man auf die Simulation zurück. Mit Hilfe der Wiederholung des Experiments auf dem Computer möchte man erreichen, daß auf dem Bildschirm innerhalb einer für den »Experimentator« akzeptablen Zeit seltene Ereignisse sichtbar werden. Man versucht die von ihnen bewirkten Entwicklungen zu verfolgen. Auf diese Weise schafft die Mathematik die Voraussetzungen dafür, mit Ereignissen zu experimentieren, die unter realen Bedingungen kaum zu sehen sind.[22] Man nutzt diese Methode insbesondere für die Untersuchung seltener Störungen von elektrischen Steuerungen, seltener Fälle von Überlastung der Kommunikationsnetze oder eben um ein Phänomen wie das Umdrehen der Zuschauer in einem Theatersaal de visu zu untersuchen. Schließlich läßt sich auf dem Bildschirm mitverfolgen, wie durch einen Lern- oder Entwicklungsprozeß, der normalerweise Jahre beanspruchen könnte, aus ungeordneten Strukturen geordnete Strukturen hervorgehen. Man kann sagen, daß die Simulation ein ganz zentrales Werkzeug ist, um auf experimentellem Wege seltene Ereignisse zu erzeugen, wobei der Begriff des Experiments eine neue Bedeutung erhält: Das physikalische Modell ist durch das mathematische und zufallsbedingte Modell ersetzt worden, ein zwar vom Menschen geschaffener, aber dennoch hochwertiger Ersatz.

Die von der Wahrscheinlichkeitstheorie getragene experimentelle Mathematik hat einer ganzen Reihe von Bereichen unerwartete Wege eröffnet. Allerdings ist Erforschung nicht gleichbedeutend mit Gültigkeit.[24] Die Anwendung der Simulation bei sehr komplexen und kaum formalisierten Systemen kann gefährlich sein. Die Ergebnisse einer Simulation enthalten immer die Schwächen des mathematischen Modells, auf dem die Simulation beruht. Es besteht die Tendenz, zu ausgiebigen Gebrauch von der Simulation zu machen und jedes kritische Vermögen einzubüßen. Ob Physiker, Techniker oder Ökonom, man »läßt den Computer machen«. Damit läuft man Gefahr, die Vereinfachungen zu vergessen, die für die Ausarbeitung der Simulation notwendig waren.

Vielleicht wird es am Ende bei der Simulation genauso sein wie bei der Computergraphik. Diese ist zur Trägerin einer neuen künstlerischen Praxis geworden, die eine gewisse Entmenschlichung mit sich bringen kann. Die Simulation der Erfahrung ist bereits Trägerin einer neuen Pädagogik, einer neuen Praxis, die den Computer auf Kosten des Untersuchungsgegenstands vorzieht. Das kann dazu führen, daß sich das Kind, der Student und schließlich auch der Forscher von ihrer Beziehung zu den Gegenständen der physischen Welt lösen. Das kann durchaus gefährlich sein, denn da wir nicht über genügend kritischen Abstand verfügen, lassen sich für uns die Folgen dieser Loslösung noch nicht abschätzen.

3. Kapitel

Seltene Ereignisse

Es ist wichtig zu beschreiben, was Seltenheit eigentlich ist. Genau wie der Getreidehaufen der Geschichte hat sie keinen Anfang und kein Ende. Sie begründet und stört zugleich die Ordnung der Welt. Die großen praktischen oder philosophischen Probleme sind häufig so beschaffen, daß sie im wesentlichen deshalb seltene Ereignisse bezeichnen, weil diese die einzigen sind, deren Realisierung uns Informationen liefert, uns eine Veränderung innerhalb der Ordnung der Dinge feststellen läßt oder uns zwingt, unsere Sichtweise zu ändern.

Wir werden sehen, daß wir uns trotz der Versuche vieler großer Wissenschaftler[1] mit einem Sachverhalt abfinden müssen: Es ist nutzlos zu versuchen, eine universale Antwort auf die Frage »Was ist ein seltenes Ereignis?« oder, genauer gesagt, »Was ist eine sehr kleine Wahrscheinlichkeit?« geben zu wollen.

Alles, was man tun kann, wenn es um Praxis, Sicherheit oder Ethik geht, ist, im jeweiligen Bereich die Schwellen neu festzulegen. Und in der Praxis muß man die Möglichkeit untersuchen, die Wahrscheinlichkeit seltener Ereignisse zunächst abzuschätzen, um diese sehr kleine Wahrscheinlichkeit dann zu interpretieren. Diese Möglichkeit bedingt die mathematische Betrachtungsweise großer Risiken, unabhängig davon, ob sie mit der Gesundheit, der Sicherheit technischer Anlagen oder der Umwelt in Zusammenhang stehen.

Die Seltenheit: Motor der Veränderung oder Stabilitätsfaktor?

Im Gegensatz zur gängigen Meinung, daß in der Natur das seltene Ereignis gleichbedeutend ist mit Kontingenz, Unordnung und tiefer gehende Veränderung, kann die Seltenheit ein Element der sichersten Gleichgewichte darstellen. Zwei vollkommen verschiedene Schmetterlingsarten, die sich nicht kreuzen können, haben nichts miteinander gemein als ihr – auch für einen Fachmann – nicht voneinander zu unterscheidendes Äußeres und ihren Lebensraum. Die eine, häufig vorkommende Art V ist für die sie jagenden Vögel giftig. Die andere, selten vorkommende Art C nicht. Weil die Vögel versucht haben, V zu essen, oder weil sie von Geburt an wissen, daß der Verzehr von V schlimme Folgen hat, machen sie keine Jagd auf V und verschonen damit auch C! Wenn C nicht selten wäre, würden die Vögel bei der Jagd, vielleicht aufgrund des Geschmacks, einen Unterschied feststellen können. Aber das, was für die Jäger auf dem Spiel steht, lohnt nicht den Aufwand, den das Unterscheidenkönnen zwischen den beiden Beutetieren bedeutet. In diesem Fall stellt also die Seltenheit, die niedrige Fortpflanzungsrate, den Fortbestand der Gattung sicher.

Lebende Organismen haben einen außerordentlichen Perfektionsgrad erreicht, um bestimmte Formen von Stabilität mittels seltener Elemente aufrechtzuerhalten. Aber die Seltenheit ist keine Eigenschaft, die auf die lebendige Welt beschränkt bleibt, sondern sie ist einer der Schlüsselbegriffe vieler ökonomischer Theorien.[2] Und die Bedingungen für die Beobachtung seltener Ereignisse im Alltag können sich sehr von denen in der Wissenschaft unterscheiden.

Koinzidenzen oder seltene Ereignisse

Wenn es zu bestimmten Koinzidenzen kommt, von denen man dachte, sie seien vollkommen unmöglich, dann werden sie für »Wunder« gehalten. So etwa im Falle der beiden ehemaligen Schüler der Grundschule eines Dorfes namens Saint-Flour im Departement Cantal, die sich, dreißig Jahre, nachdem sie sich aus den Augen verloren haben, in Bangkok treffen. Der eine hielt sich dort auf, um eine Niederlassung seines Unternehmens aufzubauen, der andere, um Urlaub zu machen. Eine solche Begegnung mag überraschend sein, betrachtet man jedoch die französische Bevölkerung, die Häufigkeit der Auslands- und Fernreisen, dann läßt sich die Wahrscheinlichkeit abschätzen, mit der alljährlich derartige Begegnungen stattfinden. Wenn man die in Frage kommende Bevölkerung exakt bestimmt, lassen sich Wahrscheinlichkeitsrechnungen hinsichtlich der Anzahl derartiger Begegnungen und ihrer Schwankungen anstellen. Lenkt man im Gegensatz dazu die Aufmerksamkeit auf ein ganz bestimmtes Individuum, dann erfährt das Problem keine bezeichnende Lösung, weil die gesuchte Wahrscheinlichkeit so gering und aufgrund der Unmöglichkeit, ein Durchschnittsergebnis ermitteln zu können, nicht schätzbar ist.

Verlassen wir die vieldeutige menschliche Gesellschaft, um uns in diejenige der Partikel zu begeben. In der Physik stellt die Seltenheit der Begegnung, der Kollision bestimmter Partikel kein Hindernis für die Durchführung von Experimenten dar. Nehmen wir an, es bestünde die Wahrscheinlichkeit von 1 : 10 000, bei einer Kollision in einem Teilchenbeschleuniger ein neues Partikel zu entdecken. Nehmen wir weiterhin an, diese Wahrscheinlichkeit habe man mit Hilfe einer Theorie berechnet, die man zu beweisen versucht und die die bislang gültige Theorie widerlegen würde, nach der es dieses Partikel nicht gibt. Wenn man 100 000 Aufnahmen macht, beobachtet man mit einer Wahrscheinlichkeit von 0,99 zwischen vier und vierzehn Kollisionen. Null Kollisionen können mit einer Wahrscheinlichkeit beobachtet werden, die das Ergebnis aus 100 000 mal die Zahl 0,9999 ist, ein Ergebnis in der Größenordnung von 1 : 100 000.

Um eine Theorie über die Masse der Galaxien zu verifizieren, haben kürzlich zwei Forschungsgruppen ein Experiment durchgeführt, das auf der Ablenkung der Lichtstrahlen in einem Gravitationsfeld basiert. Die Theorie konnte nicht genau die Zahl der Fotos festlegen, die notwendig sind, um die Existenz des Phänomens der Ablenkung zu verifizieren. Sie bewegte sich *a priori* in einer Größenordnung um eine Million, und tatsächlich beobachtete eine der Forschergruppen bei 2 500 000 Fotos dreimal das Phänomen. Mit viel Geduld ist es gelungen, ein Ereignis von einer Wahrscheinlichkeit in der Größenordnung von 1 : 1 000 000 zu beobachten. Sollten sich die Ergebnisse dieses Experiments bestätigen, so ermöglicht dies einen beträchtlichen wissenschaftlichen Fortschritt. Demnach ist es absolut realistisch, in diesem Bereich mit Wahrscheinlichkeiten in einer Größenordnung von einem Millionstel zu arbeiten.

Das Unmögliche in der Wissenschaft

Die moderne mikroskopische Physik als der Bereich der Wahrscheinlichkeitsrechnung schlechthin liefert viele Beispiele für das »faktisch Unmögliche«. Ein Schulbeispiel hierfür, das keinerlei praktische Auswirkung hat, ist die Wahrscheinlichkeit, daß der Stuhl, auf dem man gerade sitzt, in einen gasförmigen Zustand übergeht. Diese Wahrscheinlichkeit ist nicht gleich null, wir sind aber davon überzeugt, daß sie sehr gering ist! Sie läßt sich berechnen: In einer Dezimalschreibweise müßte man nach dem Komma so viele Nullen notieren, daß kein Mensch die Aufgabe zu Ende bringen würde. Genauso verhält es sich, wenn man diese Wahrscheinlichkeit für sechs Milliarden auf ihren Stühlen sitzenden Menschen errechnen wollte: Die Wahrscheinlichkeit, daß einer von ihnen das Gleichgewicht verliert, weil sein Stuhl in der nächsten Stunde einen anderen Aggregatzustand annimmt, ist fast unendlich klein. Dieses Ereignis ist »faktisch unmöglich«, obwohl seine theoretische Wahrscheinlichkeit nicht gleich null ist. Dem Erfindungsreichtum der Physiker ist es zu verdanken, daß sich Experimente durchführen lassen, um das zu verifizieren, was theoretisch möglich ist, nämlich die Realisierung sehr seltener Ereignisse. Deren Wahrscheinlichkeit jedoch ist selbstverständlich sehr viel größer als die des veränderten Aggregatzustandes eines Stuhls.

Auch in der Biologie interessiert man sich für derlei Konstellationen, aber gegenwärtig gibt es in vielen Fällen noch keine Theorie, die weit genug entwickelt wäre, um ihnen einen Sinn zu geben. Das Standardproblem ist die Frage, ob es auf einem anderen Planeten einer der Milliarden Galaxien »Leben« gibt... Die Menge der Möglichkeiten entspricht der Menge der Sterne, und das Ereignis, nach dem man sucht, ist »das Leben«. Aber genau hier fangen die hinlänglich bekannten Probleme an. Um welche Form von Leben handelt es sich?

Handelt es sich um das Leben, so wie wir es kennen und das mit dem Vorhandensein einer bestimmten Anzahl biochemischer Moleküle auf dem Stern in Verbindung zu bringen ist. Oder handelt es sich um ein weiter zu fassendes Verständnis von Leben? Hält man sich an die erste Definition – die einzige, die auf Bekanntes verweist –, müßte man, um die Wahrscheinlichkeit zu berechnen, noch genauer wissen, was auf der Erde passiert ist, müßte man eine Vorstellung von der Wahrscheinlichkeit der Entstehung von Leben unter bestimmten physischen und chemischen Bedingungen haben. Es ist ganz und gar nicht illusorisch zu denken, daß mit den Jahren Astrophysiker, Biologen und Mathematiker gemeinsam ernsthafte theoretische Berechnungen zu einem solchen Gegenstand anstellen können. Sie werden möglicherweise herausfinden, daß wir, unabhängig von der hohen theoretischen Wahrscheinlichkeit seiner Existenz, das Leben in einer anderen Galaxie niemals sehen werden, weil uns die Mittel fehlen, es zu lokalisieren und zu beobachten.

Das zweite Beispiel, dessen Auswirkungen sehr viel dramatischer sind, ist das Auftauchen des Aidsvirus. Wie groß ist die Wahrscheinlichkeit, daß, beispielsweise im Zeitraum eines Jahrhunderts, ein derartig gefährlicher neuer Virus entsteht? In diesem Fall geht es um die Analyse eines sehr komplexen Systems. Ausgehend von bereits existierenden Viren ist es möglich, Größenangaben über die Wahrscheinlichkeit von Mutationen zu machen. Allerdings muß man darüber hinaus wissen, in welche Richtung diese Mutationen verlaufen und welche von ihnen einen ungefährlichen Virus zu einem gefährlichen machen. Man muß also wissen, welchen Mechanismus des menschlichen Organismus sie außer Kraft setzen werden. Beim Aidsvirus hat man versucht, die Wahrscheinlichkeit der Mutation eines vermutlich seit langem existierenden Virus ebenso abzuschätzen wie die Wahrscheinlichkeit, daß dieser Virus auf den Menschen übertragen wird und es zum Ausbruch der Epidemie kommt. Die bekanntesten Forscher haben diese Wahrscheinlichkeit auf zwischen 1 : 1 000 000 und 1 : 1 000 000 000 beziffert.

Diese Berechnungen – auch wenn sie *a posteriori* ausgehend

von einem Beispiel angestellt wurden, bei dem man über nicht zu unterschätzende qualitative Kenntnisse verfügt – scheinen bei solchen zugleich komplexen und unbestimmten Sachverhalten nicht glaubwürdig zu sein. Auf die Frage nach der Wahrscheinlichkeit des Auftauchens eines sehr gefährlichen Virus kann es nach unserem gegenwärtigen Kenntnisstand keine glaubwürdige quantitative Antwort geben. Wir stoßen hier an die Grenzen unserer Fähigkeiten. Bei derartigen Problemen ist es nicht möglich, das zu wiederholen, was wir auf dem Gebiet der Teilchenphysik in der Lage sind zu tun: sehr niedrige Wahrscheinlichkeiten zu schätzen.

Das Rekordhochwasser

Für den Statistiker ist es immer ein Problem, die Wahrscheinlichkeit seltener Ereignisse zu schätzen. Das Gesetz der großen Zahl ist nicht anwendbar. Die Anzahl der Realisierungen eines seltenen Ereignisses in einer langen Reihe von Beobachtungen ist sehr niedrig, und bei einer sehr geringen Wahrscheinlichkeit ist die relative Genauigkeit der Schätzung unzulänglich.[3]

Um eine Staumauer in einem Fluß zu planen, muß man unbedingt wissen, mit welcher Wahrscheinlichkeit der Wasserstand des Flusses ein bestimmtes Niveau übersteigen kann. So ist man in der Lage, das größtmögliche Hochwasser vorherzusehen. Ein gängiges Kriterium ist das größtmögliche Hochwasser innerhalb eines überschaubaren Zeitraums, im allgemeinen innerhalb der nächsten hundert Jahre. Ob es sich nun um den Bau eines Leuchtturms, einer Ölplattform oder einer Staumauer handelt, man verwendet bei Sicherheitsproblemen als verbindliche Größe das Jahrhunderthochwasser. Maßgebend ist also die »Rekordhöhe« des Wasserstandes in den kommenden hundert Jahren an besagtem Ort. Und die verbindliche Wahrscheinlichkeit ist diejenige Wahrscheinlichkeit, mit der dieses Hochwasser bestimmte Pegelstände überschreitet.

In den Planungsbüros werden die Maße für die Bauwerke festgelegt, damit kein zu großes Unfallrisiko eingegangen wird und dem Bauträger keine zu hohen Kosten entstehen. Vorsichtshalber wählt man beträchtliche Sicherheitsmargen. Da man die beispielsweise während der letzten 50 Jahre registrierten Hochwasserstände kennt, leitet man daraus mittels einer mathematisch kaum zu rechtfertigenden Technik ab, daß die Rekordwasserhöhe »niemals« einen bestimmten Stand überschreiten wird. Dabei entspricht dieses »niemals« einer Wahrscheinlichkeit von 1 : 1000 bis 1 : 10 000. Diese Technik ist nicht sehr streng, weil sie oftmals auf den physikalischen Modellen der Dünung und des Windes basiert, die sich unter extremen Bedingungen als wenig realistisch erweisen. Das Phänomen der Dünung ist so kompliziert, daß man bisher über kein physikalisches Modell verfügt, das tatsächlich durch die Erfahrung bestätigt wurde und sich für die Sicherheit aller Wasserbauwerke nutzen läßt. Also wird die Aufzeichnung der Dünung an bestimmten Punkten genutzt, um ein »statistisches« Modell zu erstellen, auf dessen Grundlage sich mit größtmöglicher Genauigkeit die zukünftigen Rekordwasserstände, die »Jahrhunderthochwasser«, wenn sich die Vorhersage über einen Zeitraum von hundert Jahren erstreckt, vorhersehen lassen. Selbst noch die unvollkommenen statistischen Modelle schaffen die Voraussetzung für Schätzungen, die verläßlicher sind, als es noch vor zwanzig Jahren diejenigen der Ingenieure in den Planungsbüros waren. Niemand verzichtet heute mehr auf diese Vorhersage »extremer« Werte. In diesen Bereichen ist die mathematische Statistik demnach, trotz ihrer Beschränkungen, unbedingt notwendig, um die Wahrscheinlichkeit dieser seltenen Ereignisse abzuschätzen.

Es mag geradezu banal erscheinen, aber es gibt auch Ereignisse, die nicht aufgrund einer falschen Wahrscheinlichkeitsrechnung, sondern infolge einer Unkenntnis der physikalischen Problematik als *a priori* unmöglich angesehen werden. Kurz vor dem Zweiten Weltkrieg ist die drittgrößte Hängebrücke der Welt in sich zusammengebrochen, nachdem sie so lange hin und her geschwankt war, daß sich alle Autofahrer, die gerade über die Brücke fuhren, noch rechtzeitig zu Fuß in Sicherheit bringen konnten. Die Brücke war so berechnet, daß sie mühelos dem Wind widerstehen konnte, der an diesem Tag herrschte. Daher verstand man zunächst auch nicht, was geschehen war. Die für die Planung der Brücke verantwortlichen Ingenieure hatten jedoch in der Tat einen theoretischen Fehler gemacht: Sie hatten ein bestimmtes Phänomen außer acht gelassen, und zwar den seinerzeit bei den Flugzeugbauern sehr wohl bekannten Von-Karman-Effekt, der eine katastrophale Schwingung verursachen kann.

Statistische Tests: Das Seltene als Beweis

Experimentelle Entdeckungen basieren häufig auf der Auseinandersetzung mit seltenen Ereignissen. Den Ausgangspunkt bildet immer eine von den Vertretern der betreffenden Wissenschaft akzeptierte Theorie. Ein Forscher möchte eine neue Theorie verifizieren, die von der bisher akzeptierten Theorie abweicht. Um sie zu verifizieren, führt er ein Experiment durch und definiert gleichzeitig – die Gleichzeitigkeit ist in diesem Zusammenhang ein zentraler Begriff – ein Ereignis, das selten, d. h. in der bisher gültigen Theorie von geringerer Wahrscheinlichkeit ist als in der vom Forscher vorgeschlagenen Theorie hochwahrscheinlich. Damit läßt sich das Prinzip des Verfahrens ganz einfach formulieren: Beobachtet man in der einen Theorie die Realisierung eines seltenen Ereignisses, dann läßt sich diese anzweifeln. Die neuen Theorien, die die Wahrscheinlichkeit des betreffenden Ereignisses erhöhen, werden bestärkt. Die Wahl des seltenen Ereignisses, das man in der angezweifelten Theorie zu beobachten sucht, geschieht nie ohne Absicht, sondern sie ist gebunden an die wissenschaftliche Reflexion und muß notwendigerweise Gegenstand eines Einvernehmens zwischen den Vertretern der betroffenen Forschungsgebiete sein.

In der Grundlagenphysik geht der Zufall ausschließlich auf Meßfehler zurück, deren Systematisierung nur mittels der Wahrscheinlichkeitstheorie zu bewerkstelligen ist. Mit anderen Worten, der Irrtum wird mit Hilfe eines Rauschens systematisiert. Um ein physikalisches Gesetz zu widerlegen, muß ein in dieser Theorie höchst unwahrscheinliches Ereignis beobachtet werden. Die Größenordnung der Wahrscheinlichkeit dieses

Ereignisses kann sich in einem Rahmen von bis zu 1:1 000 000 bewegen. Bei einem solchen Wahrscheinlichkeitsgrad besteht die Schwierigkeit darin, ein Experiment durchzuführen, das den wirklich entscheidenden Unterschied zwischen der alten und der neuen Theorie auch zutage fördert.

In den Naturwissenschaften und in einigen ihrer Anwendungsbereiche bzw. in der medizinischen Wissenschaft ist der Zufall, zumindest unter qualitativen Gesichtspunkten, anders beschaffen. Das Material, auf dessen Grundlage das Experiment durchgeführt wird, weist schon an sich eine große Vielfalt auf. Aus zwei Getreidekörnern derselben Ähre entstehen keine gleich großen oder gleich schweren Ähren. Dieses unterschiedliche Ausmaß und Wesen der Vielfalt in der Biologie und der Physik hat für die Praxis zur Folge, daß bereits Ereignisse mit einer Wahrscheinlichkeit von 1:100 als selten angesehen werden. Demnach gibt es unterschiedliche Maßstäbe für die Seltenheit, und in der medizinischen Forschung ist es im allgemeinen sogar so, daß bereits ein Ereignis mit einer Wahrscheinlichkeit von 1:10 für selten gehalten wird.

Will man in der Medizin die Seltenheit nutzen, so geschieht dies häufig mit Hilfe der Anwendung eines vom Forscher erzeugten künstlichen Zufalls. Nehmen wir an, man will die Wirkung eines bekannten Medikaments B mit derjenigen eines neuen Medikaments A bei ein und derselben Krankheit miteinander vergleichen. Diese beiden Medikamente werden jeweils zwei verschiedenen Patientengruppen verabreicht, wobei die Verabreichung des jeweiligen Medikaments entsprechend des Losprinzips nach einem zuvor festgelegten Verfahren erfolgt. So erhält schließlich die eine Hälfte von sagen wir 80 schwerkranken Patienten das bekannte Medikament A und die andere Hälfte das Medikament B. Wenn die Wirkung der Medikamente identisch ist, darf die Zahl der Sterbefälle bei denjenigen Patienten, die das bekannte Medikament eingenommen haben, kaum von der Zahl der Sterbefälle bei denjenigen Patienten abweichen, die das neue Medikament erhalten haben. Bezeichnet man diese (positive oder negative) Differenz als D, läßt sich die Hypothese »die beiden Medikamente haben dieselbe Wirkung« wie folgt formulieren: »Die Variable

D hat den Durchschnitt null«. Das heißt, würde man mehrere Experimente mit verschiedenen Patientiengruppen durchführen, dann glichen sich die erzielten Werte von D aneinander an. Das seltene Ereignis, das man bei dieser Gleichgewichtshypothese beobachtet, ist, daß D ziemlich groß wäre. In der Praxis definiert man eine Schwelle t so, daß die Wahrscheinlichkeit der Differenz D, diese Schwelle zu übersteigen, unter 5% liegt, wobei 5% in der medizinischen Fachwelt im allgemeinen als die akzeptierte Schwelle für die Seltenheit derartiger Sachverhalte gilt. In unserem Fall ist t gleich 7.

Sollte die Differenz D bei der Realisierung dieses seltenen Ereignisses größer sein als 7, dann folgt daraus, daß die Hypothese der gleichen Wirkung beider Medikamente nicht aufrecht zu erhalten ist: Man wird annehmen, daß das neue Medikament besser wirkt als das alte. Aber natürlich beträgt die Wahrscheinlichkeit, sich zu täuschen, 5%. Sollte die festgestellte Differenz 7 nicht übersteigen, wird man sagen, sie sei unbedeutend. Es wäre unzulässig, die Hypothese der gleichen Wirkung beider Medikamente abzulehnen. Wenn das Medikament A deutlich besser wirkt als das Medikament B, dann weist das Ereignis »D ist größer als 7« tatsächlich eine hohe Wahrscheinlichkeit auf.

Demnach resultieren die wissenschaftlichen Fortschritte häufig aus der Beobachtung von Ereignissen, die in den allgemein akzeptierten Theorien eine sehr niedrige Wahrscheinlichkeit haben. Allerdings erfolgt die Definition dieser »sehr niedrigen« Wahrscheinlichkeit auf der Grundlage von zum Teil subjektiven Kriterien. Diese sind lediglich der Rechtschaffenheit einer Gemeinschaft von Spezialisten unterworfen, was von Zeit zu Zeit zu wissenschaftlichen Irrtümern oder wissenschaftlichen Manipulationen führt. Allerdings hat es diese immer schon gegeben, so daß sie keine Besonderheit der Nutzung statistischer Tests sind, die es *im Gegenteil* sogar möglich machen, sie aufzuspüren.

Von diesem Standpunkt aus betrachtet, ist es ziemlich merkwürdig, daß eine Theorie wie die Mendelsche Vererbungslehre, die ausgezeichnet für die Nutzung statistischer Tests geeignet ist, ursprünglich vom tschechischen Mönch selbst unter

Verwendung manipulierter Werte präsentiert wurde, was Fisher mittels statistischer Tests bewiesen hat! Die Ergebnisse Mendels sind zu perfekt, sie liegen zu nah an den von der Theorie vorgesehen Resultaten und tilgen auf eine sehr unwahrscheinliche Weise jede Variabilität im Experiment. Sie realisieren ein äußerst seltenes Ereignis, dem eine derartig niedrige Wahrscheinlichkeit zueigen ist, daß sie unglaubwürdig werden. Zweifellos war Mendel so sehr von seiner Theorie überzeugt, daß er mit überzogenen Argumenten überzeugen wollte! Oder sollte es vielleicht einer seiner Mitarbeiter gewesen sein? Aber es besteht kein Grund zur Beunruhigung, denn viele große Geister hatten diese Schwäche, selbst Newton![4] Ich möchte behaupten, hätte Mendel die Statistik gekannt, wäre er keinesfalls den zukünftigen Generationen gegenüber so ungeschickt gewesen, er hätte gewußt, daß das Bessere des Guten Feind ist!

Kann die Gemeinschaft auf zu kleine Wahrscheinlichkeiten reagieren?

Wir haben gesehen, wie glücklich es den Physiker macht, die Realisierung eines Ereignisses zu beobachten, dessen Wahrscheinlichkeit bei 1:1000000 liegt. Ein solches Ereignis hat einen eindeutigen Sinn und ist für seinesgleichen von großer Wichtigkeit. Es gibt jedoch Bereiche, in denen Wahrscheinlichkeitsschwellen, die für die Betroffenen einen Sinn haben, unbekannt sind. Die Einführung neuer Medikamente oder Impfstoffe ist verbunden mit einer umfassenden Kontrolle der Nebenwirkungen. Diese Kontrolle ist jedoch deshalb relativ, weil die medizinische Wissenschaft nicht sämtliche dieser Nebenwirkungen vorhersehen kann. Welches sind die für die Mitmenschen akzeptablen Wahrscheinlichkeitsschwellen in bezug auf das Nicht-Vorhandensein solcher Nebenwirkungen? Was denken die Menschen, wenn man ihnen sagt, ein Wirkstoff sei mit einer Wahrscheinlichkeit von mindestens 0,999 ungefährlich? Würden sie akzeptieren, daß er eingesetzt wird? Um sich eine Meinung zu bilden, müßten sie die beiden folgenden Risiken miteinander vergleichen können: dasjenige der Nicht-Einführung des neuen Produkts und dasjenige der Nebenwirkungen. Im Augenblick können sie sich nicht zu diesen Wahrscheinlichkeitsschwellen äußern.[5]

Natürlich stehen diese Probleme im Zentrum der Analyse von Sicherheits- und Gesundheitsfragen, und im Zusammenhang mit den Risiken werden wir auf sie zurückkommen. An dieser Stelle möchte ich auf das schwierige Verhältnis zwischen Seltenheit und Ethik eingehen. Mit der Impfung gegen die Pest, dieser Krankheit des Mittelalters, die vor etwa dreißig Jahren anläßlich des Vietnamkrieges wieder auftauchte, hätte man das Land zwar sicherlich gegen eine sowohl medizinisch als auch psychologisch gefährliche Epidemie schützen können. Allerdings hätte man auf Kosten anderer Gesundheitsprobleme beachtliche Ausgaben auf sich genommen und die Krankheit mit hoher Wahrscheinlichkeit auf mehrere Dutzend Menschen übertragen. Es wurde keine Impfung durchgeführt, dafür aber eine Vorsorge- und Behandlungskampagne. Die Interpretation dieser kleinen Wahrscheinlichkeiten ist sicherlich eine Angelegenheit der Ethik, allerdings einer Ethik »vor Ort«, die nicht so lange wartet, bis die ersten Komitees getagt haben. Wir haben es hier mit einem Extremfall zu tun, aber im Bereich der Medizin und der Sicherheit stößt man dauernd auf Gegebenheiten, die in unterschiedlich starkem Maße von dieser Art Problematik abhängen.

Es ist aber nicht allein die Ethik, die zur Debatte steht, nicht einmal der Preis für die Sicherheit! Es gibt kein isoliertes Risiko! Das Risiko eines Haarrisses im Rumpf eines Flugzeuges läßt sich nur unterhalb einer bestimmten Schwelle senken, wenn man das Flugzeug schwerer macht. Macht man es schwerer, erhöht man das Unfallrisiko beim Start bzw. bei der Landung. Angesichts seltener und sich ausschließender Ereignisse stellen sich Schwierigkeiten ein, sobald man das traditionelle Feld des Experiments verläßt, um sich auf dasjenige der Praxis bzw. der Ethik zu begeben.

Die Zeit und die Wahrnehmung seltener Ereignisse

Bei einer Vielzahl von Anwendungen ist die Vorstellung von Seltenheit vollkommen vom zeitlichen Maßstab abhängig, den man zugrunde legt. Nehmen wir an, ein Flugzeug wird vom Hersteller mit folgender Sicherheitsnorm ausgeliefert: Die Wahrscheinlichkeit eines Unfalls beträgt 1 : 10 000 pro Million Flugkilometer. Wie lange dauert es, um diese Hypothese zu »verifizieren«? Im Durchschnitt ereignet sich ein Unfall nach 10 000 mal eine Million Kilometer, d. h. alle 10 Milliarden Kilometer. Das Flugzeug kann also ganz schön lange um die Erde fliegen! Im Durchschnitt wird man so niemals irgend etwas verifizieren. In Wahrheit aber – und vom gesellschaftlichen Standpunkt aus ist dies wichtig – ist die naive Schätzung eine ganz andere. Ein Flugzeugabsturz ist ein äußerst seltenes Ereignis, beschränkt sich aber die Beobachtung auf die ersten hundertmillionen Kilometer und ereignet sich ein Unfall, so wird die Wahrscheinlichkeit von 1 : 100 (ein Unfall pro hundertmillionen Kilometer) zur reinen Wahrscheinlichkeit eines Flugzeugunglücks unter Mißachtung des Verhältnisses zu den Flugkilometern. Kommt es zu einem seltenen Ereignis, dann erzeugt es ein solches Aufsehen, daß die Intuition außer Kraft gesetzt wird. In einem solchen Fall ist es üblich, die Wahrscheinlichkeit zu überschätzen. Mit anderen Worten: Im Falle einer sehr kurzen Beobachtung eines solchen sehr seltenen Ereignisses wird man mit einer Wahrscheinlichkeit von 99 : 100 während der ersten hundert Zeiteinheiten der Beobachtung nichts sehen und kann die Unfallwahrscheinlichkeit fälschlicherweise für null halten. Ereignet sich im Gegensatz dazu bei einer Wahrscheinlichkeit von 1 : 100 ein Unfall, wird man die Wahrscheinlichkeit überschätzen, indem man ihr mindestens den Wert von 1 : 100 zuerkennt, d. h. einen Wert, der 100mal höher liegt als die Wahrscheinlichkeit von 1 : 10 000.

Das soeben Gesagte gilt für alle seltenen Unfälle, und insbesondere für Unfälle in Atomkraftwerken sowie bei Naturkatastrophen. Will man also die Wahrscheinlichkeit eines Zwischenfalls in einem Atomkraftwerk schätzen, ist es notwendig, eine Dauer festzulegen, genau zu bestimmen, über welchen Zeitraum sich die Beobachtung erstreckt und um wie viele Anlagen es sich handelt. Die *mathematische Moral* geht davon aus, daß im Falle eines hohen Risikos nichts passiert. Das ist kein Argument dafür, nichts zu tun, aber wenn es zu einem Unfall kommt, dann sollte auch nicht die Wahrscheinlichkeit überschätzt werden, daß sich der Unfall schon bald wiederholt. Die Seltenheit hat ihre Gesetzmäßigkeiten, sie sind zwar etwas schwierig, aber eindeutig. Vor allem aber läßt sich die Seltenheit nur mittels eines zeitlichen Maßstabs erforschen.

4. Kapitel

Die Statistik

»If you want to have a long life, get a wife.«
(Statistische Wahrheit)

Ein Schutzwall gegen die Datenflut

Bei der Anwendung des Gesetzes der großen Zahl schätzt man Wahrscheinlichkeiten mittels der Häufigkeit. Das ist das ABC von Umfragen. Die Schätzung der Abweichung mit Hilfe der Glockenkurve bietet die Möglichkeit, die Genauigkeit der Umfrage zu bestimmen. Aber damit ist das gesamte Spektrum der Statistik bei weitem noch nicht beschrieben.

Im allgemeinen versteht man unter Statistik die Ermittlung von Zahlen.[1] Man ermittelt die Einwohnerzahl Frankreichs, die Zahl der Blauwale oder die Zahl der durch Alkohol verursachten Verstöße gegen die Verkehrsregeln. Zu den Verwaltungsregistern, die es bereits im alten Sumer zehn Jahrhunderte vor unserer Zeitrechnung oder im alten China gab, gesellt sich heute das Sammeln von Daten zu jeder Art menschlicher Aktivität, weit über das gesellschaftliche Feld hinaus. Die hemmungslose Jagd auf Daten ist eröffnet. In das Arbeitszimmer jedes Mathematikers ist irgendwann schon einmal ein Umweltexperte eingetreten, der ein dickes Paket mit Zahlenmaterial über das Alltagsleben einer bestimmten Art von Meeresschnecken unter dem Arm trug, die in der Nähe der bretonischen Küste vorkommt. Alles, was gemessen werden konnte, ist gemessen worden, angefangen bei den abenteuerlichen Wanderbewegungen dieser Gastropoden bis hin zum Aussehen ihrer Schale. Dieser Datenberg wurde dann dem hilflosen Mathematiker mit der furchteinflößenden Frage überreicht: »Und was machen wir jetzt damit?«

Die Banalisierung der mathematischen Statistik hat aber zumindest einen positiven Nebeneffekt: Die Nichtmathematiker fangen an, sich Gedanken über die spätere Nutzung der Daten zu machen, bevor sie diese sammeln. Vielleicht wird ja die Flut der überflüssigen Daten zurückgehen? Die jüngeren Umweltexperten betreiben schon viel gemäßigter Statistik. Sie übersetzen ihre Information in eine angemessene Sprache, die sich an Wissenschaftler, Politiker oder manchmal auch an das breite Publikum wendet. Übersetzung geht in diesem Fall zwar einher mit Informationsverlust, den man aber akzeptieren muß, um zu verstehen und um verstanden zu werden. Hierzu ist es auch notwendig, vor dem Sammeln von Daten einen Versuchsplan zu erstellen. Er dient der Überlegung, welche Information man sammeln, wie man sie verarbeiten wird und welche Art von Ergebnissen zu erwarten sind. Die überlegte Nutzung der Statistik ist nicht unbedingt neu. Schon in sehr alten Kulturen lassen sich ihre Spuren nachweisen. Im Mittelalter setzte man die Besteuerung des Bodens mittels einer komplizierten Berechnung fest, in der die Ernten der letzten Jahre mit eingingen und Jahre mit außergewöhnlich schlechten und außergewöhnlich guten Ernten ausgeklammert wurden.

Gemäßigt Statistik betreiben bedeutet, daß man in der Biologie den Wert der Theorien prüft, in der Soziologie bewertet und in der Medizin die Risikofaktoren ermittelt.[2] Auf diesen Gebieten stellt die Statistik eine grundlegende Methodologie dar. Die Vermittlung dieser Methodologie geschieht auf dem Wege technischer Entscheidungen, für die es keine allgemeingültigen Regeln gibt, weil sie von nichtmathematischen Hypothesen bestimmt werden. Ist es notwendig, in den elementarsten Bereichen den Durchschnitt oder andere Parameter zu berechnen? So ermöglicht etwa die Berechnung des Durchschnittseinkommens zwar den Vergleich eines Landes mit anderen Ländern, denn es stellt ziemlich gut das allgemeine Einkommensniveau der Bevölkerung dar. Es gibt aber keinesfalls das fälschlicherweise als »durchschnittlich« bezeichnete Einkommen an. Das Durchschnittseinkommen ist die Mittellinie der Einkommen: genau die Hälfte der Einkommen liegt über dieser Linie, die andere Hälfte darunter.

Bei komplexeren Problemen muß man sich für solche mathematischen Modelle entscheiden, mit denen es möglich ist, Daten optimal zu verwerten. Eine statistische Verarbeitung setzt tatsächlich immer die Erstellung eines Modells voraus, mit dessen Hilfe die Berechnungen durchzuführen sind. Dabei ist die Entscheidung für das Modell immer teilweise willkürlich. Der Statistiker ist dazu verpflichtet, mathematische Hypothesen über die Daten aufzustellen, so daß Parameter eingeführt werden, die der nichtmathematische Adressat, man könnte sagen, der Kommanditist, d.h. der Mediziner, Soziologe, Minister oder einfache Bürger, interpretieren kann. Der Statistiker wird von Fragen geleitet, die sich der Adressat a priori stellt[3] und die sehr unterschiedlicher Art und für unsere Zukunft von unterschiedlich großer Bedeutung sein können: die Gültigkeit einer wissenschaftlichen Theorie, die mögliche Bedeutung der Abweichungen von der geraden Linie bei der Ausrichtung der bretonischen Menhire, die Chronologie von Platons Werken, die Zuordnung eines aus 429 Wörtern bestehenden anonymen Gedichts zum Werk Shakespeares, das in einer englischen Bibliothek entdeckt wurde.

Beim zuletzt genannten Beispiel stellt sich folgende Frage: »Weicht der Wortschatz des Gedichtes auf mathematisch signifikante Weise vom bekannten Wortschatz Shakespeares ab?« Es versteht sich von selbst, daß dies bei der Suche nach einer literarischen Urheberschaft nur eines der Informationselemente ist. Ohne auf alle Einzelheiten einzugehen, möchte ich untersuchen, wie eine mathematische Analyse des Wortschatzes von Shakespeare aussehen kann.[4] Das Werk Shakespeares enthält 31543 verschiedene Wörter[5] bei einer Gesamtzahl von 884647 Wörtern. 14376 Wörter finden sich nur ein einziges Mal, 4343 Wörter zweimal, 2292 Wörter dreimal und 846 Wörter werden mehr als hundertmal wiederholt. Zwei Drittel der 31534 Wörter werden mehr als dreimal wiederholt. Darin besteht die ganze Information, die uns Shakespeares Gesamtwerk liefert.

Die hier verwendete Methode ist an diejenige Methode angelehnt, mit deren Hilfe es möglich ist, die Gesamtzahl der Schmetterlingsarten ausgehend von den gefangenen und mehrmals gefangenen Schmetterlingsarten zu ermitteln. Wir wollen nach dem Zufallsprinzip 429 Wörter aus Shakespeares Gesamtwörterzahl von 884 647 auswählen. Wie viele dieser 429 Wörter kommen im Durchschnitt nur ein einziges Mal im Gesamtwerk vor? Mit Hilfe derjenigen Wörter, die sich nur ein einziges Mal im Werk finden, läßt sich eine erste Schätzung dieses Durchschnitts vornehmen, die sich dann durch die Hinzuziehung der Gesamtzahl der Wiederholungen präzisieren läßt. Von den 429 ausgewählten Wörtern läßt sich die Zahl der »neuen« Wörter, die nirgendwo sonst im Werk zu finden sind, auf durchschnittlich 7,0 schätzen; »durchschnittlich« deshalb, weil diese Zahl zufällig ist. Sodann entwickelt man ein Modell, das die Häufigkeit der Wiederholungen erfaßt, wobei die sehr häufig wiederholten Wörter natürlich Präpositionen, Pronomen und Artikel sind. Man überprüft die Stimmigkeit des Modells, indem man es auf Gegenstände anwendet, bei denen alles bekannt ist. Im vorliegenden Fall sind es Shakespeare-Gedichte aus unterschiedlichen Schaffensperioden. Danach macht man dasselbe mit den Werken von Zeitgenossen Shakespeares, etwa Ben Jonson und Marlowe, und prüft, ob sich die Struktur der Wortwiederholungen in deren Gedichten deutlich von derjenigen in Shakespeares Gedichten unterscheidet.

Ausgehend hiervon wird also die Hypothese »Shakespeare hat das Sonett verfaßt« durch die Hypothese »die Struktur der Wortwiederholungen ähnelt derjenigen, die sich in Shakespeares Werk findet«, ersetzt. Demnach läßt sich »statistisch« gesehen nicht ausschließen, daß es einen anonymen Autor gab, bei dem sich dieselben Wortwiederholungen finden wie bei Shakespeare.

Wie sieht es nun mit dem aus 429 Wörtern bestehenden anonyme Gedicht aus? Die Anzahl der neuen Wörter des Gedichts ist von uns auf 7,0 geschätzt worden. In Wirklichkeit enthält das Gedicht 9. Die geschätzte Anzahl der einmal wiederholten Wörter beträgt 4,2 im Vergleich zu 7 im Gedicht; und diejenige der zweimal wiederholten 3,3[6] im Vergleich zu 5. Entsprechend der Schätzung war mit 243 verschiedenen Wörtern zu rechnen, tatsächlich sind es 258 ... Mit Hilfe statistischer Testverfahren läßt sich die Bedeutung der Abweichungen ermessen und somit die Sachlage erhellen. Die Tests zeigen, daß sich bei dem angeblich von Shakespeare stammenden

Sonett die Häufigkeit der Wiederholungen sowie die Größe des Wortschatzes »statistisch« von denjenigen der anderen Autoren unterscheiden. Sie zeigen aber auch, daß das anonyme Sonett »statistisch« den Sonetten Shakespeares ähnelt. Demzufolge läßt sich das Sonett, wenn auch nicht mit letzter Sicherheit, aber doch mit einer hohen Wahrscheinlichkeit, Shakespeare zuschreiben.

Bei einem genau umrissenen Problem besteht das Wesentliche also darin, sich zu entscheiden, welche Information man bearbeiten will, und gleichzeitig ein effektives mathematisches Modell zu erstellen. Allerdings ist es in den Sozialwissenschaften oder auch in der Medizin häufig so, daß der Adressat der Untersuchung keine präzise formulierten Fragen stellt. Das Ziel der statistischen Arbeit besteht demnach darin, Abhängigkeiten zwischen verschiedenen Größen ausfindig zu machen, wesentliche Faktoren zu bestimmen und mehr oder weniger »amorphen« Daten eine Struktur zu geben. Auf diesem Wege kann man Interpretationsvorschläge machen oder weitere Arbeitsschritte nahelegen.

Die Analyse der Abhängigkeiten

In der klassischen Physik[7] resultiert die einzige Unsicherheit in der Beziehung zwischen zwei Größen aus Meßfehlern. Eine Größe Y ist Funktion einer Größe X, und diese Funktion stellt ein physikalisches Gesetz dar. Y wird mit Hilfe von X mittels einer Formel berechnet, und beim Experiment kommt zu diesem durch das physikalische Gesetz gegebenen Wert ein kleiner Fehler hinzu, eine unerwartete Störung beim Messen. In diesem Fall ist die Abhängigkeit nicht von der herkömmlichen Kausalität zu unterscheiden.

Mit dieser Beschränkung auf die Kausalität, d. h. den Meßfehler, waren die zunächst in der Genetik und dann in den Sozialwissenschaften erzielten Fortschritte nicht vorstellbar. Als wir die Beziehung zwischen der Körpergröße eines Vaters und der seines Sohnes untersuchten, stellte sich heraus, daß die bestehende Abhängigkeit sich nicht rechnerisch ermitteln läßt.

Man kann festhalten: Körpergröße des Sohnes = Funktion der Körpergröße des Vaters + Rest[8], wobei dieser Rest nicht klein ist. Er enthält beispielsweise den Anteil der Körpergröße der Mutter an der Körpergröße des Sohnes. Darüber hinaus kann man auch festhalten: Körpergröße des Vaters = Funktion der Körpergröße des Sohnes + Rest, denn die Körpergröße des Sohnes enthält Informationen über diejenige des Vaters.[9] Insbesondere für die Genetik ist dieses Verfahren interessant. Vom Auerochsen, der seit über dreihundert Jahren ausgestorben ist, liegen Beschreibungen vor, darüber hinaus kennt man die Merkmale von Rinderrassen, von denen man annimmt, sie würden durch Kreuzung des Auerochsen mit anderen Rassen auf ihn zurückgehen. Auf der Grundlage der Analyse solcher Teilbeschreibungen und mit Hilfe fortgeschrittener statistischer Techniken war es seit etwa 25 Jahren möglich, Auslesen durchzuführen. Es gelang also, Kreuzungen von noch lebenden, die Merkmale von Auerochsen aufweisenden Rinderrassen zu verfeinern und Tiere rückzuzüchten, die dem Auerochsen sehr ähnlich sind! Jetzt müssen nur noch die in den Knochen echter Auerochsen enthaltenen molekularen Informationen mit denen der künstlich erzeugten Rasse verglichen werden, um herauszufinden, wie effektiv das auf der Analyse partieller Abhängigkeiten und äußerer Merkmale basierende Verfahren tatsächlich war. Hieran arbeitet man gerade.

Es ist üblich, die Abhängigkeit mit Hilfe des Korrelationskoeffizienten zu berechnen. Dieses Verfahren datiert vom Anfang des Jahrhunderts. Da es damals noch keine Computer gab, waren die einzigen Rechnungen auf der Grundlage großer Datenmengen, die man seinerzeit kannte, im wesentlichen nicht mehr als gewissermaßen »handgemachte« Berechnungen von Summen und Produkten. Gauß nutzte das auf Wahrscheinlichkeitsrechnung basierende Modell der linearen Regression, um physikalische Irrtümer zu bearbeiten. Notiert man eine Regression bezüglich (Körpergröße des Sohnes, Körpergröße des Vaters), so bedeutet das lediglich, daß man die Körpergröße des Sohnes als die Summe der beiden Glieder betrachtet, wobei das eine proportional zur Körpergröße des Vaters und das andere ein zufälliger Rest ist. Der Korrelationskoeffizient mißt den

Grad der Proportionalität im Verhältnis zur Größenordnung des mittels seiner Varianz gemessenen zufälligen Gliedes. Diese sehr verbreiteten Regressionsverfahren haben im 19. Jahrhundert unter der Bezeichnung der kleinstmöglichen Quadrate die ganze angewandte Mathematik beherrscht.[10]

Der exzessive Gebrauch der Korrelation hat zu einem regelrechten Mißbrauch geführt. Man hat alles mit allem in Beziehung gesetzt und dabei vergessen, daß eine Korrelation null nicht bedeutet, daß es keine Abhängigkeit gibt. Sie bezeichnet lediglich das Nichtvorhandensein einer ganz spezifischen Abhängigkeit, und zwar dasjenige der linearen Abhängigkeit. Zwei Größen können vollkommen abhängig voneinander sein und trotzdem eine Korrelation null aufweisen![11] In der Statistik läßt sich heute eine allgemeine Tendenz der modernen Mathematik beobachten, die darin besteht, komplexere Modelle zu benutzen, die sich anderer Relationen als der Proportionalität bedienen. Diese Tendenz wird in der Statistik noch verstärkt durch die Anwendung neuer Techniken – wie etwa diejenige der wiederholten Stichprobenerhebung –, die sich voll und ganz der Leistungsstärke von Computern bedienen.[12] Schließlich gibt es für die Probleme bestimmter Technologien – wie Geophysik oder Telekommunikation –, für die der Begriff der Korrelation ungeeignet ist, Lösungen nur außerhalb des Rahmens der kleinstmöglichen Quadrate.

Die Strukturierung der Daten

Die Daten können sich auf eine Vielzahl von Variablen beziehen (Kinderzahl, Einkommen, Wohnungsgröße, Verkehrsbudget ...). Der Statistiker muß versuchen, die kleinstmögliche Zahl relevanter Größen herauszufinden, um die Gesamtheit der Daten zu beschreiben und zu erklären. Hierzu muß er die Abhängigkeiten zwischen den gemessenen Größen suchen und auswerten. Die benutzten Methoden bezeichnet man als »Faktorenanalysen«.

Ziehen wir als Beispiel das Ergebnis einer von der staatlichen französischen Elektrizitätsgesellschaft E.D.F. durchgeführten

Umfrage heran, deren Ziel darin bestand, ihre Öffentlichkeitsarbeit für den Atomstrom zu verbessern (*Le Monde Dimanche*, 1. Juli 1982). 1500 Personen wurden 50 Fragen gestellt. Die Grundlagen der Faktorenanalysen sind geometrischer Natur, d.h., Individuen und Beobachtungen werden als Punkte eines angemessen dimensionierten Raums betrachtet. Die Antworten auf die gestellten Fragen werden kodiert[13] und digitalisiert. Dem befragten Individuum wird dann ein digitales Profil zugeordnet, das durch seine Antworten definiert ist. Man identifiziert es also durch sein Profil, das jede Information erhält, die man mittels des Fragebogens über es erhalten hat. Demnach wird jedes Individuum mit einer Zahlenfolge identifiziert, die seine Antworten kodiert. Genauso wie sich mit zwei Zahlen ein Punkt auf einer Fläche (und mit drei Zahlen ein Punkt in einem Raum) festlegen läßt, läßt sich mit einer Folge aus n Zahlen ein Punkt in einem Raum mit n Dimensionen festlegen. Der Statistiker verknüpft so jedes Individuum mit einem Punkt in einem Raum mit n Dimensionen. Analog hierzu weist auch jede Frage ein digitales Profil auf, das bestimmt wird durch die unterschiedlichen Antworten der befragten Individuen. Demzufolge kann man jede Frage mit einem Punkt verknüpfen, der die erhaltenen Antworten zusammenfaßt. Der Statistiker verfügt also über eine Menge Frage-Punkte, die einer Menge Individuen-Punkte gegenübersteht. Es stellt sich eine erste Frage: Welches Prinzip muß bei der »Lektüre« verfolgt werden? Die Antwort scheint intuitiv zu sein: Die Individuen sind sich dann ähnlich, wenn der Abstand zwischen ihnen gering ist. Im Gegensatz zum gewohnten Sachverhalt jedoch gibt es mehrere Möglichkeiten, bei der Menge der Individuen-Punkte einen »Abstand« zu definieren, und die Wahl des in Betracht gezogenen Abstands zeugt vom subjektiven Anteil, der dieser statistischen Bearbeitung immer noch zu eigen ist. Auch Fragen sind sich dann ähnlich, d. h. miteinander verwandt, wenn die Individuen ähnlich lautende Antworten auf sie geben. Auch in diesem Fall spielt der Zufall bei der Definition eines Abstands zwischen Fragen eine Rolle.[14] Nachdem die Abstände einmal festgelegt sind, besteht die Arbeit der Statistik auch darin, sich die Mittel für eine effektive Visualisierung der Daten zu verschaffen, indem sie charakteristische Merkmale jener Punktemengen ausfindig macht, die mit den Individuen und den Fragen verknüpft sind. Es gibt bevorzugte Achsen, entlang derer sich diese Punktemengen ausdehnen. Diese Achsen sind mit Fragekomplexen verknüpft, wobei es sich im großen und ganzen um Fragen handelt, die die Individuen am besten voneinander abgrenzen und die am stärksten voneinander abweichenden Merkmale hervortreten lassen. Daraufhin stellt man Karten her, indem man die Punktemengen auf Flächen überträgt, denn das Auge kann nur dann arbeiten und zum Verständnis beitragen, wenn es mit zweidimensionalen, gegebenenfalls dreidimensionalen Räumen konfrontiert ist. Die Hauptkarte ist diejenige, die von den beiden für die Erklärung wichtigsten Faktoren bestimmt ist. In unserem Beispiel besteht die erste Achse aus Fragen von der Art: »Gibt es zu viele Streiks?«, »Existiert Gott?«, oder auf der gegenüberliegenden Seite des Spektrums: »Sind Sie für die Legalisierung von Schwangerschaftsabbrüchen?«, »Gibt es Mißbräuche des Rechts auf Selbstverteidigung?« Sie konfrontiert also linke Themen und Individuen mit konservativen Themen und Individuen. Die zweite Achse konfrontiert solche Individuen, die die Gesellschaft akzeptieren, mit solchen, denen sie Angst macht. Darüber hinaus sind auch Achsen eingezeichnet worden, die die Individuen entsprechend ihres Alters und entsprechend der Unterscheidung »rechts-links« gegenüberstellen. Sie sind in der Zeichnung schräg dargestellt.

Zwei nah beieinanderliegende Fragen stellen demnach solche Meinungen dar, die von einer großen Zahl vergleichbarer Personen geteilt werden. So zeichnete sich etwa eine große Zahl eher konservativ eingestellter Individuen dadurch aus, daß sie dafür war, »Atomkraftwerke zu bauen« und gleichzeitig die Meinung vertrat, »Politiker sind integer«. Die beiden Antworten auf die Fragen: »Sind Sie für oder gegen den Bau von Atomkraftwerken?« und »Vertrauen Sie den Politikern oder vertrauen Sie ihnen nicht« waren 1982 eng miteinander verbunden.

Der Statistiker wird also dem Adressaten seiner Untersuchung vorschlagen, mit ihm über die Interpretation sowohl der

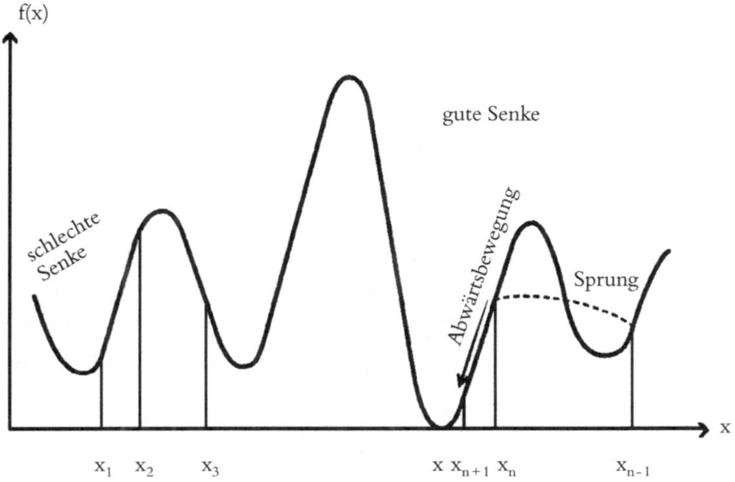

Formen als auch der sich darin abzeichnenden Abhängigkeiten zu diskutieren. Das geschieht natürlich unter der Maßgabe, daß bei der geometrischen Darstellung von Problemen immer auch Zufälligkeiten[15] eine Rolle spielen und in die Entscheidung für das statistische Instrumentarium immer auch ein subjektiver Faktor einfließt. Dabei scheint es vollkommen unstrittig zu sein, daß die Statistik nur ein verzerrtes Bild von Daten vermitteln kann, die nur eine partielle Information enthalten.[16]

Vom Telefon zu den medizinischen Aufnahmen: Die Eliminierung des Rauschens

Der Einsatz von Computern verändert Technologien wie die Signalübertragung, die Computergraphik oder die Automatisierung deshalb grundlegend, weil sie hierdurch mathematisiert werden[17] und sich bei der Entwicklung neuer Methoden der relative Anteil der statistischen Verarbeitung vergrößert.

Das Bild wird in eine bestimmte Anzahl kleiner Kästchen, die Pixel, aufgeteilt, die sich über ein Raster verteilen. Für jedes Pixel mißt man eine Graustufe oder eine Farbe, und die

Summe dieser Größen ergibt das Bild. Bei medizinischen Aufnahmen sind die physikalischen Größen mit Fehlern behaftet. Einige dieser Fehler gehen auf das Rauschen zurück, zum Beispiel auf das elektronische Rauschen, das beim Messen schwacher Ströme entsteht. Andere Fehler wären durch Mängel der benutzten Technik bedingt, beispielsweise durch die Bewegung eines Patienten während der Anfertigung einer Röntgenaufnahme. Das fertige Bild ist verschwommen, und im Fall der medizinischen Aufnahme zu kompliziert, um von einem Arzt gelesen werden zu können. Selbst für das geübte Auge des Mediziners können zum Beispiel die Ränder eines Tumors nicht deutlich genug erkennbar sein. Für den Nichtfachmann ist die Situation noch gravierender, weil er die möglichen »Bedeutungen« des Bildes nicht kennt. Die Anwendung statistischer Methoden verbessert diese Situation spürbar. Im Falle der medizinischen Aufnahmen ermöglichen sie eine Rekonstruktion des betreffenden biologischen Gegenstandes innerhalb einer Kategorie von Objekten, die dem Auge des Mediziners angemessen sind. Demzufolge geht es darum, ein Rekonstruktionskriterium auszuwählen, das dieser Notwendigkeit entspricht. Im allgemeinen drängt sich kein Kriterium uneingeschränkt auf. Es gibt mehrere interessante Lösungen, die allesamt auf fortgeschrittenen statistischen Techniken basieren.

Eine Himmelsfotografie eignet sich besser als eine medizinische Aufnahme, um eine Vorstellung von Mathematik zu vermitteln. Die Sterne sind nicht als gut voneinander zu unterscheidende, leuchtende Punkte sichtbar, sondern man sieht Flecken, die von der Bewegung des Sterns herrühren. Zwei eng zusammenliegende Sterne sind mit dem Teleskop nicht voneinander zu unterschieden. Mit Hilfe der Statistik ist es oftmals möglich, sehr viel schärfere Fotos zu erhalten, da sie den Effekt der optischen Abweichungen abschwächt. Sie vermeidet also Mängel, die durch die Bewegung der Sterne oder die Körnung des Films verursacht werden, die vielleicht nicht so fein wie gewünscht ist.

Man verfügt über zwei Datentypen: Partielle Informationen, die man mittels physikalischer Messungen erhalten hat (im vorliegenden Fall ein ziemlich »unscharfes« Foto) und Vorwissen qualitativer Art, wie zum Beispiel, daß die Ränder scharf sein »müssen«. Auf den ersten Blick scheint die Berufung auf die Statistik etwas trügerisch zu sein. Aufgrund welchen Prinzips sollte allein durch die Anwendung der Mathematik, ohne daß man zusätzliche neue Informationen geliefert bekommt, die Qualität eines Fotos verbessert werden können? Tatsächlich ist der Mathematiker dazu in der Lage, eine qualitative Information zu nutzen, die der Astrophysiker und sein Teleskop nicht »verwertet« haben. Wenn man zwei verschiedene Sterne in einem einzigen Fleck sucht, dann scheint es tausenderlei Arten zu geben, wie man diese Suche durchführt. Dies ist jedoch deshalb nur scheinbar so, weil die physikalisch erstellten Rekonstruktionen im allgemeinen Lichtintensitäten aufweisen, die sich nicht mit den vor dem Experiment bekannten Zwängen decken. Sie haben Bilder zur Folge, die nicht mit dem übereinstimmen, was man vorher vom Gegenstand wußte. Anstelle von leuchtenden Punkten zeigen sie beispielsweise Flecken, deren Umrisse deshalb nicht akzeptiert werden können, weil sie zu unscharf sind. Der Ansatzpunkt der mathematischen Bearbeitung besteht darin, diese Unschärfe durch die Einführung eines Rauschens darzustellen, das den unbekannten Gegenstand, der rekonstruiert werden soll, überlagert. Die Beobachtung wird demnach wie folgt formalisiert: »Die Beobachtung ist gleich eine Funktion des unbekannten Gegenstandes plus ein Rauschen«, wobei die Funktion das Verfahren der Bilderzeugung bezeichnet. Das Problem besteht nun also darin, auf möglichst intelligente Weise dieses verborgene Rauschen aus der Beobachtung zu beseitigen, es zu filtern, so wie man Rückstände in der Chemie oder in der Küche herausfiltert. Dieses Filtern ist eine rein mathematische Aufgabe! Die mathematische Statistik löst das Problem, indem sie auf dem beobachteten Bild selbst einen Gegenstand sucht, der mit dem übereinstimmt, was man zuvor von ihm wußte. Im vorliegenden Fall besteht das Bild aus Sternen, leuchtenden Punkten auf schwarzem Hintergrund.

Demnach ist die bestmögliche Rekonstruktion eines Gegenstands auf der Grundlage von Daten, die nur sehr partielle und darüber hinaus gestörte Informationen über den Gegenstand enthalten, in unserer Zeit eine Verbindung aus Physik und Statistik.[18] Hiermit haben wir ein gutes Beispiel für die Wechselbeziehung zwischen Mathematik und Technologie vor Augen. Zunächst wurde die Computergraphik ausschließlich im experimentellen und dann im technischen Bereich, und das auch nur in ausgesuchten Fällen, angewendet. In einer zweiten Phase wurde eine Bildtheorie erarbeitet, deren Theoreme das Anwendungsfeld der verschiedenen Methoden mathematischer Rekonstruktion genauer bestimmen und bessere Regulierungen der technischen Parameter ermöglichen.

Die Wahrscheinlichkeit

Die Wahrscheinlichkeit ist zweifellos das zentrale Anliegen der Statistik. Schon Descartes sagte: »Es ist eine feststehende Wahrheit, daß, wenn wir nicht genau bestimmen können, was wahr ist, wir uns nach dem richten müssen, was das Wahrscheinlichste ist.« Dieser weisen Bemerkung könnte man noch hinzufügen: »Allerdings muß man wissen, was das Wahrscheinlichste ist«. Ohne Zweifel war Descartes weit vom mathematischen Verständnis der Wahrscheinlichkeit entfernt, und trotzdem ist es denkbar, daß er sich implizit auf sie bezog. Wenn man die Lebensdauer eines Radiumatoms beschreiben möchte, d. h. die zufällige Zeit, die es von seinem Zerfall trennt, oder die Lebensdauer einer Glühbirne, von der jeder weiß, daß sie zufällig ist, muß man sich für ein mathematisches Modell entscheiden, das auf bestimmten Parametern beruht. Man muß sich so nah wie möglich an der physikalischen Dimension des Problems orientieren. Die Physik sagt, daß das Atom über kein Gedächtnis verfüge, nicht altere und daß die Wahrscheinlichkeit, die seine Lebensdauer bestimmt, im Augenblick seiner Entstehung genau dieselbe ist wie zu jedem beliebigen Zeitpunkt, wogegen bei der Glühbirne sowohl der Verschleiß als auch die Möglichkeit, schon beim ersten Einschalten »durchzubrennen«, allgemein bekannte Realitäten sind.[19] Diese Eigenschaften sind ausreichend, um akzeptabele Modelle zu definieren:

Beim Atom reicht ein einziger Parameter (die durchschnittliche Lebensdauer), während man bei der Glühbirne zwei oder besser drei benötigt. Diese mathematischen Modelle sind also abhängig von einer kleinen Zahl von Parametern; jeder unterschiedliche Wert bei den Parametern definiert immer nur eine wahrscheinliche Lebensdauer. Das Prinzip einer maximalen Wahrscheinlichkeit wird folglich angewendet, um die Parameter für die Beobachtung zu schätzen. Es besteht darin, daß man ausgehend von den beobachteten Ergebnissen eines Experiments den Wert derjenigen Parameter auswählt, die die Beobachtung möglichst wahrscheinlich machen.[20] Mit anderen Worten, von den Wahrscheinlichkeiten, die jeweils mit einem Wert der Parameter verknüpft sind, wählt man denjenigen Parameter, also dasjenige mathematische Modell aus, das der Beobachtung die größtmögliche Wahrscheinlichkeit verleiht.

Dieser Wahrscheinlichkeitsbegriff ist erst recht spät entwickelt worden, und zwar im wesentlichen ab 1930 durch den Einfluß von Ronald Fisher, dem die Statistik und die Genetik viele bedeutende Entdeckungen verdankt. Da die Statistik mit dem Gesetz der großen Zahl ursprünglich als integraler Bestandteil der Mathematik entstanden ist, war sie nur dann von Nutzen, wenn die Anzahl der Beobachtungen groß genug war. Mit der Genetik, und insbesondere mit ihren Anwendungen im Bereich des Ackerbaus, hat sich die Situation grundlegend verändert. Will man verschiedene Pflanzenarten miteinander vergleichen, um die Ernteergebnisse zu verbessern, Kreuzungen zwecks Erzeugung durchzuführen oder die Wirkungen zu untersuchen, die bestimmte Anbautechniken oder Düngemittel für den Ernteertrag haben können, dann steht es außer Frage, die Zahl der Parzellen zu vergrößern, auf denen diese Pflanzenarten angebaut werden. Es gibt nur eine Ernte im Jahr, und die Durchführung von Experimenten sowie die Berechnung der Ernteerträge sind schwierig. Demnach muß man ein mathematisches Modell entwickeln, dem eine kleine Zahl von Parametern genügen. Dabei bietet allein schon der Wert dieser Parameter die Voraussetzungen dafür, die Beobachtung zu interpretieren, d. h. ihr die verwertbaren Informationen zu entnehmen. Darüber hinaus muß man diese Parameter natürlich berechnen können, ohne das Gesetz der großen Zahl anzuwenden, da die Anzahl der Beobachtungen nur sehr klein ist. Und genau hierbei erweist sich die Methode der größtmöglichen Wahrscheinlichkeit als sehr effizient; zudem bietet sie den Vorteil, einen für die Planung des Experiments handhabbaren Rahmen zur Verfügung zu stellen. Ich habe bereits erwähnt, daß im landwirtschaftlichen Bereich die experimentell zu gewinnenden Datenmengen klein sind. Sie werden auf Parzellen gewonnen, die nicht identisch sind und sich durch ihren Neigungsgrad, ihre Lage zur Sonne oder die chemische Beschaffenheit ihres Bodens voneinander unterscheiden können. Bei der Durchführung des Experiments kommen verschiedene Faktoren, wie etwa die Dünge- oder Wassermenge oder die Vielfalt der angebauten Sorten, zum Tragen, wobei jeder dieser Faktoren eine kleine Zahl von Werten annimmt. Die Statistiker haben Versuchsmodelle entwickelt, mit denen die Verfahren festgelegt werden, nach denen jeder Parzelle eine bestimmte anzupflanzende Sorte oder eine bestimmte Wasser- bzw. Düngemenge zugeordnet wird. So ist man in der Lage, die Ergebnisse der Ernteertragsberechnungen zu interpretieren. Um dieses Ziel auch wirklich zu erreichen, haben sie eine besondere Form des durchschnittlichen Ernteertrags der Pflanze als Parameter eingeführt. Mit dessen Hilfe ist es möglich, sowohl eine »Wirkung Sorte« als auch eine »Wirkung Dünger«, aber auch Wechselwirkungen wie »Sorte-Dünger« zu berechnen, um eventuell herauszufinden, welcher Dünger der geeignetste für die jeweilige Pflanzensorte ist. Wenn man ein Versuchsmodell erstellt, so kommt das einer eigenartigen Anwendung der Algebra[21] gleich. Ziel ist es, die raffiniertesten Verbindungen zwischen Pflanzensorten und Düngemitteln herauszufinden und sie so auf die unterschiedlichen Parzellen zu verteilen, daß der größtmögliche Ertrag auf den wenigen zur Verfügung stehenden Parzellen erzielt werden kann. Um die sich aus den jeweiligen Besonderheiten der Parzellen ergebenden Auswirkungen zu begrenzen, wählt man wie bei einem medizinischen Befund nach dem Zufallsprinzip Parzellen aus, die eine bestimmte Pflanzensorte und eine bestimmte Düngemenge aufweisen. Diese unter ihrer englischen Bezeichnung »randomisation« allgemein bekannte zusätzliche Auswahl nach dem Zufallsprinzip ist eine in der Statistik, den Naturwissenschaften, der Medizin und der Psychologie gängige Technik, die dazu dient, unerwünschte Nebenwirkungen auszuschließen. Diese können aus der Uneinheitlichkeit der Versuchsobjekte (Patienten oder Parzellen) oder aus der Subjektivität des Experimentators bei der Festlegung der Behandlungsmethoden resultieren.

Die Wahrscheinlichkeit ist ein eng mit den modernen Begriffen Entropie und Information verknüpftes Konzept, das die Einheitlichkeit des statistischen Verfahrens ganz wesentlich ausmacht. Allerdings ist der Begriff der Wahrscheinlichkeit von einer Tragweite, die weit über die Statistik hinausgeht. Er steht zum Beispiel in enger Verbindung mit Poppers Wissenschaftstheorie. Für Popper muß jede Theorie selbstverständlich im üblichen Sinne überprüfbar sein, allerdings muß sich der Wissenschaftler zwangsläufig der einen oder anderen Theorie bedienen, die so lange Gültigkeit besitzt, bis eine neue Theorie entwickelt wird. Es gibt keine wahren Theorien, sondern nur falsche und solche, die es noch nicht sind. Das Interesse einer Theorie ist es, wahrscheinlich zu sein, und die Wahrscheinlichkeit ist im wesentlichen ein statistischer Begriff.[22]

Man kann noch einen Schritt weiter gehen und der Meinung sein, daß die verschiedenen Theorien jeweils eine bestimmte Wahrscheinlichkeit aufweisen, wahr zu sein. Das ist die sogenannte subjektivistische oder »bayésianische« Betrachtungsweise der Statistik. Nehmen wir das Beispiel eines Arztes, der es mit zwei verschiedenen Zufälligkeiten zu tun hat. Die erste Zufälligkeit ist die Krankheit, die zweite ist die Wirkung der angewendeten Therapie. Ohne den subjektiven Faktor gänzlich auszuschließen, spricht der Arzt den verschiedenen Krankheiten bestimmte Wahrscheinlichkeiten zu. Die Theorie der Wahrscheinlichkeit, die dazu dienen sollte, die beste Therapieform zu wählen, wird also umgewandelt.[23] So kann jener Wahrscheinlichkeit Rechnung getragen werden, die man dem Parameter – in unserem Fall der Krankheit – vor dem Experiment zugesprochen hat. Sodann nimmt man einen sogenannten »bayesschen« oder subjektiven Standpunkt der Statistik ein, der sich dadurch auszeichnet, die Parameter, die das Versuchsmodell definieren, nicht als feststehende Größen anzusehen. Er betrachtet sie vielmehr als Zufälle, so wie der Arzt, in dessen Augen der Parameter Krankheit ein Zufall ist. In gewisser Weise läßt sich der Zufall für die Bayesianer mit einem zweistöckigen Gebäude vergleichen: Im Erdgeschoß wird jedem Szenarium eine Wahrscheinlichkeit zugeordnet, und im ersten Stock wird dieses Szenarium dann durchgespielt, natürlich auf zufällige Art und Weise.

Eine philosophische Auseinandersetzung bringt die Bayesianer in Widerspruch mit den anderen Statistikern.[24] Für die Bayesianer ist es nicht vorstellbar, Statistik zu betreiben, ohne mehr oder weniger subjektiv die Parameter *a priori* mit einer Wahrscheinlichkeit zu verknüpfen. Man beginnt niemals bei null. Vom mathematischen und praktischen Standpunkt aus betrachtet sind beide Anschauungen eng miteinander verflochten und nützlich. Nichts spricht dagegen, den Zufall, der das Experiment leitet, um eine andere Art Zufall zu ergänzen. Er kommt durch die Wahrscheinlichkeit zum Ausdruck, die der Statistiker im Kopf hat. Sie sagt ihm noch vor der Durchführung des eigentlichen Experiments, welche Wahrscheinlichkeit er jedem der Parameter oder – noch intuitiver – jedem der Szenarien, die mit der Situation (im vorliegenden Beispiel definiert eine Krankheit ein Szenarium) in Verbindung stehen können, zuordnet! Letzten Endes ist das auch die Verhaltensregel in unserem alltäglichen Leben. Die bayessche Anschauung besteht also darin, eine ganze Sammlung möglicher Welten im Kopf zu haben, die jeweils mit einer bestimmten Wahrscheinlichkeit versehen sind. Jeder dieser Welten wird eine bestimmte Wahrscheinlichkeit zugesprochen, die »wahre« Welt unter allen möglichen zu sein. Deshalb besteht die mathematische Arbeit darin, diese subjektiven Wahrscheinlichkeiten zu vergegenwärtigen, um jeder neuen Information Rechnung zu tragen.

Die Grenzen des auf Entscheidungen beruhenden Modells

Um die Jahrtausendwende wird ein bedeutender Anteil der aktiven Bevölkerung in den entwickelten Ländern damit beschäftigt sein, sehr schnell große Datenmengen zu sammeln bzw. zu verarbeiten und ihnen Informationen zu entnehmen.

Diese Hinwendung der Mathematik zur Technologie ist von erheblicher Bedeutung. Wie jede andere Technologie wird auch der Umgang mit Statistik neue Vorsichtsmaßnahmen erforderlich machen, um so mehr als die Statistik immer noch den Vorwand für die exzessive Nutzung des auf Entscheidungen beruhenden Modells liefert.[25] In den sechziger Jahren haben die Mathematiker einen Sprachgebrauch in die Statistik eingeführt, der an die Spiel- und die Risikotheorie angelehnt ist. Ein statistisches Verfahren wurde so zu einer »Entscheidungsrichtlinie«, und das eigentliche Ziel der statistischen Analyse bestand in der Wahl einer »Maßnahme«, einer »Strategie«. Die Berechnung einer Wahrscheinlichkeit oder eines Parameters bedeutete, »über die Größe des betreffenden Parameters zu entscheiden«, ohne dem Risiko des Irrtums, das man eigentlich vermindern möchte, gänzlich Rechnung zu tragen. Diese Auffassung ist intuitiv und deckt sich vollkommen mit anderen statistischen Methoden. Beispielsweise den Überprüfungen von Hypothesen, bei denen die Entscheidung immer auf der Grundlage von Gegensatzpaaren (einen Alarm auslösen oder ihn nicht auslösen) und optimalen Entscheidungskriterien getroffen wird. Sie bestehen darin, das Risiko zu vermindern, den Alarm nicht auszulösen, wenn Gefahr im Verzug ist, bzw. bei jeder Gelegenheit falschen Alarm auszulösen. Aber sowohl in der wissenschaftlichen Forschung als auch in der alltäglichen Lebenspraxis ist die Statistik höchstens eine Entscheidungshilfe. Und Buchtitel wie *Mathematik für den Aktienhandel* oder *Mathematik der Entscheidungsfindung*, die in den Handels- und Wirtschaftshochschulen Frankreichs sehr in Mode sind, haben zu vielerlei Übertreibungen geführt. Insbesondere wenn es sich um die statistische Erfassung sehr seltener Ereignisse handelt oder man sich in Bereichen bewegt, in denen es um große

Risiken geht, besteht keine enge Beziehung zwischen dem statistischen Ergebnis und der zu treffenden Entscheidung.

Diese Form des statistischen Verfahrens weist die Tendenz auf, unmittelbar zu reiner Wirtschaftsstatistik zu werden. Bestimmte gesellschaftliche Parameter sind aber nur sehr schwer mathematisch erfaßbar, und die scheinbare Effizienz von Modellen kann leicht dazu führen, diese außer acht zu lassen. Zwar liefert die Statistik eine Information, die dazu beizutragen vermag, eine bessere Kenntnis der Sachlage zu erhalten. Sie kann aber nicht das alleinige Entscheidungskriterium sein. Immer wieder stößt man auf die wohl bekannte Wechselbeziehung zwischen der Welt des Wissens und der Welt der Macht[26], zwischen dem Wissen und der Beschreibung einerseits und dem Handeln und der Entscheidung andererseits, zwischen der Welt, wie sie ist, und der Welt, wie sie sein soll.

Es gibt Bereiche, in denen die Entscheidungsrichtlinien ausschließlich von der Statistik festgelegt werden. Hierzu gehören vor allem Technologien wie die Signaltheorie oder die automatische Qualitätskontrolle, keinesfalls aber gilt dies für den gesellschaftlichen Bereich. Heute ist die Frage berechtigt, ob nicht die gesamte Statistik dabei ist, sich zu einer ganz gewöhnlichen Technologie zu entwickeln. Wird die Informatisierung dazu führen, daß die Statistik bloß noch eine Sammlung einfacher Aufzeichnungsinstrumente – die statistischen Programme – ist und sie schließlich ihre Eigenschaft einbüßt, eine Methodologie, ein kritisches Instrument zu sein? Es steht viel auf dem Spiel. Die Computerprogramme für die automatische Datenverarbeitung, die sowohl der Chef eines Kaufhauses als auch ein in der biologischen Forschung arbeitender Wissenschaftler anwendet, erfordern Entscheidungen für statistische Verfahren, die nicht ohne Konsequenzen sind. Wir haben gesehen, daß das statistische Instrument keine einfache Rechenregel ist. In Wirklichkeit enthält es immer eine Dosis Subjektivität, und wenn die Probleme offensichtlich werden, bleibt uns nichts anderes übrig, als so gut wie möglich darauf zu achten, daß es nicht bedenkenlos zu einer einfachen Folge von Programmabläufen verkommt. Obwohl die Computerprogramme durch ihre Anwenderfreundlichkeit die Möglichkeit dazu bieten, immer besser über die Auswahl der vorgeschlagenen Methoden nachzudenken, kann das Fehlen einer sorgfältigen Einführung in die Grundbegriffe der Statistik zu der skizzierten Fehlentwicklung sowohl im Bereich von Wirtschaft und Verwaltung als auch in dem der Gesellschaftswissenschaften und der experimentellen Forschung führen.

5. Kapitel

Das war so nicht vorgesehen!

»Ich meine, nur ein Tor hat Vertrauen in die Zukunft.«
Racine, *Les Plaideurs*

Kurze Geschichte der Vorhersage: Von Fatalismus zu Fatalismus?

Die primitiven Gesellschaften waren fest in ihren Gewißheiten verankert. Sie projizierten sich nur in die Zeit, um sich auf die mit dem Kreislauf der Jahreszeiten verbundenen Lebensaufgaben vorzubereiten – Wanderung, Aussaat, Bestellung des Bodens usw. – und so in jedem Frühjahr die Gegenwart zu erneuern. Wenn sich für diese Gesellschaften »die Zukunft nicht als Zukunft darstellt, d.h. als das Spiel unendlich vieler Möglichkeiten, dann liegt das vielleicht daran, daß die im Traditionalismus gründende Ordnung nur unter der Voraussetzung lebensfähig ist, daß sie nicht als die bestmögliche, sondern als die einzig mögliche begriffen wird ...«[1]

Der jüdisch-christliche Messianismus verkündete eine bessere Welt, ohne daß man sich in der Gegenwart wirklich um die Zukunft sorgte. Die Zukunft lag irgendwo zwischen morgen und niemals. Die neue Sichtweise des Zufalls im 18. und 19. Jahrhundert kennzeichnete einen ersten Bruch. Die Wahrscheinlichkeitsrechnung stellte die Werkzeuge für ein quantitatives Vorhersageverfahren zur Verfügung. Nach der Entstehung des Kapitalismus und der organisierten Arbeiterwelt wurden die mathematische Vorhersage und ihre Anwendungen in der Demographie zunehmend zu Bestandteilen des gesellschaftlichen Lebens.

Der zweite, eher technische als konzeptionelle Bruch war Ende des Zweiten Weltkrieges zu verzeichnen. Insbesondere mit der Entwicklung der Automatik und später mit der durch die Informatik ermöglichte systematische Nutzung der Wirtschaftsstatistik setzte sich das Vorhersageverfahren in nahezu allen Bereichen durch. Alles mußte vorhersehbar sein. »Die modernen Gesellschaften passen sich an eine wirtschaftliche und gesellschaftliche Organisationsform an, die auf Vorhersehbarkeit und Berechenbarkeit basiert, d. h. die ökonomische Rationalität, die es notwendig macht, die Zeit anders zu denken.«[2] In der kommunistischen Welt plante man »physikalisch«, in Westeuropa auf der Grundlage von »Indikatoren«. Die neuen statistischen Werkzeuge machten es möglich bzw. schienen es möglich zu machen, die ökonomische Entwicklung kurzfristig vorherzusagen. Dieses Verfahren sollte in den Jahrzehnten nach dem Ende des Zweiten Weltkrieges zur vorherrschenden Technik werden, so daß während dieser Zeit die wirtschaftsstatistischen Modelle immer zahlreicher wurden und sowohl für die Unternehmen als auch für die Staaten eine immer größere Rolle spielten. Seit den siebziger Jahren wurden auf mathematischen Projektionen basierende Überlegungen zu längerfristigen Vorhersagen angestellt: die Überbevölkerung in der dritten Welt würde verheerende Hungersnöte verursachen. Die Risiken der Atomenergie sowie die beschränkten Erdölreserven führten zu beunruhigenden Vorhersagen in bezug auf die Energie. Es gehörte zum guten Ton, sich auf der Grundlage mathematischer Systematisierungen um die ferne Zukunft zu sorgen. Viele dieser Vorhersagen waren wenig fundiert und führten zu falschen Prognosen, wie etwa im Fall des *Club of Rome*.[3] Nicht die Mathematik war dafür verantwortlich, daß ihre Hypothesen nicht stimmten, sondern die sich dahinter verbergende Ideologie oder die zugrundeliegende Wirtschaftstheorie.

Sowohl die große Wirtschaftskrise des Jahres 1975 als auch die tiefgreifenden Veränderungen der politischen Landschaft wirkten wie ein Kurzschluß. Die Planungs- und Vorhersagemaschine geriet ins Stocken. Das Schicksal, das in den alten Gesellschaften eine so große Rolle spielte, hat eine großartige Rückkehr erlebt. Das Unvorhersehbare in seiner grausamsten Form scheint uns an jeder Straßenecke aufzulauern, und der Zufall ist nicht mehr zivilisiert. Trotz der ungeheuren Fortschritte in der Biologie hatte kein Forscher die Ausbreitung einer bislang unbekannten Epidemie wie Aids vorhergesehen oder ihre Entstehung für wahrscheinlich gehalten. Niemand hatte den Zusammenbruch des stalinistischen Regimes oder den zugleich friedlichen und mafiösen Übergang eines degenerierten kommunistischen Systems zu einem schillernden Kapitalismus vorhergesehen. Da man sich nicht mehr traut, das Schicksal heraufzubeschwören, tritt – vielleicht mit Unterstützung derjenigen, die für die herrschende Ideologie verantwortlich sind – wieder die Unsicherheit auf den Plan, die als Rechtfertigung für die gegenwärtigen Krisen dient. Selbst die Handelsfachhochschulen, an denen Wirtschaftsmathematik zum täglichen Brot geworden ist, rehabilitieren mittlerweile bestimmte Gesellschaftswissenschaften auf Kosten quantitativer Modelle. Die Rückwärtsbewegung des Pendels vom mathematischen Exzeß zur leidenschaftlichen Verfechtung des Nicht-Quantitativen scheint äußerst heftig zu sein. Mit einem Mal sind selbst die unerschütterlichsten Sicherheiten vergessen, und man erwähnt nicht einmal mehr die Zahl der Kinder, die jedes Jahr mit Sicherheit verhungern werden.

Trotz alledem leben wir nach wie vor in einer Welt der medialen Vorhersage. Was würden wir ohne die allabendliche Wettervorhersage anfangen? Wir sind froh, wenn wir erfahren, daß der Wirtschaftsaufschwung in Amerika während des letzten Quartals mit größter Wahrscheinlichkeit im Laufe des nächsten Halbjahres sich über den Atlantik hinweg auch bei uns bemerkbar machen wird, obwohl doch Wirtschaftsaufschwünge nur schwerlich den Atlantik überqueren! Ein solcher Aufschwung bedingt die Vorhersage eines »gewissen« Rückgangs der Arbeitslosigkeit in saisonbereinigten Zahlen. Gibt es eine Aussicht auf quantitative Vorhersagen? Wie ist es tatsächlich um die Leistungsfähigkeit mathematischer Vorhersagemodelle bestellt, die jenem Unvorhersehbaren Rechnung tragen, das wir vielleicht vergessen haben? Um eine Antwort auf diese Frage geben zu können, ist es wichtig, sich zunächst wieder der Vorhersage in den wissenschaftlichen und technologischen Bereichen zuzuwenden, in denen sie vor allem der Kontrolle dient, um sich sodann der sektoralen Wirtschaftsstatistik und schließlich globalerer Probleme anzunehmen.

Von deterministischen zu probabilistischen Vorhersagemodellen

Die einfachsten Vorhersagemodelle beziehen sich auf die Berechnung der Zinseszinsen: »Über wieviel Kapital werde ich in zwanzig Jahren verfügen, wenn ich es heute mit 5 % anlege?« oder die Demographie: Die Bevölkerungszahl Chinas im Jahre 2050 läßt sich auf der Grundlage einer Hypothese über die Entwicklung der Geburten- bzw. Todesrate in den kommenden 53 Jahren errechnen. Die mathematischen Modelle einer zeitlichen Entwicklung wurden lange Zeit tatsächlich in Analogie zur Mechanik ausgearbeitet, wobei die Entwicklung mit Hilfe der zurückzulegenden Strecke eines bewegten Körpers veranschaulicht wurde. Auf der Grundlage der Kenntnis sowohl vom Standort als auch von der Geschwindigkeit des bewegten Körpers am Nullpunkt bezeichnet das dynamische Modell die Position des Systems zu jedem beliebigen Zeitpunkt in der Zukunft. Diese Methode eignet sich ebenso gut für die Ermittlung einer Bevölkerungszahl wie für die Ermittlung von Unternehmensgewinnen oder einer Raketenflugbahn. Trotzdem taugen nicht alle dynamischen Modelle für die Vorhersage. Zu Beginn unseres Jahrhunderts hatte Poincaré einige Beispiele für deterministische Modelle genannt, die nicht für die Vorhersage genutzt werden konnten, obwohl sie ausgezeichnete theoretische Instrumente für die Erklärung von bestimmten Phänomenen darstellten.[4]

Man kann auch von »Voraussage« sprechen, wenn man Wert auf eine semantische Unterscheidung legt und die Projektion in die Zukunft mittels eines Verfahrens vorgenommen wird, das den Zufall nicht einschließt und die Antwort dem Reich der Sicherheit zugehört. Die gängigen physikalischen Theorien, wie etwa die der einfachen Mechanik, sind voraussagend. »Eine Vorhersage zu machen« bedeutet für uns nunmehr, die Zukunft dadurch genauer zu bestimmen, daß man durch die bestmögliche Verwertung der Information über die Vergangenheit die Rolle des Zufalls so weit wie möglich verkleinert, ohne sie deshalb ganz zu tilgen. Damit fällt die Vorhersage in den Zuständigkeitsbereich der Statistik.

Für diejenigen Bereiche, die nichts mit Mechanik und Physik zu tun haben, stellt sich die Situation vollkommen anders dar. In der Biologie sowie in der Ökonomie führen sowohl der theoretische Entwicklungsstand als auch die Unmöglichkeit, in ausreichendem Maße alle ausschlaggebenden Faktoren zu kontrollieren, dazu, daß es nunmehr ausgeschlossen ist, auf deterministische Modelle zurückzugreifen, um die Entwicklung der Phänomene zu beschreiben, geschweige denn vorherzusagen. Der Zufall weist den Ausweg. Man entwickelt Vorhersagemodelle in einem unsicheren Universum und nutzt unter Zuhilfenahme der Wahrscheinlichkeitsrechnung die Abhängigkeit zwischen Vergangenheit und Zukunft. Damit verändert sich auch die Form der Vorhersage: Man wird nicht mehr davon sprechen, daß »der Dax in einer Woche auf einem Stand von 1988 sein wird«, sondern daß »der Dax in einer Woche mit einer Wahrscheinlichkeit von 95 % einen Stand zwischen 1986 und 1990 erreicht haben wird«.

In Anbetracht der Gepflogenheiten unserer Medien kann man der pädagogischen Beispielhaftigkeit der Wettervorhersage in der französischsprachigen kanadischen Provinz Québec nur Lob zollen. In ihrem Bemühen, die Jugend zu erziehen, sagen die Meteorologen in Québec zum Beispiel für den folgenden Tag eine Regenwahrscheinlichkeit von 70 % in Montréal voraus. Zu 70 % besteht demnach die Wahrscheinlichkeit, daß in Montréal ein meßbarer Niederschlag von, sagen wir, einem Millimeter fällt. Das ist aufrichtig, besonnen und vor allem lehrreich ... Besonnen ist es deshalb, weil somit kein Steuerzahler dem Wetteramt vorwerfen kann, sich bei seiner Vorhersage geirrt zu haben, und das um so weniger, als seit Jahren Verzeichnisse geführt werden, um das Gesetz der großen Zahl anwenden zu können. Aufrichtig deshalb, weil jeder exakt die mit der kurzfristigen Wettervorhersage verbundenen tatsächlichen Wahrscheinlichkeiten kennt. Lehrreich deshalb, weil sich das Wetter nur mit Hilfe eines Modells vorhersagen läßt, das dem Zufall[5] Rechnung trägt und jedes Resultat eine Fehlermenge enthält, die mittels der Wahrscheinlichkeitsterminologie formuliert wird.

Der Nachteil von Modellen, die auf der Wahrscheinlichkeitsrechnung basieren, besteht darin, daß ihre Aussagekraft sehr gering sein kann. Ihr Vorteil besteht darin, daß sie Vorhersagemethoden bereitstellen, die über ein breites Anwendungsspektrum verfügen. Damit machen sie es möglich, sich von der häufig vollkommen unangebrachten Denkweise der Mechanik zu befreien.

Die Modellentwicklung: Das Gedächtnis

Die Erstellung eines Modells der Arbeitslosenquote setzt vor allem voraus, die zurückliegenden Entwicklungen zu untersuchen, d.h., das Gedächtnis des Phänomens zu analysieren. Dieses Gedächtnis bringt die besondere Form der Abhängigkeit zwischen der Gegenwart und der gesamten Vergangenheit zum Ausdruck. Es ist so lang, wie es für eine mathematische Vorhersage nützlich ist. In dieser Hinsicht unterscheidet sich das mathematische vom herkömmlichen Verständnis von Gedächtnis, bei dem die Nützlichkeit keine Bedeutung hat. Sagt man, das Gedächtnis für die Arbeitslosenquote betrage vier Monate, dann bedeutet das, daß für die Prognose der Arbeitslosenzahl im August die Arbeitslosenquote der vorausgehenden vier Monate bekannt sein muß. Zöge man weiter zurückreichende Daten heran, so würde das die Prognose nicht sicherer machen. In der Begrifflichkeit der Wahrscheinlichkeitsrechnung heißt das, daß Gegenwart und Vergangenheit jenseits eines Zeitraums von vier Monaten unabhängig voneinander sind, wenn man die Daten der zurückliegenden vier Monate kennt. Demzufolge handelt es sich um eine für die Kenntnis der nahen Vergangenheit unwesentliche Unabhängigkeit. Es sind ausschließlich die besagten zurückliegenden vier Monate, die sämtliche Informationen enthalten, die die ganze darüber hinausgehende Vergangenheit liefern würde. Zudem verfügt das Gedächtnis über eine Form: Jeder einzelne der vorausgehenden vier Monate besitzt ein besonderes Gewicht für die Vorhersage.

Es ist wichtig, sich zu vergewissern, daß die Form des Gedächtnisses sich im Laufe der Zeit nicht verändert. Wenn das der Fall ist, sprechen wir davon, daß es sich um ein konstantes Phänomen handelt.

Jetzt wollen wir eine genauere Analyse des Gedächtnisses der Arbeitslosenquote vornehmen. Diese Quote weist zwei Arten von Schwankungen auf. Bei der ersten handelt es sich um eine in zeitlicher Hinsicht unregelmäßige Schwankung, die aber dennoch über ein Gedächtnis verfügt: die Arbeitslosenquote im August 1998 wird davon abhängen, was in den vier Monaten davor passiert ist. Die zweite Schwankung erfaßt saisonale Auswirkungen, denn jeder Monat hat spezifische Auswirkungen, anders ausgedrückt, aufgrund von Saisonarbeit zum Beispiel ist der Monat August nicht unbedingt mit dem Monat April vergleichbar. Um solchen Auswirkungen Rechnung zu tragen, muß man eine Korrektur vornehmen, die ausgehend von einer Untersuchung der Monate August in den zurückliegenden Jahren berechnet wird. Letztlich hängt die Prognose der Arbeitslosenzahl für August 1998 von der Quote während der vorausgehenden vier Monate und von den saisonalen Auswirkungen ab. Die tatsächliche Arbeitslosenzahl im August wird die Summe aus der Vorhersage und eines von der Vergangenheit unabhängigen Zufalls, des »Innovationsrauschens«, sein, das alles das umfaßt, was im August 1998 »neu« ist.

Man erstellt also ein Arbeitslosenquotenmodell, das zeitlich konstant ist. Die Konstanz ist ein schwieriger Begriff. Sie ist abhängig von der Wahl eines Zeitmaßstabs, die im wesentlichen pragmatischer Art ist. Über welchen Zeitraum hinweg können Phänomene wie die Arbeitslosigkeit als konstant gelten? Langfristig betrachtet ist die Arbeitslosigkeit natürlich kein konstantes Phänomen, denn jeder weiß, daß es Zeiten der Krise und solche der Vollbeschäftigung gibt. Mit Hilfe statistischer Verfahren läßt sich aus der Entwicklung eine mittelfristige Tendenz ableiten, und indem man diese Tendenz abzieht, kann man nachprüfen, daß die Form des »Gedächtnisses« der Abweichung im Laufe der Zeit in etwa konstant ist. Das setzt voraus, daß die Entwicklung langsam genug vor sich geht, es keine plötzlichen und tiefgreifenden Veränderungen der Wirtschaftslage gibt. Falls die Entwicklung zu schnell ist, läßt sich die Vergangenheit nicht mehr als zuverlässige Informationsquelle nutzen.

Für die Prognose der Arbeitslosenquote kann man auch die früheren Daten anderer Mengen nutzen – wie etwa das Wachstum des Bruttoinlandsproduktes, die Geldmenge oder die Inflationsrate – und die Abhängigkeiten untersuchen, die in der Vergangenheit zwischen diesen Variablen und der Variable Arbeitslosigkeit bestanden. Man erstellt also ein detaillierteres Modell, indem man das Gedächtnis und die Abhängigkeit der Arbeitslosenquote nicht nur für den Vergleich mit ihren eigenen früheren Werten nutzt, sondern auch für den Vergleich mit solchen Werten, die früher einmal andere Größen besaßen. Die Voraussetzung für die optimale Auswahl solcher Variablen ist eine in vielen Fällen komplizierte statistische Arbeit. Das Modell wird aber in jedem Falle aussagekräftiger, da die Abhängigkeiten es möglich machen, teilweise zu erklären, wie die Arbeitslosigkeit sich in Abhängigkeit von anderen Größen entwickelt. Was man nicht erklären kann, wird weiterhin mittels eines Rauschens dargestellt. Makroskopische Modelle, die die Wirtschaft auf nationaler Ebene in Modellform darstellen, können mehrere hundert Variablen umfassen, von denen einige die Rolle erklärender Variablen spielen und andere diejenige von zu prognostizierenden Größen. Natürlich sind derlei Berechnungen nur mit Hilfe von Computern möglich geworden.

Erzeugungsrauschen und Vorhersagemodelle

Es gibt Modelle, die ein Mittelding sind zwischen deterministischen Modellen – wie etwa diejenigen, die die Bewegungslinie eines bewegten Körpers beschreiben – und zufallsbedingten Modellen – wie diejenigen der Arbeitslosigkeit. Die Größe einer Luchspopulation in einem genau umrissenen Waldgebiet in Kanada unterliegt unregelmäßigen Schwankungen, die in mehrjährigen Zyklen verlaufen. Isolierte man das aus den Luchsen und ihren Beutetieren bestehende System, dann würden die deterministischen Modelle, die die Zahl der Luchse mit der Zahl der Beutetiere verknüpfen, die periodisch verlaufende Entwicklung der Luchspopulationen beschreiben: die Luchspopulation würde periodisch bestimmte Maxima und bestimmte Minima erreichen. Auch wenn diese deterministischen Modelle eine tadellose Erklärung für die Schwankungen liefern, so ist ihr Wert für die Vorhersage doch sehr beschränkt. Die Lebenswelt der Luchse ist nicht isoliert, und eine Vielzahl anderer Phänomene (Klima, andere Jäger, usw.) spielt eine Rolle. Daher ist es notwendig, ein Modell zu entwickeln, das dem Zufall eine Bedeutung beimißt, um das deterministische Modell Beutetier-Räuber zu verfeinern.

Im Falle der Arbeitslosigkeit stellt uns die Wirtschaftstheorie bzw. das, was an ihre Stelle tritt, kein derartiges Erklärungsmodell zur Verfügung. Man muß sich dem Zufall »überlassen«, ohne von einer deterministischen Theorie geleitet zu werden. Man »überläßt« sich ihm auf eine rein statistische Weise, wobei man nur über eine einzige Form von Information verfügt, nämlich die Daten früherer Jahre, ohne jedoch a priori etwas über die Beziehung dieser Daten untereinander zu wissen. Die Entscheidung für das Modell basiert ausschließlich auf der Schätzung sowohl der Form als auch der Länge des Gedächtnisses. Mathematisch gesehen wendet das Entscheidungsverfahren ein Kriterium der größtmöglichen Wahrscheinlichkeit an. Wir haben gesehen, daß sich die Arbeitslosigkeit im Monat August durch eine Summe beschreiben läßt, die man ausgehend von der Arbeitslosigkeit während der vier vorausgehenden Monate mit Bedacht ermittelt hat und die das kurzfristige Gedächtnis darstellt. Dieser Summe rechnet man – ebenfalls mit Bedacht – sowohl die Arbeitslosenzahl vom August des Vorjahres als auch ein von der Vergangenheit unabhängiges Rauschen hinzu, das als »Neuerung« bezeichnet wird. Demnach tritt jeden Monat eine Neuerung ein.[6] Diese Neuerungen sind unabhängig voneinander und bilden eine Folge ohne Gedächtnis. Man geht davon aus, daß sie alle dieselben probabilistischen Merkmale aufweisen, und vor allem sind sie im Durchschnitt null. Angesichts dieses Sachverhalts, d. h. mangels einer spezifischen Theorie, umfaßt dieses Neuerungsrauschen alles das, was jeden Monat passieren kann und was im Modell unberücksichtigt bleibt. Hierbei kann es sich ebenso gut um unvorhergesehene Entwicklungen auf dem Geldmarkt handeln wie um soziale Konflikte oder ungewöhnliche Wetterlagen.

Die Arbeitslosenquote kann als das gewichtete Ergebnis sämtlicher Neuerungen[7] notiert werden, die in der Vergangenheit eingetreten sind. Zwecks Vereinfachung nehmen wir an, daß in jedem Jahr die Arbeitslosigkeit tatsächlich die Summe eines feststehenden Prozentsatzes der Arbeitslosigkeit des Vorjahres und einer Neuerung des laufenden Jahres ist. Allerdings unterliegt die Arbeitslosigkeit des Vorjahres demselben Prinzip ... Die Arbeitslosenzahlen der aufeinanderfolgenden Jahre stellen sich in den Berechnungen wie russische Puppen dar: die Arbeitslosigkeit zum Zeitpunkt (z-1) läßt sich immer ersetzen durch ihren Ausdruck in Abhängigkeit von der Arbeitslosigkeit zum Zeitpunkt (z-2) plus der Neuerung des laufenden Jahres (z-1), und das immer so weiter, wobei die Arbeitslosigkeit zum Zeitpunkt (z-2) wiederum ersetzbar ist durch ihren Ausdruck ... Auf diese Weise wird die Arbeitslosigkeit zum Zeitpunkt z in zunehmendem Maße als Summe der Arbeitslosigkeit von immer weiter zurückliegenden Zeitpunkten dargestellt, während die aufeinanderfolgenden Neuerungen erhalten bleiben und noch hinzukommen. Setzt man dieses Verfahren fort, dann zeigt sich, daß die Arbeitslosigkeit das gewichtete Ergebnis von früheren Neuerungen ist! Je weiter man in der Zeit zurückgeht, um so schneller verkleinern sich die Gewichtungskoeffizienten. Demzufolge beschreiben diese wirtschaftsstatistischen Modelle die Arbeitslosenquote auf der Grundlage von Neuerungen, die als eine Folge zufälliger Schocks mit einem Mittelwert null verstanden werden können, die das Wirtschaftssystem erleidet. Auf diese Weise wird das Neuerungsrauschen zu einem Erzeugungsrauschen.

Demnach ist ein Vorhersagemodell aufgebaut wie ein Aufzeichnungsgerät, für das die Folge der Dämpfungskoeffizienten des Neuerungsrauschens kennzeichnend ist. Das Aufzeichnungsgerät registriert, entsprechend der gewählten Zeiteinheit, jeden Tag, jeden Monat oder jedes Jahr ein Rauschen, oder wirtschaftsstatistisch ausgedrückt, eine Neuerung. Heraus kommt ... die Arbeitslosenquote. Die Betrachtung dieser beliebigen Neuerung ist ein mathematischer Kniff, um alles das zusammenzufassen, was man nicht weiß oder nicht in das Modell mit einfließen lassen möchte, und um trotzdem ohne weiteres eine Vorhersage machen zu können. Im wesentlichen besteht die Vorhersage also darin, die gegenwärtige Funktionsweise des Systems auf die Zukunft zu übertragen und anzunehmen, daß das Neuerungsrauschen in den kommenden Jahren gleich null ist. Man »koppelt« den Zufall von der Zukunft ab, wie man den Motor eines Autos abstellt, das dann weiterrollt. Dieses Verfahren ist intuitiv, denn die beste Vorhersage eines Rauschens mit dem Durchschnitt null ist null. Die Neuerung hat kein Gedächtnis, d.h., die Vergangenheit spielt für sie keine Rolle. Die beste Vorhersage der zukünftigen Neuerung ist: »keine Neuerung«. Demnach ist die bestmögliche Vorhersage für der Zukunft: »stellen wir den Motor ab«, es gibt kein weiteres Neuerungsrauschen, das ihn speist.

Der operative Charakter dieser wirtschaftsstatistischen Modelle erweist sich an ihrem Erfolg in der Praxis. Sie erheben nicht den Anspruch, alles zu erklären, sondern sie dienen in erster Linie der Vorhersage. Von diesem Standpunkt aus betrachtet, sind sie das genaue Gegenteil dessen, was René Thom[8] als ein wissenschaftliches Modell ansieht, d.h. ein Modell, mit dessen Hilfe es möglich ist, zu erklären und möglicherweise zu beschreiben, nicht aber notwendigerweise vorherzusagen. Diese Modelle sind Werkzeuge der mathematischen Technologie.[9]

Vorhersage zwecks Kontrolle

Die wirtschaftsstatistischen Modelle gleichen von einem strikt mathematischen Standpunkt aus betrachtet solchen Modellen, die die Funktionsweise eines technischen Systems, eine Destillationskolonne, einen Hubschrauber oder ein Auto darstellen. Man kann sagen, daß etwa 80% der angewandten Mathematik in der ganzen Welt darin besteht, derartige Modelle zu entwickeln, ihre Parameter zu berechnen und sie dann für die Kontrolle und Vorhersage zu nutzen. Wirtschaftsstatistiker und Automatikspezialisten befinden sich unter diesem Gesichtspunkt in derselben Ausgangslage.

Wenn man eine Rakete auf der vorgesehenen Flugbahn halten will und jede Minute Daten sowohl über ihre Position als auch über ihre Geschwindigkeit erhält, muß man zweigleisig vorgehen: die entsprechenden Größen der folgenden Minute vorhersehen und auf der Grundlage dieser Prognose die Flugbahn kontrollieren. Das Verfahren besteht darin, in das Modell ein Rauschen einzuführen, das die zufällige Abweichung der Rakete von der vorgesehenen Flugbahn darstellt. Die Fluglinie wird durch physikalische Gesetze bestimmt, und jede Abweichung, die vom zufälligen Wind oder von den schwer vorausberechenbaren Bewegungen der Brennstoffe in den Tanks herrühren, wird sich demnach in irgendeiner Weise niederschlagen. Trotz einer gewissen Unsicherheit läßt sich die Position der Rakete in der nächsten Minute vorausbestimmen. Auf diese Weise läßt sich ihre Schubdüse derart ausrichten, daß sie die richtige Flugbahn beschreibt. Genauso verhält es sich, wenn man das Auto auf einer geraden Linie hält und mit kleinen Lenkbewegungen die Auswirkungen zufälliger Straßenunebenheiten, die das »Rauschen der Straße« ausmachen, ausgleicht. Hierbei ist der Fahrer, ungeachtet eines kleinen Restzufalls, jederzeit dazu in der Lage, vorherzusehen, was passiert, wenn er keine Ausgleichsbewegungen vornimmt. Die Vorhersagetechnik ist im wesentlichen dieselbe wie diejenige, die in der Wirtschaftsstatistik zur Anwendung kommt, sie besteht darin, »das Rauschen abzustellen«. Mit Hilfe des physikalischen Teils des Modells läßt sich sodann die Kontrolle berechnen.

Mit den wirtschaftsstatistischen Modellen verhält sich alles genauso bzw. müßte sich, zumindest theoretisch, genauso verhalten. Jedenfalls behaupten die Wirtschaftswissenschaftler, gleichfalls über Kontrollwerkzeuge zu verfügen, die der Vorhersage dienen. So seien beispielsweise die von den Zentralbanken festgesetzten Zinsen mit dem Winkel einer Raketenflugbahn oder der Amperezahl im Widerstand eines Elektroofens vergleichbar. Vom statistischen Standpunkt aus betrachtet, besteht der wesentliche Unterschied darin, daß die ökonomischen Modelle die Realität nur grob darstellen. Häufig fließt eine große Anzahl von Variablen in sie ein, wodurch die Prognose unsicher wird. Vor allem aber lassen sich die Modelle nur schwer mit Hilfe von Versuchen überprüfen, da die Experimente niemals wiederholbar sind, wohingegen sich die Automatik zur Überprüfung des statistischen Modells eignet.

Es mag außergewöhnlich erscheinen, daß diese Modelle, die eine Addition von verschiedenen Arten des Rauschens sind, derartig vielseitig Verwendung finden. Sie sind effizient und schaffen die Voraussetzung für zuverlässige Vorhersagen, wenn es sich um eine konstante Situation handelt. Ihre Einfachheit ermöglicht elementare Berechnungen, ihre Flexibilität verleiht konkreten Problemen eine ziemlich gute Äquivalenz. Trotzdem besitzen diese Modelle qualitative Eigenschaften, bei denen man manchmal sicher ist, daß sie für das in Modellform übertragene Phänomen nicht zutreffen. Sie lassen insbesondere die Bedeutung der Zeit außer acht. Da bei diesen sogenannten umkehrbaren Modellen die Zeit keinen »Zeitpfeil« hat, gibt es keinen Unterschied zwischen einer Entwicklungslinie, die von der Vergangenheit in die Zukunft verläuft, und einer Entwicklungslinie, die von der Zukunft in die Vergangenheit verläuft. Es wäre falsch zu glauben, daß dies für die Wirtschaft zutreffend ist. Diese Modelle sind nicht dazu in der Lage, tiefgreifenden Krisen oder explosionsartigen Entwicklungen Rechnung zu tragen. Sie enthalten keine Schwellen, deren Überschreitung automatisch zu einer plötzlichen Veränderung der untersuchten Größe führt, wie es häufig bei solchen Konstellationen der Fall ist, bei denen begrenzte Ressourcen eine Rolle spielen. Heute ist es möglich, sehr viel ausgereiftere Modelle zu entwickeln, die über bessere qualitative Eigenschaften verfügen als die klassischen Wirtschafts- und Automatikmodelle. Allerdings sind diese oftmals nicht für konkrete Anwendungen nutzbar. Sie weisen also erstaunliche Ähnlichkeiten mit solchen Technologien auf, die in der Physik und nicht in der Mathematik gebräuchlich sind. Die Perfektion ist immer eine Quelle für praktische Schwierigkeiten und prinzipiell ein

Anzeichen für mangelnde Robustheit. Mit anderen Worten, die Qualität des Modells verschlechtert sich sehr schnell, sobald das Phänomen, das modellartig dargestellt werden soll, nicht genau dem entspricht, was man erwartet hatte. In der Physik bedeutet dies, daß die Anwendungsbedingungen nicht genau mit denen übereinstimmen, die man vorausgesehen hatte.

Zu viele Erklärungen führen zu falschen Vorhersagen

Die Konstruktion eines Modells auf der Grundlage der Vergangenheit kann man sich vorstellen wie die Konstruktion einer Maschine für die Produktion von Zufall, der dieser Vergangenheit ähnelt. In der Wirtschaft wiederholt sich Vergangenheit nicht, weshalb die Parameter der Wechselbeziehung zwischen den verschiedenen Größen, die Dimension der einzelnen Gedächtnisse oder die Verzögerungseffekte auf der Datengrundlage dieser einen Vergangenheit berechnet werden müssen. Es ist wichtig, zur Kenntnis zu nehmen, daß für das Vorhersagemodell sowohl der gegenwärtige und zukünftige Zufall als auch der »vergangene Zufall« von Bedeutung sind. Die in der Vergangenheit festgestellten Werte hätten auch genausogut andere sein können, denn vor ihrem tatsächlichen Eintritt waren sie nicht die einzig möglichen, zumal die Vergangenheit, zumindest für den Probabilisten, nicht vorherbestimmt ist. Demzufolge ergeben sich die festgestellten Werte zum Teil aus dem vergangenen Zufall. Die mathematische Formel, die der Voraussage dient, enthält diesen »vergangenen Zufall« und überträgt ihn auf die Zukunft. Infolgedessen ist die Vorhersage in zweifacher Weise zufällig, und zwar wegen des »zukünftigen Zufalls« und weil die Vergangenheit bestenfalls Informationen vermittelt, an denen der Zufall Teil hat. Vorausgesetzt, das Gedächtnis ist nicht allzu groß, verkleinert sich allenfalls der Einfluß dieses »vergangenen Zufalls«, je weiter man in die Zukunft blickt.

Um die Entwicklung des Wirtschaftswachstums – wie zum Beispiel des Bruttoinlandsproduktes – vorherzusagen, erstellt man naturgemäß ein Modell, für das man eine große Anzahl von erläuternden Variablen nutzt. Diese wurden in der Vergangenheit beobachtet, woraus sich eine sehr komplexe Darstellung der Entwicklung ergibt. Es hat den Anschein, als könne die Vergangenheit damit sehr gut erklärt, die Wirkungen des Zufalls begrenzt und somit die Vergangenheit als beinahe »zufallsfrei« gedacht werden. Man wird behaupten, eine ausgezeichnete Ausgleichsrechnung erstellt zu haben. Das Modell scheint die früheren Daten perfekt veranschaulichen zu können, ohne groß auf den Zufall zurückgreifen zu müssen.

Allerdings ist dieses Verfahren sehr unzuverlässig. Zwar beschreibt das Modell eine Vergangenheit, und zwar *die* Vergangenheit, denn die Wirtschaft »wiederholt sich nicht«. Es bleibt kein Platz mehr für den Zufall, der kennzeichnend war für die Vergangenheit und keinesfalls getilgt ist, auch wenn er sich in den Parametern des Modells »versteckt« hat. Diese Parameter beschreiben sowohl die Form des Gedächtnisses als auch die Beziehung zwischen den zu erklärenden Variablen – im vorliegenden Fall das Wachstum – und den erklärenden Variablen. Sie werden auf der Grundlage der früheren Daten berechnet. Verfügt man über Daten, die einen langen Zeitraum abdecken, dann fällt einem nicht selten auf, in welchem Maße diese Parameter vom früheren Zufall abhängen, selbst wenn die Struktur des Phänomens konstant geblieben ist. Wenn man die Vergangenheit zweiteilt und für die Berechnung der Parameter die jeweiligen Daten der beiden getrennten Hälften unabhängig voneinander nutzt, erhält man recht unterschiedliche Werte. Es sieht dann so aus, als habe man in den beiden Hälften zwei unterschiedliche Phänomene beobachtet. Wird einem Phänomen ein zu großes Gedächtnis zugebilligt und will man den Wert einer zu großen Anzahl von Abhängigkeiten zwischen den miteinander verknüpften Werten genauer bestimmen, dann erhält man Modelle, deren Vorhersagequalität sehr gering ist. Man verfügt hier über zu viele Parameter, die auf der Basis früherer Daten berechnet werden müssen. Wegen ihrer zu großen Menge sind diese Parameter schlecht berechnet. Damit beginnt die Suche nach einem schwierigen Kompromiß: Will man die Vergangenheit zu genau beschreiben, erhält man ein zu komplexes Modell, das von zu vielen vergangenen Zufällen abhängt und keine genaue Vorhersage ermöglicht. Um diesem Manko aus dem Weg zu gehen, kann man ein Sparsamkeitsprinzip bezüglich der Parametermenge der Modelle anwenden: Will man eine zuverlässige Vorhersage machen, muß die Parameterzahl, insbesondere hinsichtlich der Datenmenge, begrenzt werden.[10] Will man die Vergangenheit zu gut erklären, bestehen beste Aussichten, die Zukunft zu verschleiern, da man sich der Fähigkeit einer zuverlässigen Vorhersage beraubt. Möglicherweise denkt man nicht genügend über diese statistische Heuristik[11] nach, die weit über eine einfache Technologie hinausgeht.

Das Langzeitgedächtnis des Nils

»Wer die Vergangenheit kontrolliert,
der kontrolliert die Zukunft;
wer die Gegenwart kontrolliert,
der kontrolliert die Vergangenheit.«
George Orwell

Das Pegelstand des Nils, seine Hoch- und Niedrigwasserstände, sind seit dem Jahr 622 bekannt. Hierbei handelt es sich um sowohl für die Hydrologen als auch für die Statistiker außergewöhnliche und faszinierende Daten. Welches ist das richtige Modell, um die großen Hochwasser oder die Niedrigwasser in trockenen Jahren vorherzusagen? Verteilen sich die Trockenjahre gleichmäßig oder »zufällig«? Nehmen wir an, man wollte die Hochwasser in den Jahren zwischen 1107 und 1206 auf der Grundlage der in den Jahren zwischen 1007 und 1106 beobachteten Hochwasser vorhersagen.[12] Will man lediglich ein Modell mit kurzem Gedächtnis wie in der Wirtschaft erstellen, dann spiegelt die Vorhersage schnell einfach nur den Durchschnitt des vorausgehenden, des 11., Jahrhunderts wider. Sie trägt dem im 12. Jahrhundert tatsächlich beobachteten Phänomen nicht wirklich Rechnung. Demzufolge ist die Einführung eines echten Langzeitgedächtnisses notwendig, allerdings nur unter der

Bedingung, daß man dazu in der Lage ist, dies mit einer möglichst genau abzuschätzenden, begrenzten Parameterzahl zu tun. Es gibt mehrere Modelle dieser Art, mit denen ziemlich gute Ergebnisse zu erzielen sind.

In der Bibel steht: »Siehe, es werden sieben Jahre kommen mit großer Fülle in ganz Ägypten. Und nach ihnen werden sieben Hungerjahre kommen.« (Genesis, 41) Uns stehen keine Daten über die Wasserstände des Nils in biblischer Zeit zur Verfügung, aber die vorhandenen Daten zeigen deutlich, daß es lange wasserreiche Perioden und lange Trockenperioden, aber keine kurzen Wechsel gegeben hat. Benoît Mandelbrot, einer der Urheber der Modelle mit Langzeitgedächtnis, hat dieses Phänomen als »Joseph-Effekt« bezeichnet. Seine wissenschaftliche Bezeichnung ist Hurst-Effekt. Dieser Fachmann für Hydrologie konnte durch den Bau eines Wasserspeichermodells, das eine Nachbildung des Nilbeckens darstellte, beweisen, daß sich dieser »Joseph-Effekt« durch ganz einfache Überlegungen zu den Eigenschaften des Wasserspeichers erklären läßt. Diese messen den klimatischen Veränderungen keinerlei Bedeutung bei. Wenn man solchen Daten Rechnung trägt, die einen längeren Zeitraum umfassen – beispielsweise die fünfhundert Jahre vom 7. bis zum 13. Jahrhundert –, kann man die Form des Gedächtnisses genau abschätzen. Man muß dazu eine Vorstellung von der Gestalt des Modells haben, das die Abfolge der Hoch- und Niedrigwasser des Flusses beschreibt. Um dieses Modell zu finden, nutzt man die folgende Festlegung: Wenn man eine entsprechende Veränderung des Maßstabs der Daten aus 50 aufeinanderfolgenden Jahren vornimmt, zeigt das Ergebnis dasselbe Bild wie die Datenfolge aus 500 Jahren. Diese Kontinuität mittels Maßstabsveränderung wird als Selbstähnlichkeit bezeichnet. Sie bestimmt die Wahl des Modells mit einem Langzeitgedächtnis.[13]

Allerdings macht der Nil eine andere Fragestellung notwendig. Es scheint, als habe sich im Laufe des 10. und 17. Jahrhunderts die Abfolge der Hoch- und Niedrigwasser verändert, als habe es einen Bruch zunächst bei den durchschnittlichen Pegelhochständen und dann bei der Form des Gedächtnisses gegeben. Die auf der Grundlage von Modellen mit einem langen

Gedächtnis durchgeführten Tests weisen die Tendenz auf, diese Hypothese, deren physikalische Ursache kaum bekannt ist, zu bestätigen. Das Problem der Hochwasser des Nils bezieht sich auf die Suche nach einer Veränderung in der Abfolge von Hoch- und Niedrigwasser, die vor mehreren Jahrhunderten stattgefunden hat. Wenn man für die Suche genau den Moment dieses hypothetischen Bruchs erfaßt, dann verfügt man sowohl über eine Vergangenheit als auch über eine Zukunft, die eine bedeutende Datenmenge enthalten. Im Falle der Wirtschaft stellt sich die Situation deshalb anders dar, weil es im Augenblick des hypothetischen Bruchs keine Zukunft gibt. Im Jahre 1992 haben die Politiker mit einem Jahreswachstum von 2,4 % gerechnet, während einige Wirtschaftsforschungsinstitute mit einem Wachstum von 3,4 % rechneten. Anstelle eines Wachstums war ein Rückgang um 1 % zu verzeichnen. Trotzdem steht die Seriosität der Vorhersagen des Wirtschaftsforschungsinstituts I.N.S.E.E.[14] nicht zur Debatte. Dieses Institut wendet wirtschaftsstatistische Analysemodelle an, deren Parameter auf der Grundlage von relativ aktuellem Datenmaterial berechnet werden. Die gemachten Vorhersagen sind nur gültig, wenn man von der Kontinuitätshypothese ausgeht. Derartige Analysen eignen sich nicht dazu, strukturellen Unvorhersehbarkeiten Rechnung zu tragen. Diese lassen die bisher gültigen wirtschaftsstatistischen Modelle nutzlos werden, sobald es darum geht, eine sehr wahrscheinliche Veränderung der Parameter des Modells ins Auge zu fassen. Haben die wirtschaftsstatistischen Modelle erst einmal die neuen Daten gesammelt, können sie nach einigen Monaten des Schwankens wieder korrekte Vorhersagen treffen, allerdings haben sich die Werte ihrer Parameter verändert. Es hat ein »Modellbruch« stattgefunden. Derartige Brüche sind manchmal ziemlich schnell auszumachen, aber niemals unmittelbar. In der Wirtschaftsstatistik bedarf es einiger Monate, bis man erkennt, daß mit größter Wahrscheinlichkeit eine Veränderung des Modells stattgefunden hat. Ist sie einmal festgestellt worden, kann man nur noch das Vorhersagemodell entsprechend neu gestalten. Im Falle der I.N.S.E.E.-Prognosen für das Jahr 1992 war man offensichtlich nicht schnell genug, um die Fehler nicht zum Gegenstand der politischen Auseinandersetzung werden zu lassen.

Invarianten und Formenerkennung

Es ist jedoch denkbar, daß es keine Konstanz gibt und trotzdem eine Vorhersage notwendig ist. Sowohl in Fragen der Sicherheit als auch der Gesundheit muß die gefährliche Schwelle oftmals sehr kurzfristig festgestellt werden. Das ist zum Beispiel der Fall, wenn es darum geht, die Bevölkerung vor einer Überschwemmung oder dem Anstieg der Luftverschmutzung zu warnen. Das Phänomen der Luftverschmutzung beispielsweise erleidet regelrechte plötzliche Fieberanfälle. Die zuvor beschriebenen Methoden sind keinesfalls anwendbar, da die Luftverschmutzung keine Form von Kontinuität aufweist. Nehmen wir an, es gehe darum, um 7 Uhr morgens denjenigen Bewohnern von Paris, die unter Bronchitis leiden, mitzuteilen, daß es besser ist, gegen 15 Uhr nicht das Haus zu verlassen, da um diese Uhrzeit der hohe Ozonwert für sie gefährlich ist. Demnach muß die Vorhersage wie eine Zeichenerkennung gedacht werden! Soll um 7 Uhr morgens der höchste Ozonwert des kommenden Tages in Paris vorhergesagt werden, bietet das Gedächtnis des vorigen Tages keine ausreichenden, oder besser gesagt, überhaupt keine sicheren Anhaltspunkte. Das Zusammenspiel mehrerer Phänomene begünstigt einen hohen Ozonwert: hohe Lufttemperatur, Windstille, Inversionswetterlage (in der vorausgehenden Nacht war es in 100 m Höhe wärmer als im Boden) und schließlich der CO_2-Ausstoß der Autos am Vortag. Das Zusammenspiel dieser Faktoren jedoch ist sehr komplex. Es ist ausgeschlossen, auf der Grundlage ausschließlich physikalischer und chemischer Überlegungen ein Modell zu erarbeiten, das eine zuverlässige Vorhersage erlaubt. Da es keine Konstanz gibt, eignen sich die in der Wirtschaft oder in der Automatik gängigen Modell genauso wenig für die Beschreibung. Um eine zuverlässige Vorhersage treffen zu können, muß man also lernen zu erkennen. Indem man den Verschmutzungsgrad und die Wetterwerte beispielsweise zwischen

17 Uhr des Vortages und 7 Uhr des fraglichen Morgens berücksichtigt, muß man versuchen, um 7 Uhr morgens zu wissen, woran die Situation erinnert. Die Zeichenerkennung ist nichts anderes als eine Beurteilung mittels Analogieschluß, ein Vergleich der heutigen Situation mit derjenigen früherer Tage, mögen sie auch sehr weit zurückliegen. Infolgedessen erarbeitet man einen Ähnlichkeitsindex während bestimmter Zeitspannen – 17 Uhr des Vortages und 7 Uhr des fraglichen Morgens – und sucht in der Vergangenheit nach Tagen, die eine möglichst große Ähnlichkeit aufzuweisen haben. Es stellt sich heraus, daß die Situation zwischen dem 30. Juli 1995 um 17 Uhr und dem 31. Juli 1995 um 7 Uhr mit dem Zustand vom 24./25. Juni 1994 und vom 12./13. September 1985 während der gleichen Zeitspanne identisch ist. Insbesondere in der Physik und in der Chemie haben dieselben Ursachen im allgemeinen dieselben Wirkungen. Auf der Grundlage der Beurteilung mittels Analogieschluß, des Vergleichs mit Tagen, die in der Vergangenheit eine möglichst große Ähnlichkeit aufwiesen, und der Beobachtung des maximalen Verschmutzungswertes an diesen Tagen kann eine Vorhersage für den fraglichen 31. Juli 1995 getroffen werden. Dieses Verfahren entspricht also demjenigen eines Lernprozesses, der durch die Formenerkennung zustande kommt. Hierbei stellt der Tag die Form dar, die durch die Verschmutzungs- und Wetterwerte vor 7 Uhr morgens zum Ausdruck kommt. Wir werden nochmals die Gelegenheit haben, weitere Verfahren dieser Art vorzustellen, vor allem im Kapitel über das medizinische Risiko. Der Arzt, der die Krankheit des Patienten diagnostizieren möchte, stützt sich in der Tat auf die festgestellten Symptome, die er mit anderen, ihm bekannten Symptomen vergleicht. Mit der notwendigen Zurückhaltung, die dieses Verfahren gebietet, wendet auch jeder normale Mensch oder Historiker, der in seiner persönlichen Geschichte respektive in der Historie nach Invarianten jenseits aller Kontinuität sucht, diese Methode an.

Das Lernverfahren muß sich im Prinzip im Laufe der Zeit verbessern. Je weiter das Gedächtnis zurückreicht, um so zahlreicher sind die Analogien. Allerdings ist eine Einschränkung zu machen: Da die industrielle Luftverschmutzung nachgelassen, die Luftverschmutzung durch die Autos jedoch zugenommen hat, ist es nicht angebracht, in allzu ferner Vergangenheit nach Analogien zu suchen.

Die Tatsache, daß es beinahe unvorhersehbare Phänomene gibt, die eine Vorhersage unwirksam machen, stellt eine ganz wesentliche Einschränkung dieser Methode dar. Eine merklich zunehmende Windgeschwindigkeit am Nachmittag zum Beispiel ist nur schwer vorhersehbar, tritt aber an Tagen mit Ozonalarm zum Glück auch nur äußerst selten ein! Diese Art der Einschränkung erklärt auch die Schwierigkeit der Vorhersage in anderen Bereichen. Die beschriebenen Methoden sind etwa in Börsenkreisen sehr in Mode. Aber meistens werden sie ohne jede wissenschaftliche Strenge angewendet, da die Börse nicht von physikalisch-chemischen Reaktionen bestimmt wird, sondern von Verhaltensweisen und Anschauungen wie »Vertrauen«, deren Invarianten ziemlich unbekannt sind! Von nun an kann man bestimmten Rezepten, die in der Wirtschafts- und Finanzwelt in Mode sind, nur noch mit Mißtrauen begegnen. Die von den Fachleuten für die Vorhersage der Börsenkurse, von jenen wahren Künstlern, Konjunkturexperten und mit Notebook und tragbarem Fax ausgerüsteten neuen Pythien anerkannten Modelle haben sämtlich weder die Ölkrise von 1974 noch den Börsenkrach im Oktober 1987 oder die meisten wichtigen wirtschaftlichen Entwicklungen der letzten Jahre prognostiziert. In der Jugendausgabe einer populärwissenschaftlichen Zeitschrift sind einmal mit einer gewissen Willfährigkeit Leute vorgestellt worden, die sich der goldenen Zahl oder der Fibonacci-Folge[15] bedienen, um finanzielle Vorhersagen anzustellen. Hier ließ man all jene zu Wort kommen, die mit ihrer unfehlbaren Methode der Formenerkennung Millionen gemacht haben ... Die pseudo-mathematische und in der Finanzwelt verbreitete Version des Sterntaler-Märchens ...

Abschließend darf man feststellen, daß die Technologie der mathematischen Vorhersage heutzutage sehr effizient ist. Die absolute Unvorhersehbarkeit, von der wir anfangs sprachen, ist man geneigt, in Krisenzeiten zu einem Dogma zu erheben. Sie resultiert größtenteils aus dem dogmatischen Charakter einer Wirtschaftswissenschaft, die zu sehr auf der Grundlage von

Analogien mit der Physik urteilt und den gesellschaftlichen Gegebenheiten nicht genügend Rechnung trägt. Die Kritik der mathematischen Modelle ist eine unwirksame Kritik, die am falschen Ende ansetzt und die Dinge nicht bei den Wurzeln packt.

Zweiter Teil

Zufall und Gesellschaft

6. Kapitel

Die Welt des Risikos: Situationen und Modelle

Krankheiten, Naturkatastrophen, Lotterien, Börse: das Risiko ist eines der universellen Konzepte für die Analyse des Lebens und der zukünftigen Gesellschaften. Es ist ein Konzept, das sich nur schwer genau definieren läßt. Wir leben in einer vom Ökonomismus und von solchen Theorien beherrschten Zeit, die deren Rationalität zu begründen trachten. Die mathematische Betrachtungsweise des Risikos, die als die wichtigste dieser Theorien gelten darf, wird zwar mittlerweile in den unterschiedlichsten Bereichen praktiziert, aber sie birgt die Gefahr in sich, uns von einer Vielzahl gesellschaftlicher und kultureller Realitäten zu entfernen. Wenn man es sich zur Aufgabe macht, das Verhalten gegenüber Katastrophen, Problemen wie der Immunschwächekrankheit Aids, Autounfällen oder der Umweltverschmutzung zu analysieren, kann die mathematische Betrachtungsweise zur Ausstellung eines »Irrationalitätszeugnisses« führen, das die Durchführung wirkungsvoller Vorsorgemaßnahmen nicht gerade fördert. Trotz der exzessiven Mathematisierung, man könnte geneigt sein zu sagen, gerade wegen dieser Maßlosigkeit, besteht das größte Interesse, die Mathematik für die Analyse von Risiken zu nutzen. Die Grenzen der Brauchbarkeit mathematischer Modelle bilden die Voraussetzung dafür, die Rolle der kulturellen Faktoren bei der Erfassung der Risiken genauer zu bestimmen. Damit ist es möglich, eine klarere Vorstellung von den Problemen zu erhalten, die in so zentralen Bereichen wie Medizin, Versicherungswesen, Technologie oder Finanzwesen vorhanden sind. Man kann im Gegenteil sogar sehen, daß die Mathematik heute nicht mehr über die Mittel verfügt, bei ganz wesentlichen Risiken wie Kriegen oder gesellschaftlichen Risiken, die durch die Einführung neuer Technologien mit kaum vorhersehbaren Folgen für alle Gesellschaften bedingt sind, zu Rate zu gehen.

Worum es ging und worum es geht

Das Risikokonzept hat sich an Hand von drei ganz entscheidenden kulturellen Dimensionen entwickelt: einer metaphysischen, einer auf Gegenseitigkeit beruhenden, einer weiteren administrativen und technokratischen Dimension[1]. Jedes Zeitalter ist von einer der genannten Dimensionen geprägt gewesen, je nachdem welche Risiken vorherrschten und unabhängig davon, ob sie auf natürlichen Ursachen beruhten oder aus menschlichem Tun resultierten. Der Anteil, den man der Natur einräumt, hat sich im Laufe der Zeit stark verändert: Man geht heute davon aus, daß die Menschen selbst für die Schäden verantwortlich sind, die beispielsweise durch Überschwemmungen verursacht werden, und zwar nicht nur aufgrund der von ihnen vorgenommenen Flußbegradigungen, sondern auch wegen der unzulänglichen Vorhersage der Wasserhochstände.

Die metaphysische Dimension des Risikos sowie der Praktiken, die darauf abzielen, sie zu bannen, geht auf die »primitiven« Gesellschaften und das Risiko von Hungersnöten zurück: religiöse Anrufungen der Jäger, um Wild zu erlegen, und der Ackerbauern oder Viehzüchter, damit es regnet. In späterer Zeit sind die Religion und der traditionelle Aberglaube, die Seuchen und Epidemien als etwas Gottgewolltes ansahen, allmählich mit einer Kultur des Risikos durchsetzt worden, die auf dem kulturell Anderen gründete: dem Zauberer, dem Juden, in denen man die Verursacher für alles Unglück sah.

Die auf Gegenseitigkeit beruhende Dimension findet man von den Erbauern der Pyramiden im alten Ägypten bis zu den Gesellenbruderschaften im Mittelalter. Angesichts der Risiken von Arbeitsunfällen oder Krankheit, die man erdulden mußte, weil sie vom Himmel, vom Pharao oder von den Königen kamen, leistete man sich gegenseitige Hilfe.

Die Laisierung der Gesellschaft im 18. Jahrhundert ging einher mit einem Bruch, der dadurch gekennzeichnet war, daß man diese passive Duldung der Risiken und ihre metaphysische Erklärung ablehnte. Mit der Entwicklung der Sicherheitstechniken entstanden neue Vorstellungen und Haltungen: von nun an konfrontierte man die Risiken mit dem Bewußtsein, daß man zu handeln in der Lage war, womit man der gesellschaftlichen Verantwortlichkeit und damit der politischen Macht entscheidenden Einfluß beimaß. Im 19. Jahrhundert ergaben sich für große Bevölkerungsteile neue Schwierigkeiten. Da man die Arbeitsrisiken nicht mehr als etwas Unvermeidbares ansah, haben die Arbeiter einen immer wirkungsvolleren Schutz gegen Arbeitsunfälle und Krankheiten gefordert. Aus ihrem Kampf gingen unsere auf Vorsicht basierenden Gesellschaften hervor. Diese Vorsicht umfaßt alles, was von uns als nicht mathematisierbares Risiko angesehen wird sowie die Verhütung ziemlich genau bestimmter Risiken und die Sicherheit. Diese Entwicklung setzte sich mit den Widersprüchen fort, für die die gegenwärtige amerikanische Gesellschaft erhellende und paradoxe Beispiele bietet: einerseits sind zig Millionen Amerikaner ohne jeden Versicherungsschutz im Krankheitsfall, andererseits aber ist das Sicherheitsdenken bei medizinischen Risiken oder beim Verbraucherschutz geradezu maßlos. Die Verwaltung von Risiko betrifft heute Staaten und ihre Verwaltungen im gleichen Maße wie Fachleute und einfache Bürger. Die Verantwortlichkeiten sind auf allen gesellschaftlichen Ebenen angesiedelt. Die Risikoproblematik überschreitet die Grenzen, um global zu werden.

Die meisten Risikosituationen sind auf dem besten Wege, sich mathematisch darstellen zu lassen. Und hiermit verbunden sind eine ganze Reihe von Maßlosigkeiten! Die »Wissenschaft« der Gefahr und des Risikos vervollständigt die computergestützte Fertigung, die Merkantik und die immer länger werdende Liste der »-iken«, die die »-ismen« der sechziger Jahre ersetzt haben. Hierbei wäre die Stichhaltigkeit und die konzeptionelle Tauglichkeit dieser neuen Disziplinen noch zu beweisen. Demzufolge ist es außerordentlich wichtig geworden, die Wahrnehmung des Risikos und der Wahrscheinlichkeiten durch Individuen und Gruppen zu untersuchen. Gleichzeitig muß auch die ideologische Nutzung der mathematischen Modelle kritisiert werden, mit denen die Rationalität der Verhaltensweisen und Politiker begründet, erklärt und beschrieben werden.

Sprachprobleme

Ein kleiner Rückblick kann hilfreich sein. »Risiko« ist vom vulgärlateinischen *risicare* abgeleitet, »eine Klippe umschiffen«, wie es im Süditalienischen heißt. Die der Seefahrersprache entlehnte Metapher birgt die Verbindung von Risiko und Aktion in sich: hinter der Klippe befindet sich die Gefahr oder das Paradies, und um die Klippe zu umschiffen, muß man segeln. Das Wort kommt im 16. Jahrhundert nach Frankreich, wo es zunächst den Zufall bezeichnet, der »einen Verlust verursachen kann«. Schritt für Schritt verändert und erweitert es seine Bedeutung. Die Entstehung von Versicherungen und Lotterien mit variablen Gewinnen gegen Ende des 18. Jahrhunderts führt im 19. Jahrhundert dazu, daß das Wort Eingang in die Versicherungsmathematik, die Statistik und die Mathematik fand und eine allgemeine Verbreitung erfuhr. Heute ist noch die kaufmännische Bedeutung des Begriffs hinzugekommen, der in einer Vielzahl von Bankwerbungen und an der Börse zu finden ist. Man »handelt mit dem Risiko« des finanziellen Gewinns oder Verlusts. Trotzdem verbindet man das Risiko in der Umgangssprache in erster Linie immer noch mit einem negativen Ereignis: Krankheit, Spielverlust, Naturkatastrophe ...

Auf den ersten Blick scheint das Wort »Risiko« einfach nur die Wahrscheinlichkeit eines Ereignisses zu bezeichnen. Die Feststellung: »Für mich besteht ein gewisses Risiko, auf meiner Autofahrt von Paris nach Bordeaux einen Unfall zu haben«, ruft eine Antwort in folgender Form hervor: »5 % Risiko«. Im Gegensatz dazu verweist der Satz: »Für mich ist es riskant, wenn ich mit dem Auto von Paris nach Bordeaux fahre« auf eine komplexere Situation. In diesem Fall ist mit »Risiko« nicht nur das Unfallrisiko gemeint, sondern alles, was auf dem Weg passieren kann, d.h. Panne und Stau genauso wie die Folgen eines Unfalls: Tote, Verletzungen, materieller Schaden in jeder möglichen Höhe. In der Umgangssprache unterscheidet man also zwischen einem »einfachen« Risiko, das mit der Wahrscheinlichkeit eines einmaligen Ereignisses verknüpft wird, und einem mehrfachen Risiko, das mit verschiedenen, vielschichtigeren Situationen verknüpft wird, von der jede eine spezifische Konsequenz hat.

Risikosituationen: Die Bestandteile

Machen wir den Versuch, in groben Zügen eine Risikosituation zu skizzieren. Sie ist an ein Möglichkeitsuniversum gebunden, das von einer Wahrscheinlichkeit bestimmt ist. Diese Wahrscheinlichkeit bezieht sich auf solche Ereignisse, deren Verwirklichung einen Verlust (Kosten) oder einen Gewinn (Einnahme) bedingt. Zwei Situationen sind denkbar: entweder die mit jeder Möglichkeit verknüpften Wahrscheinlichkeiten sowie die Verlust-Gewinn-Werte sind bekannt, oder mindestens eine dieser Mengen ist unbekannt. Beim Lottospiel ist die Wahrscheinlichkeit jedes Ergebnisses bekannt. Der damit verbundene Gewinn oder Verlust steht fest, sobald die Gesamtsumme der Einsätze bekannt ist. Dem Lottospiel liegt ein perfektes mathematisches Modell zugrunde, das einer Regel folgt, die genau die Verluste und Gewinne beschreibt. Je nachdem, ob die Spieler 3, 4, 5 oder 6 richtige Zahlen angekreuzt haben, bringt das Lottospiel den Gewinnern spezifische Gewinne ein, oder aber den Verlust ihres Einsatzes, wenn sie weniger als drei Richtige haben. Im Gegensatz dazu ist den Wissenschaftlern nicht mit operativer Genauigkeit die jährliche Wahrscheinlichkeit eines Vulkanausbruchs auf Guadeloupe bekannt. Sie sind damit auch nicht in der Lage, die zufälligen Verluste an Menschenleben und die materiellen Schäden zu beziffern, die ein solcher Ausbruch mit sich bringen würde.

Darüber hinaus kann die Situation, die das Risiko hervorbringt, eine zeitliche Dimension enthalten, die ausschlaggebend ist. Bei Krankheiten, an der Börse und bei der Atomenergie ist das der Fall. Demnach hängt der Verlust von der Zeit ab, die es dauert, bis die Folgen des Unfalls offensichtlich werden. Für den Autofahrer beträgt sie einen Augenblick, für den Raucher zwanzig Jahre, zehn Jahre bei Aids, dreißig Jahre für den Chemiearbeiter, der krebserregenden Stoffen ausgesetzt ist, vielleicht hundert Jahre beim Treibhauseffekt, mehr als tausend Jahre für alle mit der Endlagerung von Atommüll im Zusammenhang stehenden Risiken. Und es gibt keine klaren Kriterien für die Festlegung dieser Fristen. Die ökonomischen Kriterien verteilen die durch einen Unfall hervorgerufenen Verluste über einen unbestimmten Zeitraum, indem sie die versicherungsmathematische Rate von 5 % jährlich anwenden. Diese steht aber in den meisten Fällen in überhaupt keinem Verhältnis zu dem Problem, und trotzdem wird sie in den Expertenberichten systematisch verwendet.

»Verlust«, »Gewinn«, »Kosten«, »Einnahme« oder, wie wir später sehen werden, »Nutzen«, alle diese Mengen sind willkürlich und verweisen, unter wirtschaftlichen Gesichtspunkten, auf die Folgen eines Ereignisses: Gewinn durch eine Börsentransaktion, Kosten der durch einen Unfall verursachten Verletzungen.

Um das Risiko zu definieren, müssen die Konsequenzen jedes Ereignisses in mathematische Begriffe übersetzt, muß eine Vergleichsskala erstellt werden. Es müssen vor allem die Verluste und Gewinne addiert werden können, was letztlich nichts anderes heißt, als daß ein gemeinsamer Nenner gefunden werden muß, um diese Konsequenzen zu messen. Auch wenn nichts *a priori* dazu verpflichtet, alles in einen monetären Rahmen einzuordnen, ist es doch zur Regel geworden. Man unterstellt also, daß den durch ein Flugzeugunglück hervorgerufenen Schäden oder Erlösen, der Genesung von einer Krankheit, der Lebensqualität ein Preis zugeordnet werden kann und sie damit in den Wirtschaftskreislauf eintreten. Diese Zuordnung ist komplex, rechtliche Fragen spielen in die Wirtschaft mit hinein, die Ethik bleibt häufig verborgen, und nichts wird offen ausgesprochen oder beziffert. Für eine Versicherung ist ein Todesfall billiger als eine lebenslange Arbeitsunfähigkeit, aber natürlich spricht man das nicht besonders gern öffentlich aus.

Strategien und Kontrollen

In bestimmten Risikosituationen können die Betroffenen den Versuch unternehmen, die Konsequenzen der günstigen bzw. gefährlichen Ereignisse zu beeinflussen. Beim Roulette entscheidet sich der Spieler vor jedem neuen Spiel, eine bestimmte Summe auf Rot oder auf die 17 zu setzen. An der Börse entscheiden sich die Besitzer von Wertpapieren jeden Morgen, ob sie die eine oder andere Aktie verkaufen oder kaufen. Sie definieren eine »Strategie«: die militärische Metapher erinnert daran, daß das Börsenspiel den Kriegsspielen ähnelt. Die Unkenntnis eines Generals über die Strategie des Gegners läßt sich mittels der Begrifflichkeit des Zufalls fassen.

Die Strategie ergibt sich aus folgender Überlegung: das Subjekt (das Individuum, der Staat, die gesellschaftlichen Gruppen und selbst die Tiergruppen, wenn es um Fragen der Verhaltensforschung geht) verfügt über Informationen, die es aus der Vergangenheit, seinem theoretischen oder praktischen Wissen bezieht oder die vielleicht, wie im Fall der Tiere, in sein Erbgut genetisch eingeschrieben sind. Zu einem bestimmten Zeitpunkt trifft das Subjekt eine Entscheidung auf der Grundlage der von ihm gemachten Beobachtungen und sämtlicher bis dahin gesammelten Informationen. Die zu erwartenden Gewinne oder Verluste werden zum Teil von seiner Entscheidung abhängen. Selbstverständlich hängt ein Verlust nicht ausschließlich von der getroffenen Entscheidung ab, denn im allgemeinen unterliegt ein Teil des Problems nicht der Einflußmöglichkeit desjenigen, der entscheidet. Bei einem Glücksspiel wie Roulette wird auch der geschickteste Spieler niemals die Tendenz umkehren können. Sie ist von der für ihn ungünstigen Regel bestimmt, daß er mit größter Wahrscheinlichkeit verliert, wenn er viele Spiele macht. Bei einem Spiel wie Lotto hingegen kann die soziologische Strategie interessant sein, auch wenn die »mathematische« Strategie es hier gleichfalls nicht vermag, die langfristige Tendenz zum Verlieren umzukehren. Diese soziologische Strategie basiert auf der Unwissenheit eines Großteils der Spieler, und zwar derjenigen, die glauben, die Zahlenfolge 1, 2, 3, 4, 5, 6 sei sehr viel weniger wahrscheinlich als eine nicht zusammenhängende Zahlenfolge (beispielsweise 1, 5, 8, 12, 18, 32). Sollte die erste Zahlenfolge tatsächlich fallen, wird sie sehr viel weniger gespielt worden sein und bringt dem Strategen, der sie vorzugsweise spielt, einen größeren Gewinn ein.[2]

Noch eine weiterer Aspekt unterscheidet die verschiedenen Risikosituationen voneinander: einige sind kontrollierbar, andere nicht, so daß nicht alle dieselbe Strategieform aufweisen. Wenn es in einem Atomkraftwerk zu einem gefährlichen Zwischenfall kommt, beispielsweise durch einen unnormalen Temperaturanstieg in einem sensiblen Bereich, sieht die Strategie der Verantwortlichen *im großen und ganzen* wie folgt aus: Zunächst findet eine vollkommen automatisierte Feedback-Kontrolle statt, die nach vorher festgelegten mathematischen Schemata abläuft. Diese Kontrolle läuft unabhängig von jeder Entscheidung des Bedienungspersonals ab. Die Funktion dieser Kontrolle besteht darin, das System wieder in seinen Normalzustand zurückzuversetzen. Bleibt die Störung bestehen, muß die Kontrolle von außen, durch den Eingriff einer Bedienungsperson, durchgeführt werden. Ein solcher Eingriff ist zwar nicht vollkommen programmiert, erfolgt aber nach strengen Regeln. Die schrittweise Deprogrammierung ist an die immer weniger im voraus analysierten Situationen und demzufolge an die immer weniger entwickelten und automatisierten Strategien angepaßt. Hierbei ist eine Ähnlichkeit mit der Reaktionsweise des menschlichen Organismus auf Störungen (Vergiftung, Schwächung des Immunsystems, Streß) feststellbar: Der Organismus ist gewissermaßen darauf programmiert, auf ein gefährliches Ereignis reagieren zu können. Setzt man den Vergleich fort, ist das Bedienungspersonal des Atomkraftwerkes mit dem Arzt zu vergleichen. Aber es ist wohl besser, den Vergleich auf die erste Phase des Ereignisses zu beschränken!

Die Kontrolle trägt Merkmale einer Strategie, bei der derjenige, der entscheidet, auf den physikalischen Zustand des Systems setzen kann: Er verändert den Winkel der Antriebsdüse einer Rakete, die vom zufälligen Wind von ihrer Flugbahn abgelenkt wurde, oder im Falle einer Krankenbehandlung verabreicht er ein Medikament. Demzufolge funktioniert das Zufallssystem nicht mehr autonom, sondern arbeitet gewissermaßen in Abstimmung mit demjenigen, der Entscheidungen trifft. Die Kontrolle verursacht Kosten, deren Höhe sich von denjenigen unterscheidet, die von der Funktionsstörung verursacht werden. Es handelt sich um die Kosten für das Medikament bzw. für die Justierung der Antriebsdüse. Die Strategien werden dann auf der Grundlage von Kriterien analysiert, die neben den erlittenen Verlusten oder den erzielten Gewinnen die Kosten der Kontrolle berücksichtigen.

In einigen Situationen gibt es keine Möglichkeit der Kontrollausübung. Naturkatastrophen beispielsweise sind größtenteils immer noch unkontrollierbar. Lediglich ihre Folgen lassen sich teilweise mit Hilfe von Strategien wie etwa möglicherweise im voraus beschlossene Evakuierungsmaßnahmen beeinflussen. Darüber hinaus wird die Kontrollmöglichkeit auch von der kurz- oder mittelfristigen Vorhersage bestimmt, je nachdem, welchen zeitlichen Horizont man absteckt. Die Kontrolle des Atomkraftwerkes ist permanent und greift unmittelbar. Die Kontrolle der Wirtschaft kann an längerfristigen Zielen orientiert sein und auf mittelfristigen Vorhersagen basieren, die Vorhersage von Vulkanausbrüchen muß noch bestimmt werden.

Wenn das Feld der Möglichkeiten willkürlich eingeschränkt und wenig wahrscheinliche Situationen *a priori* ausgeschlossen werden, kann die Kontrolle eine Hypothek für die Zukunft sein. Das ist eine der wesentlichen Gründe für die Schwäche der Theorien zur Kontrolle von Wirtschaft oder bestimmten Krankheiten. So hat man zum Beispiel die Malaria seit mehreren Jahrzehnten durch den Einsatz einer sehr begrenzten Zahl von Medikamenten annäherungsweise kontrollieren können. Außerhalb von Europa jedoch waren die Malariaerreger keinesfalls ausgerottet. Die Pharmaindustrie hat keine weiteren Malariaforschungen betrieben, wahrscheinlich wegen der zu erwartenden Kosten in einem Bereich, den man nicht für vordringlich hielt.[3] Man hatte nicht vorhergesehen, daß die Tsetzefliegen durch die Anpassung an die klassischen Medikamente resistente Gattungen hervorbringen würden und die Malaria in vielen Gegenden noch schlimmer wüten würde als zuvor.

Nachdem die Bestandteile einer Risikosituation – Wahrscheinlichkeit, Verluste, Gewinne und Kosten, Strategien und mögliche Kontrollen – bestimmt worden sind, bleiben zwei ganz entscheidende Fragen noch unbeantwortet: Wie müssen Statistik und Vorhersage beschaffen sein, um die Wahrscheinlichkeit zu ermitteln, von der die Risikosituation bestimmt ist? Welche Kriterien entscheiden über die anzuwendende Strategie?

Das mathematische Risiko

Im Universum der Möglichkeiten ist jedes Risiko mit dem Verlust oder Gewinn verknüpft, den seine Realisierung mit einschließt. Traditionellerweise bezeichnet man in der Mathematik sowohl einen negativen Verlust als auch einen positiven Gewinn immer als Verlust. Um diese semantischen Schwierigkeit zu umgehen, wollen wir hier in bezug auf die Folgen eines Ereignisses den Begriff Verlust-Gewinn verwenden. Der Verlust-Gewinn ist zufällig. In der Mathematik ist das Risiko der Durchschnitt des Verlusts-Gewinns, man spricht auch vom erwarteten Verlust-Gewinn. Aber vorsicht, hiermit führt man eine neue Schwierigkeit ein: je geringer der Verlust, um so kleiner das Risiko, was dazu führt, den Verlust als etwas Positives und die Gewinne als etwas Negatives anzusehen, um auf diese Art das intuitive Vorgehen beizubehalten. Sind die möglichen Werte der Verluste-Gewinne bekannt und die mit jedem Wert verknüpfte Wahrscheinlichkeit definiert, dann ist dieser Durchschnitt eine positive oder negative, nicht zufällige Zahl. Man berechnet sie wie die Durchschnittsnote eines Schülers in einer Prüfung, wobei die Wahrscheinlichkeiten jedes Wertes die Rolle der Koeffizienten spielen. In dieser Rechnung summiert man demnach Produkte mit der Form: (Wert Verlust-Gewinn x verknüpfte Wahrscheinlichkeit). Es ist selbstverständlich, daß das Produkt zweier »kleiner Zahlen« (ein seltenes Ereignis mit niedrigen Kosten) bei der Berechnung des durchschnittlichen Risikos eigentlich überhaupt keine Rolle spielt. Dagegen ist es schwer, a priori zu sagen, welches Produkt maßgeblich ist – falls eines es denn sein sollte –, wenn die beiden Faktoren gegensätzlich sind: (sehr hohe Kosten x sehr kleine Wahrscheinlichkeit) oder (niedrige Kosten x ziemlich hohe Wahrscheinlichkeit). Anders ausgedrückt, ein seltenes Ereignis mit sehr hohen Kosten kann sehr wohl einen erheblichen Beitrag zum Risiko leisten, vielleicht sogar einen größeren als ein häufiges Ereignis mit niedrigen Kosten.

Demzufolge ist das mathematische Risiko nicht die Wahrscheinlichkeit eines Ereignisses, sondern eine Zahl, die wie ein Durchschnitt errechnet wird. Das Wort Risiko hat hier also von vornherein eine andere als die weiter oben beschriebene umgangssprachliche Bedeutung. Dennoch stimmen mathematische und gängige Bedeutung in gewisser Weise in dem besonderen Fall überein, in dem nur ein einziges Ereignis vorliegt.[4] Kehren wir zur allgemeinen Verwechslung zwischen Risiko und Realisierungswahrscheinlichkeit eines Ereignisses zurück. »Wie groß ist das Risiko, daß es morgen regnen wird?« scheint zu bedeuten: »Mit welcher Wahrscheinlichkeit wird es morgen regnen?« Auf die Frage: »Wie groß ist das Risiko eines Ausbruchs des Ätnas im Jahre 1997?« gibt es folgende Antwort: »Die Wahrscheinlichkeit, daß es 1997 mindestens einen Ausbruch des Ätna gibt, beträgt x%.« Dieser Sprachgebrauch widerspricht nicht der allgemeinen Definition des mathematischen Risikos. Wenn sich die Gesamtheit der Möglichkeiten auf ein einziges Ereignis reduziert, ist es tatsächlich so, daß dieses entweder eintritt oder nicht! Also weist man dem Verlust den Wert 1 zu, wenn »das Ereigniss eintritt«, und den Wert 0, wenn »das Ereignis nicht eintritt«, denn man will keine andere Konsequenz als die Realisierung dieses Ereignisses ausrechnen. Wenn die Wahrscheinlichkeit, daß 1998 ein Meteorit mit mehr als 5 Tonnen Gewicht auf der Erde einschlägt, 0,5 % beträgt, dann ergibt die Rechnung des mathematischen Risikos, das heißt die Berechnung des Durchschnitts der Werte mit den Wahrscheinlichkeitskoeffizienten (1 x 0,005) + (0 x 0,995), und man erhält wieder den Wert 0,005. Vom rein rechnerischen Standpunkt aus gesehen, handelt es sich also um das am einfachsten zu berechnende Risiko. Aber wie immer bei Sonderfällen ist es nicht notwendigerweise das am einfachsten zu verstehende Risiko.

Vergleich der Strategien

Die Verluste und Gewinne sind von der Strategie abhängig, die der Spieler oder die in einer Risikosituation verwickelte Entität anwenden. Wenn die Strategien mit einer Kontrolle verbunden sind, rechnet man ganz selbstverständlich dem Risiko den durchschnittlichen Preis der Kontrolle hinzu. Um sich für eine Strategie zu entscheiden, muß man auf das Kriterium zurückgreifen, mit dem es möglich ist, die Strategien zu vergleichen und zu bewerten. Diese Vergleichskriterien werden zwar mathematisch formuliert, aber die Auswahl eines dieser Kriterien erfolgt nicht ausschließlich nach mathematischen Gesichtspunkten. Eine Strategie wird dann besser sein als eine andere, wenn ihr mathematisches Risiko kleiner ist als dasjenige ihrer Alternative. Demzufolge bietet dieses Kriterium des mathematischen Risikos, des erwarteten Verlusts-Gewinns, die Voraussetzungen dafür, die Strategien anzuordnen. Die erste Bedingung für die Anwendung dieses Kriteriums besteht darin, daß die Verlust-Gewinn-Funktion genau festgelegt ist. In einer etwas komplexeren Situation gibt es oftmals mehrere Möglichkeiten, den Konsequenzen Werte zuzuordnen. Auch diese Zuordnung erfolgt nicht nach mathematischen Gesichtspunkten. Entschließt man sich bei einer relativ bekannten Krankheit dazu, das mathematische Risiko zu verkleinern, um sich für eine Therapie zu entscheiden, kann man darunter in der Praxis mehrere Dinge verstehen: entweder die Reduzierung der durchschnittlichen Zahl von Todesfällen, wobei der Verlust mit Hilfe der Anzahl der Todesfälle berechnet wird, oder die Verlängerung der Lebenserwartung, wobei der Gewinn die Lebensdauer wäre. Schließlich kann man sich auch dazu entschließen, den Kosten der Kontrolle Rechnung zu tragen, bei denen es sich um die Kosten der angewandten Therapie handelt. Natürlich hätte man noch anderen Verlustfunktionen dadurch Beachtung schenken können, daß man sich nicht ausschließlich für die Todesfälle oder die Lebensdauer interessiert, sondern auch für die durch die Krankheit hervorgerufenen Leiden und ihre Nachwirkungen.

Die Berechnung des mathematischen Risikos setzt also im

wesentlichen voraus, daß die Situation von einer verhältnismäßig bekannten Wahrscheinlichkeit und einer relativ genau benannten Verlustfunktion bestimmt wird. Denn eine Vielzahl von Situationen werden von unbekannten Wahrscheinlichkeiten beherrscht, die man analog der bekannten Welt der Möglichkeiten definiert. Diese Situationen unterscheiden sich diesbezüglich grundlegend von den Glücksspielen, die sich durch eine festgelegte Wahrscheinlichkeit auszeichnen.

Wenn sich mehrere Wahrscheinlichkeiten dazu eignen, die Situation – ob im gesellschaftlichen Leben oder an der Börse – zu beschreiben, stellt man sich das Unsichere wie ein Szenarium vor. Dieses Verfahren besteht darin, den Zufall in zwei Teile zu untergliedern. An der Börse würde man sagen: »Wenn die politische Situation sich so und so darstellt, d. h., wenn man sich für dieses oder jenes Szenarium entscheidet, dann beträgt die Wahrscheinlichkeit, daß die Zinsen um 0,5 % steigen, 80 %!« Jedes Szenarium »enthält« eine Wahrscheinlichkeit und beschreibt eine genau bestimmte Risikosituation. Das ist der erste Ausdruck des Zufalls. Aber in bezug auf die mit dem Szenarium verknüpfte Wahrscheinlichkeit, die der zweite quantitative Ausdruck des Zufalls wäre, wird man oft im unklaren gelassen. Zumindest formuliert man nicht in quantitativer Form die notwendigerweise subjektive Vorstellung, die man sich vom tatsächlichen Eintritt jedes dieser Szenarien machen könnte. Wie also wird derjenige, der eine Entscheidung trifft, die Strategien bewerten können, wenn er das Kriterium des mathematischen Risikos verwendet, wo doch jedes Szenarium unter Umständen eine besondere Bewertung der Strategien nach sich zieht? Die eine Strategie, die einem ersten Szenarium sehr angemessen sein kann, ist für ein zweites Szenrium ungeeignet. Wendet man das Kriterium des mathematischen Risikos an, ist eine Bewertung ausgeschlossen.

Nehmen wir die Medizin. Ein Patient weist schwere Symptome auf, die aber von mehreren Krankheiten herrühren können. Jede Krankheit definiert ein Szenarium, jede Therapie definiert eine Strategie. In diesem frühen Stadium erlauben es die Untersuchungen nicht, die Krankheit des Patienten zu diagnostizieren. Angesichts einer zweifachen Unsicherheit –

Unsicherheit über das Szenarium-Krankheit, Unsicherheit über die anzuwendende Strategie-Therapie – hat man die Wahl zwischen zwei Haltungen, die zwei verschiedenen Konzeptionen entsprechen.

Die erste Haltung geht auf eine sicherheitsorientierte, pessimistische Haltung zurück. Für jede mögliche Therapie geht man vom schlimmsten Szenarium aus, d.h. dasjenige einer Krankheit, für die die Therapie am wirkungslosesten ist. Bei dieser Krankheit stellt die betreffende Therapie das größte Risiko dar. Man verknüpft also mit jeder Therapie eine Zahl, die ihr schlechtestes Ergebnis darstellt. Und man wählt diejenige Therapie, deren ungünstigtes Ergebnis das »am wenigsten schädliche« ist. Diese Haltung entspricht der Strategie des Arztes, dessen Kriterium es ist, bei der Prüfung aller Szenarien-Krankheiten das Risiko zu verkleinern: diese Strategie wird als »Minimax«[5] bezeichnet. Diese Haltung müßte man theoretisch auch gegenüber Sicherheitsproblemen einnehmen: von den ungünstigsten Bedingungen ausgehen. In der Praxis werden sehr unwahrscheinliche Szenarien immer ausgeschlossen. Dieses »sehr« ist abhängig vom Problem und den Kosten der Strategie. So berücksichtigt man beim Bau eines Atomkraftwerks immer Szenarien wie »Erdbeben«, »Flugzeugabsturz«, »terroristischer Anschlag« und die Kosten der Kontrollen, also die hierdurch entstehenden Baukosten. Beim Bau einer Schule hingegen läßt man diese zu unwahrscheinlichen Szenarien beiseite und berücksichtigt lediglich das Brandrisiko.

Man kann jedoch auch einen anderen Standpunkt einnehmen und das Szenarium selbst als eine Möglichkeit betrachten, die einem zweiten Risiko entspricht, dem man dann eine präzise Wahrscheinlichkeit zuordnet. Analog zur bayesschen Interpretation der Statistik handelt es sich hierbei um die »bayessche« Lesart des Risikos. Kehren wir zum Arzt und seinem Patienten zurück. Jede Krankheit, die die festgestellten Symptome aufweisen kann, ist ein mögliches Szenarium, dem der Arzt eine Wahrscheinlichkeit zuspricht. Diese Wahrscheinlichkeit kann entweder subjektiv vom Arzt festgelegt oder mittels einer auf der Grundlage des Krankenhausregisters erstellten statistischen Analyse berechnet werden.[6] Für jede Krankheit errechnet man das Risiko der Therapie. Dann ermittelt man den Durchschnitt dieser Risiken, der mit Hilfe der Wahrscheinlichkeit, die man mit jeder Krankheit verknüpft, gewichtet wird. Somit wird jeder Therapie ein globales mathematisches Risiko[7] zugeordnet, das sich auf alle Krankheiten bezieht, die die festgestellten Symptome aufweisen können. Man kann die Therapien entsprechend des globalen Risikos beurteilen und sich für diejenige Therapie entscheiden, die bei diesem Risiko den kleinsten Wert ergibt.

Erhoffter Nutzen: Ein individualisiertes Risiko?

Bei Entscheidungsproblemen im Universum des Zufalls, die wie mit Risikorechnungen zusammenhängende Probleme betrachtet werden können, haben die Wirtschaftswissenschaftler auf den Begriff des »Nutzens« zurückgegriffen.[8] Dieser Begriff zielt insbesondere darauf ab, jedem Individuum eine eigene Charakteristik zuzuerkennen. Entsprechend einer eigenen Werteskala bewertet es jeden Verlust oder Gewinn. Jedes Ereignis, das einen Verlust-Gewinn x einschließt, verknüpft das Individuum mit einem Nutzen N(x), der eine von x abhängige Funktion ist.[9] Dieser Nutzen kann als etwas angesehen werden, das die Befriedigung bzw. die Unzufriedenheit des Individuums über den Verlust-Gewinn x mißt. Er ist für jedes Individuum charakteristisch. Die Maximierung des erhofften Nutzens wird demnach für das Individuum zu einem Entscheidungskriterium. Wenn man also diese Auffassung akzeptiert, dann besteht das Kriterium für zweckmäßiges Tun für jedes Individuum darin, diejenige Strategie zu wählen, mit der es den Durchschnitt der Nutzenfunktion maximieren kann. Nehmen wir also an, es muß sich entscheiden zwischen einer Lotterie 1, deren Regel lautet:

Gewinn 4000 mit der Wahrscheinlichkeit 0,2	Gewinn 0 mit der Wahrscheinlichkeit 0,8

und der Lotterie 2, deren Regel lautet:

Gewinn 3000 mit der Wahrscheinlichkeit 0,3	Gewinn 0 mit der Wahrscheinlichkeit 0,7

Der erhoffte Nutzen beträgt im ersten Fall 0,2 N(4000) und im zweiten Fall 0,3 N(3000). Es ist logisch zu glauben, daß N(4000) größer ist als N(3000). Trotzdem kann es vorkommen, daß das Produkt 0,2 x N(4000) kleiner ist als das Produkt 0,3 x N(3000), so daß der Spieler sich für die zweite Lotterie entscheiden würde. Indem er das tut, entscheidet er sich tatsächlich für diejenige Lotterie, bei der er die größten Gewinnerwartungen hat. Es kann aber auch vorkommen, daß für jemand anderen 0,2 x N(4000) größer ist als 0,3 x N(3000), und dieser Spieler wird sich dann für die Lotterie 1 entscheiden. Damit steht er im Gegensatz des Kriteriums des mathematischen Risikos, das für die erste Lotterie 800 und für die zweite Lotterie 900 beträgt.

Die Wirtschaftswissenschaftler haben auch den scheinbar natürlichen[10] Gedanken des degressiven marginalen Nutzens eingeführt: ein wohlhabender Mensch mißt einem bestimmten Gewinn einen geringeren Nutzen bei als ein armer. Der degressive marginale Nutzen hat ganz einfache Ursachen: Der Mensch scheut das Risiko und sucht immer nach der Lösung, das die großen Risiken mindert. Das ist die alte Geschichte mit der U-Bahn-Fahrkarte: Ist es besser, 10 Francs für die Fahrkarte zu bezahlen oder schwarz zu fahren, mit einer Wahrscheinlichkeit von 1 : 10 erwischt zu werden und 100 Francs Strafe zu zahlen? In beiden Fällen ist das mathematische Risiko 10. Scheut die betreffende Person das Risiko (was durch seine Nutzenfunktion zum Ausdruck kommt), um nicht in die zwar unwahrscheinliche, aber mögliche Situation zu kommen, 100 Francs zu verlieren, dann wählt er das Verhalten des anständigen Bürgers. Man hat N(10) größer als 1 : 10 N(100)! Allerdings setzt das Streben nach einem guten Gewissen voraus, daß man über minimale Ressourcen verfügt, um sich den U-Bahn-Fahrschein kaufen zu können, ohne dafür die lebensnotwendige Scheibe Brot opfern zu müssen. Die Notwendigkeit und selbst die Moral können Risikofreude verursachen und die Nutzenfunktion verändern, indem sie insbesondere die Degression des marginalen Nutzens tilgen!

Das Kriterium des erhofften Nutzens ist also der allgemein anerkannte Ausdruck des Verhaltens des *homo oeconomicus* und selbst des vernünftigen Menschen im unsicheren Universum. Durch die Anerkennung des Nutzens und die Anwendung des Gesetzes der großen Zahl zur Bestimmung eines durchschnittlichen Nutzens, d.h. des Nutzens für ein fiktives durchschnittliches Individuum, kann die Theorie des erhofften Nutzens auf die Gesellschaft angewendet werden. An dieser Stelle wollen wir jedoch nicht das Warum der Maximierungskriterien auf gesellschaftlicher Ebene untersuchen, das alle Wirtschaftssysteme transzendiert hat. Schon Hans Jonas stellte fest, daß das Motiv der Maximierung, das unter dem Gesichtspunkt seiner Wirkung mit dem Motiv des Profits gleichgesetzt werden kann, dem Marxismus genauso zu eigen ist wie dem Kapitalismus; sowohl aufgrund innerer als auch äußerer Sachverhalte sei wird es schwierig, ihm Einhalt zu gebieten.[11]

Dennoch ist jeder davon überzeugt oder muß sich davon überzeugen, daß die Maximierung des erhofften Nutzens nicht schon die ganze Rationalität ausmacht. Auf individueller Ebene oder derjenigen des Minuszeichens müßte man jeweils neue und unübliche Nutzenfunktionen vorschlagen, die nicht »vorgefertigt« wären, sondern die Merkmale jedes einzelnen Individuums beschreiben, was weder die Ausarbeitung der Wirtschaftstheorien noch ihre mathematische Verarbeitung erleichtert. Die Welt der Hobby- oder quasi Berufsspieler nimmt eine Haltung zum Risiko ein, von der jeder weiß, daß sie irrational ist, wenn man sie an der Elle des Kriteriums des mathematischen Risikos mißt.[12] In den Augen der Spieler selbst ist sie es aber nicht. Diese Haltung ist für einige die Hoffnung, ihrem Elend zu entkommen, auf die Gefahr, noch etwas tiefer hineinzugeraten, für andere das Vergnügen, das die Samstagabende weniger langweilig macht, ganz zu schweigen von denen, für die die Spielleidenschaft keinen Preis hat. Viele Lottospieler sind regelrechte Experten für Wahrscheinlichkeitsrechnung, und die Ausgaben der vernünftigen Bürger für ungleiche Spiele bringen dem französischen Staat jährlich etwa 70 Milliarden Francs ein.

Es ist also durchaus akzeptabel, die Minimierung des durchschnittlichen Verlusts-Gewinns als das alles entscheidende Kriterium für die Rationalität des Verhaltens anzusehen und seine Analyse auf die Untersuchung dieses Kriteriums zu beschränken. Aktuelle Vorsorgekampagnen wie die Aids-Kampagne haben nicht nur mit unerwarteten Wahrnehmungen von Wahrscheinlichkeiten zu kämpfen, sondern auch mit den Folgen von Ereignissen, die mit den unterschiedlichen Verhaltensweisen zusammenhängen. Und die Rationalität der Menschen hängt nun einmal von dieser noch kaum bekannten Wahrnehmung ab.

Risikowahrnehmung: Psychologische Kritik des erhofften Nutzens

Welches Verhältnis besteht zwischen der mathematischen Theorie und der menschlichen Wahrnehmung des Risikos? Im allgemeinen quantifizieren die Menschen die Risiken nicht, aber ihre Wahrnehmung der Risiken bringt es mit sich, sie entsprechend ihrer Bedeutung zu beurteilen und bestimmte Verhaltensweisen anzunehmen. Diese Wahrnehmung der Risiken läßt sich in einer Laborsituation untersuchen: das ist die Aufgabe der Psychologen. Diese Untersuchung kann aber auch auf der Grundlage von Umfragen erfolgen, so daß die kulturelle Dimension zutage tritt: das ist die Aufgabe der Soziologen.

Von Psychologen wurden Experimente durchgeführt, mit deren Hilfe herausgefunden werden sollte, ob bestimmte Haupttendenzen ausmachbar sind. Man forderte etwa hundert ausgewählte israelische und amerikanische Studenten, die über ein mittleres Einkommen von 3000 Pfund verfügten, auf, sich für eine der beiden folgenden Lotterien zu entscheiden[13]:

Lotterie 1:	Lotterie 2:
Gewinn 1000 mit der Wahrscheinlichkeit 0,50	Gewinn 450 mit der Wahrscheinlichkeit 1
Gewinn 0 mit der Wahrscheinlichkeit 0,80	

Mehr als 80 % haben sich für den sicheren Gewinn entschieden. Es ist der Sicherheitseffekt, der belegt, daß der zwar erhoffte, aber zufällige Gewinn 500 als weniger nützlich beurteilt wird als ein sicherer Gewinn 450. Der Sicherheitseffekt ist mächtig, hat aber seine Grenzen. Bei der Alternative:

Lotterie 1:	Lotterie 2:
Gewinn 4000 mit der Wahrscheinlichkeit 0,20	Gewinn 3000 mit der Wahrscheinlichkeit 0,25
Gewinn 0 mit der Wahrscheinlichkeit 0,80	Gewinn 0 mit der Wahrscheinlichkeit 0,75

haben sich 65 % der Studenten für die erste Lotterie entschieden.[14]

Noch interessanter ist die Umkehr des Verhaltens angesichts der Gewinne oder Verluste. Wenn die Leute angesichts des Gewinns risikoscheu sind – »der Spatz in der Hand ist besser als die Taube auf dem Dach« –, sind sie bereit, Risiken in bezug auf die Verluste auf sich zu nehmen. Psychologisch gesehen ist der Verlust nur schwer zu ertragen, so daß man dazu bereit ist, Risiken auf sich zu nehmen, um ihn zu verhindern, wenn er wahrscheinlich ist. Experimente haben gezeigt, daß die Leute bei der Alternative zwischen einem Gewinn von 100 mit einer Wahrscheinlichkeit von 0,65 und einem Verlust von 100 mit einer Wahrscheinlichkeit von 0,35 einerseits sowie dem *status quo* mit einer Wahrscheinlichkeit von 1 zögern. Sie sind unentschieden, was ihre Risikoscheu beweist. Aber sie zögern auch bei der Alternative zwischen einem Verlust von 200 mit einer Wahrscheinlichkeit von 0,8 und einem Gewinn 0 mit einer Wahrscheinlichkeit von 0,2 einerseits und einem sicheren Verlust von 100 andererseits, was bewiese, daß sie risikofreudig sind! Läßt sich daraus schließen, daß die Menschen nur dann bereit sind, Risiken auf sich zu nehmen, wenn sie Gefahr laufen, viel zu verlieren?

In der Tat berücksichtigt das mathematische Verfahren nicht alle psychologischen Faktoren des Risikoproblems. In der Mathematik wird nicht zwischen den Verlusten und den Gewinnen unterschieden, die »Null-Stelle« hat für sie keine Bedeutung. Aber im allgemeinen sieht die Alltagsrealität anders aus. Derjenige, der 3000 Francs beim Spiel einsetzt und die Wahl hat zwischen einer Lotterie, bei der er 4000 oder 2000 Francs bei einem Chancenverhältnis von 1:2 gewinnt, und einer zweiten Lotterie, bei der er 7000 Francs bei einem Chancenverhältnis von 1:4 oder 1500 Francs bei einem Chancenverhältnis von 3:4 gewinnt, verändert möglicherweise seinen Standpunkt, je nachdem ob ihm die 3000 Francs selbst gehören oder ob er sie sich geborgt hat. Wenn er einen Verlust kompensieren muß, nimmt er ein größeres Risiko in Kauf und seine Nutzenfunktion mißt den Verlusten und Gewinnen nicht denselben Wert bei.

Die Wahrnehmung des Risikos kann ganz einfach von der verwendeten Formulierung abhängen. Man befragt Ärzte zu einer Epidemie, der 600 Menschen zum Opfer fallen können und bei der zwei Therapien möglich sind[15]:

1. Therapie A: 200 Menschen werden gerettet.
2. Therapie B: mit einer Wahrscheinlichkeit von 1:3 gibt es keine Opfer, mit einer Wahrscheinlichkeit von 2:3 wird niemand gerettet.

Das Ergebnis der Befragung: 72 % entschieden sich für die erste Möglichkeit, 28 % für die zweite.

Dieselbe Frage wird den Ärzten in folgender, veränderter Form gestellt:

1. Wendet man die Therapie A an, sterben 400 Menschen.
2. Wendet man die Therapie B an, stirbt mit einer Wahrscheinlichkeit von 1:3 niemand; mit einer Wahrscheinlichkeit von 2:3 sterben alle 600 Menschen.

Das Ergebnis: 22 % der Ärzte entschieden sich für die Therapie A, 78 % für B.

Die Ergebnisse dieser schon alten Experimente könnten anhand von Beispielen aus anderen Bereichen erhärtet werden.

Man hat beispielsweise versucht, die psychologischen Verzerrungen der Wahrscheinlichkeiten zu analysieren. Die durchaus interessanten Ergebnisse dieser Untersuchungen konnten noch nicht vollständig verifiziert werden. Man fand heraus, daß die Menschen die Wahrscheinlichkeiten entsprechend bestimmter Regeln verändern. Zunächst einmal wäre die Summe der Wahrscheinlichkeiten eines Ereignisses und seines Gegenteils nicht 1, sondern kleiner als 1. Das liegt am Unsicherheitseffekt, d. h., der Zweifel ist gewachsen. Zweitens würden die kleinen Wahrscheinlichkeiten automatisch überschätzt, es sei denn, sie bewegten sich wirklich in einer sehr kleinen Größenordnung, zum Beispiel ab 1 : 10 000, so daß sie überhaupt keine Berücksichtigung mehr finden. Im Gegensatz dazu würden die großen Wahrscheinlichkeiten häufig unterbewertet, aber trotzdem mit 1 gleichgesetzt, wenn sie nahe 1 sind.

Die »psychologische« Wahl der Nutzenfunktion ist nur schwer zu erfassen. Sie hinge davon ab, was man als einen Verlust und was als einen Gewinn betrachtet. Das, was für die einen Wohlstand bedeutet, ist für andere das reine Elend, und die Verkleinerung des marginalen Nutzens ist Gesellschaftssache. Empirisch scheint es auch so zu sein, als würde das durch Verluste verursachte Leiden größer sein als die durch Gewinne verursachte Befriedigung. Dieser Sachverhalt deckt sich mit den von uns beschriebenen Laborversuchen. Schließlich werden die Wahrscheinlichkeiten seltener Ereignisse überbewertet, die für die Menschen aber sehr wichtig sind, etwa seine Ängste oder Erwartungen. Ein Schüler, der die Schule sehr ernst nimmt, überschätzt die Wahrscheinlichkeit, das Abitur nicht zu bestehen. Auch Faktoren wie die persönliche Teilhabe an einem Geschehen führen dazu, das Risiko zu unter- bzw. zu überschätzen. Man unterschätzt die Risiken eines Autounfalls, wenn man selbst der Fahrer ist, dagegen überschätzt man sie im allgemeinen bei anderen Fahrern. Der Flugzeugpassagier, der keinerlei Einflußmöglichkeiten hat, überschätzt die Risiken eines Flugzeugabsturzes.

Die Ausgewogenheit in Risikosituationen

Befassen wir uns mit einer sehr allgemeinen Vorstellung, die merkwürdigerweise nur mit Hilfe der mathematischen Sprache genau und leichtverständlich zu bestimmen ist. Es handelt sich um die Vorstellung von Ausgewogenheit, die bereits die Kinder in der Grundschule verinnerlicht haben. Pierre spielt mit einer vollkommen gleichförmigen Münze um einen Einsatz von jeweils einem Franc gegen Paul. Mit einer Wahrscheinlichkeit von 1:2 besteht für einen von beiden die Möglichkeit, einen Franc zu gewinnen, wenn Kopf fällt, fällt Zahl, verliert er einen Franc. Das Risiko von Pierre ist gleich null, das von Paul ebenfalls. Das Spiel kann als ausgewogen bezeichnet werden.

Ein Spiel ist also dann ausgewogen, wenn das Risiko gleich null ist. Und vom Standpunkt der Wahrscheinlichkeitsrechnung aus betrachtet, wenn die Verluste die Gewinne ausgleichen. Etwas genauer ausgedrückt, jeder Strategie des einen Spielers kann der andere Spieler eine Strategie entgegensetzen, die das Risiko für beide Spieler gleich null werden läßt. Die Ausgewogenheit ist also die Chancengleichheit beider Spieler, wenn man unter Chancengleichheit das Vorhandensein von Strategien versteht, die die mathematischen Risiken gleich werden lassen. Von diesem Standpunkt aus betrachtet, kann die Gleichheit als die Grenze der Ausgewogenheit gesehen werden, wenn der Zufall verschwindet.

Heute ist es in Mode gekommen, die Suche nach Ausgewogenheit und die Suche nach Gleicheit in bezug auf gesellschaftliche Probleme einander gegenüberzustellen. Wenn man der Dimension der Unsicherheit, d.h. derjenigen Dimension, die Gleichheit und Ausgewogenheit voneinander unterscheidet, keine Beachtung schenkt, führt das zu Verwirrungen. Die Existenz stellt man sich als ein Spiel vor, das die Individuen der Gesellschaft entgegenstellt, wobei diese über eine Strategie verfügt, die mit der Politik des Staates verknüpft ist. In einer ausgewogenen Situation ist das Risiko für alle Individuen im Verhältnis zur Gesellschaft dasselbe. Um diese Definition anwenden zu können, muß genau bestimmt werden, was ihre Verluste, was ihre Gewinne und was der Zufall ist. Letzteres wird meistens als die Verbindung zweier Zufälle angesehen, wobei der eine mit den persönlichen Fähigkeiten und der andere mit den angeborenen Ungleichheiten in Zusammenhang steht. Demnach versteht man unter der Suche nach Chancengleichheit das Bemühen, die Folgen der angeborenen Ungleichheiten abzumildern.

Dagegen versucht die Suche nach Gleichheit, die Wahrscheinlichkeitsgesetze der Verhältnisse zu verändern, in denen sich die Individuen befinden – zum Beispiel die Wahrscheinlichkeit, das eine oder andere Gehalt zu beziehen –, nicht aber die Wahrscheinlichkeiten, die es möglich machen, diese Verhältnisse zu erreichen. Diese Wahrscheinlichkeiten sind Funktion der angeborenen Ungleichheiten und der individuellen Fähigkeiten. Die Suche nach Ausgewogenheit geschieht unter Beibehaltung der unterschiedlichen individuellen Fähigkeiten. Dieses Verfahren deckt sich sehr gut mit dem, was beispielsweise die Ausgewogenheit für eine Führungskraft darstellt: Die Lohnunterschiede in einer Gesellschaft sind für ihn eine angemessene Entschädigung für seine Leistungen oder das, was er als solche ansieht. Im Gegensatz hierzu jedoch ist für viele Lohnempfänger die Suche nach Gleichheit und die nach Ausgewogenheit dasselbe. Die Verminderung der Lohnunterschiede stellt für sie das sicherste Mittel dar, die Wirkungen jenes »skandalösen Zufalls«, arm geboren zu sein, aus der Welt zu schaffen. Demnach können sich der mathematische und der kulturelle Bereich durchaus widersprechen!

Wir haben uns zwar weit von der Mathematik entfernt, aber in der Mathematik ist es fast genauso schwierig wie in der Soziologie, das ausgewogene Wesen der Dinge zu erkennen! Seltsamerweise gibt es bei der Beobachtung eines ausgewogenen Spiels nichts, wodurch sich die Ausgewogenheit eindeutig erfassen ließe. Geht man von einem vollkommen ausgewogenen Münzwurfspiel aus, ist die Wahrscheinlichkeit groß, daß lange Zeit immer derselbe Spieler große Summen gewinnt. Man wird wirklich den Eindruck gewinnen, das Spiel begünstige diesen einen Spieler und sei unausgewogen. Die Beobachtung kann paradox erscheinen: Wenn zwei Spieler zu Beginn eines Münzwurfspiels über zwei gleich große Summen verfügen, besteht eine erhebliche Wahrscheinlichkeit, daß sie eine große Zahl von Partien spielen müssen, um beide wieder über eine gleich große Summe zu verfügen. Mehr noch: Der Durchschnitt dieser zufälligen Anzahl an Spielen ist unendlich![16] Man könnte fälschlicherweise ziemlich lange davon überzeugt sein, daß einer der Spieler im Vorteil ist, Kopf häufiger fällt als Zahl.

Ein anderes Beispiel ist dasjenige der Entwicklung des Stimmergebnisses bei der Auswertung einer Wahl, bei der beide Kandidaten am Ende dieselbe Stimmenzahl auf sich vereinigen. Die Wahrscheinlichkeit ist sehr groß, daß während der ganzen Zeit der Auszählung immer derselbe Kandidat führt, und in vielen Fällen stellt sich die Stimmengleichheit erst ganz am Ende der Auszählung her. Demzufolge könnte es so scheinen, als durchlaufe eine ausgewogene Gesellschaft lange Perioden der Unausgewogenheit und als verhindere der Durchschnittseffekt dieses Paradox.

Von den Individuen zur Gesellschaft: Der kulturelle Entwurf des Risikos und die Mathematik

Die Berechnungen der Versicherungen basieren auf einem abstrakten Fahrer, »dem Autofahrer«: Die Versicherungen können sagen, »wer« vom statistischen Standpunkt aus betrachtet Unfälle hat. So haben die über 70jährigen sehr schwere Unfälle auf der »Landstraße«, Frontalzusammenstöße kommen dreimal häufiger vor als für dieselbe Fahrergruppe im Stadtverkehr. Rote Autos sind sehr viel häufiger in Unfälle verwickelt (nach einigen Zahlen bis zu sechsmal häufiger) als schwarze, d. h., die Farbe des Fahrzeugs ist nicht unabhängig vom Fahrverhalten! Und bei diesen Abhängigkeiten ist eine versteckte Variable ausmachbar: der soziale Status.[17] Allerdings geht aus diesen Analysen nicht hervor, welches genau die Nutzenfunktion der Fahrer ist, und damit kann man nicht wirklich auf die stark gefährdeten Fahrer einwirken.[18] Für die Versicherungen bleibt damit das Problem der häufig an schweren Unfällen beteiligten Fahrer ungeklärt, der soziale Status jedenfalls erklärt nicht alles.

Die sogenannten Modelle mit einem Nullrisiko, die davon ausgehen, daß Fahrer niemals willentlich ein Risiko eingehen, werden in der Praxis widerlegt. Jeder Fahrer weiß oder meint zu wissen, daß er bestimmte Risiken für sich und für die anderen eingehen kann. Um sein Risiko zu bestimmen, greift der Fahrer genauso auf die Nutzenfunktion zurück wie Gretchen

Müller Gedichte schreibt.[19] Die Nutzenfunktion trägt dem Zeitgewinn, dem Spaß am Fahren, dem Ansehen, das man in den Augen der anderen genießt, wenn man schnell fährt, der Selbsteinschätzung usw. Rechnung. Man sieht, daß es sich bei der Entwicklung eines individualisierten Modells des erhofften Nutzens um ein steriles und banales Spiel handelt.

In anderen Bereichen wollten Wissenschaftler mit Hilfe der Entwicklung sehr fortgeschrittener mathematischer Modelle noch weiter gehen. Das schon sehr alte Beispiel des Health-Belief-Modells[20] wird häufig verwendet, um das Verhalten gegenüber dem Risiko bei bestimmten Krankheiten darzustellen. Das Modell basiert darauf, daß die Wahrscheinlichkeit, daß ein Mensch seine Einstellung gegenüber dem Risiko verändert, durch einfache und wenig realistische mathematische Formeln zustande kommt.[21] Dieses Verfahren ist derart reduktionistisch, daß es Skepsis hervorrufen muß. Eine von der Ökonomie beeinflußte Alternative zu diesen Betrachtungsweisen[22] besteht in der Konstruktion eines Modells für den erhofften Nutzen. Es handelt sich um modellförmige Darstellungsweisen, die in erster Linie eine im übrigen interessante Form darstellen, um durch die Mathematik zu wissenschaftlicher Strenge zu finden. Auch wenn man natürlich etwas genauer differenzieren müßte, so bleiben diese Verfahrensweisen dennoch etwas künstlich. Es scheint, als vertrauten einige Soziologen lediglich einem kaum mehr als ungefähren mathematischen Modell, um eine offensichtliche Tatsache zu belegen: Im Angesicht des Risikos hängt die Rationalität einzelner Menschen wie kleiner Gruppen von ihrem Wertesystem ab. Demzufolge kann ihr Verhalten dem zuwiderlaufen, was die Gesellschaft von ihnen erwartet und was lediglich das Spiegelbild einer gewissermaßen als Durchschnitt ermittelten Rationalität ist.

Über ihr ausgewogenes oder unausgewogenes Wesen hinaus werden die Risiken nicht in allen Gesellschaftsbereichen auf dieselbe Weise wahrgenommen oder bewertet. Jede Gesellschaftsform erhellt bestimmte Risiken, verschleiert andere oder mißt der zeitlichen Dimension unterschiedliche Wertigkeiten bei. Die Wirtschaftskrise hat auf eine wenn auch manchmal harte Weise deutlich gemacht, wie schwer es ist, eine Gesellschaft für Risiken empfänglich zu machen, die nicht Bestandteil ihrer Kultur und ihres Alltagslebens sind oder deren Konsequenzen sich erst an einem weit entfernten Horizont abzeichnen.

Was die Sicherheit betrifft, haben die westlichen Gesellschaften außerordentliche Fortschritte erzielt: der Rückgang von Krankheiten, Behinderungen, des Leidens, die drastische Eindämmung der Epidemien (trotz des furchterregenden Charakters von Aids) und die stetige Erhöhung der Lebenserwartung werden noch ergänzt durch die Ausmerzung von Hungersnöten, den beträchtlicher Rückgang der Zahl der Arbeitsunfälle im Vergleich zum 19. Jahrhundert und selbst der Verkehrsunfälle, wenn man von der Zahl der Todesopfer im Verhältnis zu den gefahrenen Kilometern ausgeht. Und trotzdem sind 80 % der Bevölkerung und 60 % der Politiker davon überzeugt, daß das »Risiko« stetig zunimmt. Das daraus resultierende übersteigerte Sicherheitsverlangen beeinträchtigt die demokratische Debatte sowohl über technologische Entscheidungen als auch über die gesellschaftlichen Sicherungssysteme.

Auch wenn der Kampf gegen das Risiko schon immer ein Faktor für den technischen und oft auch gesellschaftlichen Fortschritt war, so haben sich die kulturellen Darstellungen im allgemeinen erst mit großer Verzögerung entwickelt. Die Entwicklungen wurden maßgeblicher von den die jeweiligen Epochen beherrschenden Schwierigkeiten und den Katastrophen bestimmt, die sich nur aufgrund der erreichten Fortschritte ereignen konnten. Diese Fortschritte werden vom kollektiven Bewußtsein gern als »normal« angesehen. Unsere Zeit stellt keine Ausnahme von dieser Regel dar.

Es muß auf der erzieherischen Funktion bestanden werden, die die Medien in bezug auf die Mathematik innehaben könnten. Da man über keine allgemeine Analyse der Risikoproblematik verfügt, haben die Medien eine Kultur der Intoleranz gegenüber Katastrophen, insbesondere gegenüber Naturkatastrophen, begründet. Sie sind nicht mehr Vorwand oder Anlaß für philosophische Auseinandersetzungen wie noch das Erdbeben und der Brand von Lissabon, sondern einfach nur noch skandalös und unannehmbar. Eine quantitative Analyse wird nie vorgelegt, und es wird eigentlich überhaupt keine Anstrengung unternommen, um eine quantifizierte, auf Wahrscheinlichkeitsrechnungen basierende und damit zwangsläufig relativierte Darstellung der Ereignisse zu geben. Nie bringt man die verschiedenen Risiken zur Anschauung, vergleicht ihre Folgen miteinander und diskutiert das Für und Wider der dafür notwendigen Ausgaben.

Man darf auch nicht die Rolle der Medien bei der Ausbildung einer sicherheitsorientierten Betrachtungsweise zweitrangiger Probleme unterschätzen, durch die soziale oder produktive Initiativen behindert werden.[23] Es ist nur ein schmaler Grat zwischen Sicherheitsfanatismus in bezug auf zweitrangige Risiken einerseits und Desinformation bzw. nicht wissenschaftlicher Information in bezug auf große Risiken andererseits.

Demnach sind die Mathematik bzw. einfach nur eine quantitative Darstellung der Information von Nutzen, um einen Überblick über die Gesamtheit der Risikoprobleme zu erhalten. Es gibt ein allgemeines Wissen über Wahrscheinlichkeit und Risiko. Der Angler hat eine gute intuitive Vorstellung von seinem zu erwartenden Fang. Er weiß, wie unterschiedlich seine Fänge waren, für ihn stellt der Zufall kein Geheimnis dar. Dieses Wissen ist also keine Ausnahme. Aber die Beziehung zur Mathematik und zu ihrer Sprache ist dem allgemeinen Erfahrungsschatz fremd. Das Fachlatein einiger Spezialisten ist für den Normalsterblichen genauso unverständlich wie die Sprache der Ärzte bei Molière: In diesem Sinne ist die Mathematisierung des Risikos bereits ideologisch gefärbt. Wir haben gesehen, daß Mathematisierung immer bedeutet, Dingen einen Preis beizumessen, die keinen haben: dem Leben, dem Wohlbefinden, der Freude oder selbst dem Rechtswesen. Der Bürger muß also in die Lage versetzt werden, den von der Institution festgesetzten Preis sowie das Kriterium zu erfassen, auf dem Entscheidungen beruhen oder beruhen werden. Infolgedessen ist es wichtig, die entsprechenden Fakten in einer einfachen Sprache darzustellen.

Es gibt keine universale Ethik, mit der sich bestimmen ließe, wer über die Preise entscheidet, die den Folgen der verschiedenen Ereignisse zugeordnet werden, welchen Konsens man herstellen muß, welche Bedeutung der Effizienz oder der Ausgewogenheit beizumessen ist. Wer bestimmt die Zeit, die der Mensch warten muß, bis er aus seinem Tun, seinen Anstrengungen, seinen Investitionen Nutzen zieht? Was bedeutet unsere Verantwortung den zukünftigen Generationen gegenüber? Ein Vorschlag, der sich, wie alle ultraliberalen Vorschläge, modern gibt, besteht darin, jeden Menschen mit einem Risiko-Budget auszustatten, das er verwalten soll wie ein Börsianer seinen Wertpapierbestand. Mit Hilfe der Mathematik würde er seinen Erlös maximieren, indem er seine Einkünfte optimal, d.h. im Sinne seines erhofften Nutzens zwischen verschiedenen Versicherungen, verschiedenen Anlagen, verschiedenen Vergnügungen aufteilt ... Mit anderen Worten, unser gesamtes Tun sollte noch stärker an monetären Aspekten orientiert sein. Die ganze Mathematik ist stillschweigend mit einer Ideologie durchsetzt, die heute eine auf das Wirtschaftliche beschränkte Rationalität bedingt und uns den universalen Werten entfremden kann. Aber die totale Nicht-Anwendung von mathematischen Konzepten durch große Teile der Bevölkerung ist sicherlich noch schlimmer. Sie bedeutet nämlich den Verzicht auf ein Werkzeug, mit dessen Hilfe sich nicht nur die offensichtlichen Zielsetzungen einer Gesellschaft in ihrem Kampf gegen die Risiken erkennen lassen, sondern auch seine verborgenen Triebkräfte: will man den Preis in Erfahrung bringen, den eine Versicherung dem Leben beimißt, und dadurch ihre Vorgehensweise begreifen, muß man sich wohl auf die Berechnungen »einlassen«, die diese Versicherung anstellt. Ich möchte nochmals betonen, daß man, unabhängig davon, um welche Regierungen es sich handelt, nicht ihnen allein die Aufgabe überlassen darf, die Wahrscheinlichkeiten zu bewerten, die Verlustfunktionen festzulegen oder die Zahlen zu Risiken vorzulegen. Die Bürger müssen über die Möglichkeit verfügen, ihren kritischen Verstand anzuwenden. Und selbst wenn eine einfache mathematischen Betrachtungsweise nicht der beste Garant für diese für das demokratische Leben unerläßliche Einschaltung des kritischen Verstandes ist, so stellt sie doch einen außerordentlich nützlichen Gehilfen dar.

7. Kapitel

Das medizinische Risiko

Die Medizin: Unsicherheiten und Konflikte

Auch wenn die Medizin nicht das Reich der Unsicherheit ist, so ist sie doch ganz bestimmt das Reich der Reflexion über die Unsicherheit. Das gilt sowohl für die Alltagspraxis der Medizin als auch für die großen gesellschaftlichen Diskussionen zum medizinischen Risiko, zur medizinischen Ethik und Gesundheitspolitik. Im Zentrum dieser Diskussionen stehen die Wahrscheinlichkeitsrechnung sowie die Nutzung der Statistik.

Es ist nicht zu leugnen, daß sich die Form der Unsicherheit mit den Fortschritten der Biologie und der Labortechniken verändert hat. Allerdings haben diese Fortschritte die mit der Gesundheit im Zusammenhang stehenden sozio-ökonomischen Probleme ans Licht gebracht, die man wie folgt benennen kann: Wie läßt sich der Übergang von den großen, auf der statistischen Analyse basierenden makroskopischen Regeln zu den ethischen Regeln formulieren, die für das Individuelle ausschlaggebend sind? Wie gelangt man von der kalten statistischen Analyse, die vom durchschnittlichen Patienten ausgeht, zum echten Patienten, der nie mit diesem durchschnittlichen Patienten identisch ist? Der individuelle Parameter jedes einzelnen Menschen ist ein Zufall, dem die Gesellschaft durch die direkte Beziehung zwischen Arzt und Patient Rechnung tragen muß. Diese eigentümliche Dimension greift sowohl in das Wesen der Therapie als auch in die Vorsorgepolitik gegenüber den Risiken hinein. Und das Beispiel Aids ist ein deutlicher Beleg dafür, daß es immer notwendiger wird, bei der Vorsorgepolitik den individuellen Werten und den sich daraus ergebenden Entscheidungen mit der ihnen eigenen Rationalität Rechnung zu tragen.

Diagnostik, therapeutische Entscheidung und statistische Verfahren

Die medizinische Diagnostik ist ein für die Wahrscheinlichkeitsrechnung derart typisches Problemfeld, auf dem sich der auf Entscheidungen beruhende Formalismus so wunderbar anwenden läßt, daß nicht wenige den Traum von einer gleichsam automatisierten Medizin hegten. Dieses Verfahren unterschätzt natürlich die ungeheure Bedeutung der Beziehung zwischen Arzt und Patient und hierbei insbesondere ihre psychologischen Aspekte.

Entsprechend dieses Traums würde eine Diagnose folgendermaßen ablaufen: Durch die direkte Untersuchung des Patienten – oder auf dem Umweg über Laboranalysen, Röntgenaufnahmen usw. – sammelt der Arzt Daten. Um seine Diagnose zu erstellen, schätzt er die Wahrscheinlichkeiten der verschiedenen Krankheiten, die die festgestellten Symptome hervorrufen können, d.h. also die Krankheiten, die sich mit den gesammelten Daten decken. Wenn der Sachverhalt starke Bauchschmerzen mit Fieber lautet, schätzt er die Wahrscheinlichkeit einer Blinddarmentzündung, eines Darmverschlusses, einer Gallenblasenentzündung, einer Bauchspeicheldrüsenentzündung usw. Sein diagnostisches Verfahren beruht demnach auf Wahrscheinlichkeiten. Um die Wahrscheinlichkeiten abzuschätzen, von der Wirkung zur Ursache in das unsichere Universum vorzustoßen, stützt sich der Arzt auf drei Wissensformen:

– die vor jeder Beobachtung liegende *A-priori*-Wahrscheinlichkeit jeder der möglichen Krankheiten;
– die Wahrscheinlichkeit jeder Krankheit, die festgestellten Symptome zu verursachen;
– schließlich die nicht in Begriffen der Wahrscheinlichkeitsrechnung zu fassenden und nicht vermittelbaren subjektiven Eindrücke, die wir hier beiseite lassen, ohne deshalb ihre Bedeutung zu leugnen.

Wie lassen sich die beiden Wahrscheinlichkeitsformen abschätzen, die diese Diagnose möglich machen? Zweifellos kann der Arzt intuitiv vorgehen, indem er auf sein Wissen und seine Erfahrungen zurückgreift. Aber die Statistik bildet die Voraussetzung dafür, die Wahrscheinlichkeit einer ganz bestimmten Krankheit zu bestimmen. Diese wurde aus all denjenigen Krankheiten ausgewählt, die die festgestellten Symptome hervorrufen, vorausgesetzt, man ist in der Lage, diese Symptome zu kodieren. Um dieses Ergebnis zu erzielen, reicht es im Prinzip aus, die Krankenhausregister auszuschöpfen, in denen erstens die Symptome verzeichnet sind, die der Patient bei seiner Aufnahme ins Krankenhaus vorwies, und zweitens die Entwicklung seines Gesundheitszustandes. Im allgemeinen wird die Krankheit am Ende immer entweder durch zusätzliche Untersuchungen oder durch Informationen, die der Krankheitsverlauf liefert, bestimmt. Die Verbindung Krankheit-Symptome wird gemessen an der Wahrscheinlichkeit, diese oder jene Symptome zu beobachten, wenn der Patient unter dieser oder jener Krankheit leidet. Folglich kann diese Wahrscheinlichkeit mit Hilfe der Krankenhausregister ermittelt werden, in denen sich die Symptome und die Krankheiten verzeichnet finden. Hiervon ausgehend läßt sich auch die Wahrscheinlichkeit herausfinden, daß diese oder jene Symptome von dieser oder jener Krankheit hervorgerufen werden.

Der Einsatz von Computern kann die Erfassungs- und Rechenverfahren sehr erleichtern, aber es bleibt nach wie vor eine große Schwierigkeit bestehen, die man keinesfalls unterschätzen darf: Wie lassen sich die Symptome effizient kodieren? Muß die Temperatur in Graden oder in Zehntelgraden notiert werden? Wie sind Kopfschmerzen mathematisch beschreibbar zu machen? Man sieht, daß sehr behutsam vorgegangen werden muß, wenn man bestimmte Symptome mathematisch beschreibbar machen möchte.[1]

Auf einer völlig anderen Ebene, die die wirtschaftlichen und wissenschaftlichen Aspekte der medizinischen Praxis betrifft, müßten, um das statistische Verfahren wirklich effizient zu machen, Ärzte und Bürger überzeugt überzeugt werden, daß sich jeder biologischen Untersuchung, jedem medizinischen Aufnahmeverfahren eine Größe zuordnen läßt. Diese gibt die Zuverlässigkeit der erhaltenen Information an, und man kann auch die Redundanz dieser Information mit Hilfe bestimmter anderer Informationen schätzen. Die Statistik ist einerseits dazu in der Lage, den Grad der Abhängigkeit zwischen den festgestellten Symptomen und jeder der einzeln ermittelten Informationen genau zu bestimmen, aber darüber hinaus ermöglicht sie auch eine – zugleich interessantere und schwierigere – globale Analyse.[2] Es wäre wünschenswert, wenn dem Arzt die Zahlen dieser Wahrscheinlichkeiten zugänglich wären, wenn ihm regelmäßig die aktualisierten Schätzungen zugingen, die sich aus den Fortschritten der medizinischen Informatik und der internationalen Kooperation ergeben.

Wenn der Arzt über diese allgemeinen Informationen und darüber hinaus über solche Informationen verfügen würde, die er durch die Beobachtung des Patienten sammelt, müßte er ganz schematisch folgendermaßen vorgehen können[3]: Zunächst müßte er die festgestellten Symptome in seinen PC eingeben. Der Computer hat einerseits die Wahrscheinlichkeit der Krankheit gespeichert und andererseits die Wahrscheinlichkeit, daß die festgestellten Symptome auftreten, wenn es sich um die betreffende Krankheit handelt. Dann errechnet der Arzt die diagnostische Wahrscheinlichkeit, d.h. die Wahrscheinlichkeit der Krankheit unter Berücksichtigung der vorliegenden Symptome. Handelt es sich bei dem Arzt um den Hausarzt des Patienten, dann hat er auch die Krankengeschichte des Patienten sowie eventuell seine risikoreichen Aktivitäten (Beruf, Fernreisen usw.) abgespeichert. Der Computer vermag die Abhängigkeiten zwischen diesen Informationen und den festgestellten Symptomen aufzuzeigen. Gehen wir noch einen Schritt weiter: Der Computer könnte dem Arzt zusätzliche Untersuchungen vorschlagen, indem er angibt, mit welcher Wahrscheinlichkeit hierdurch die möglichen Krankheiten besser bestimmbar würden. Er könnte auch auf der Grundlage einer etwas komplizierteren Rechnung die Heilungswahrscheinlichkeiten der verschiedenen Therapien anzeigen – natürlich unter Berücksichtigung der Tatsache, daß im vorliegenden Stadium mehrere Krankheiten mit jeweils unterschiedlicher Wahrscheinlichkeit als mögliche Ursache für die Beschwerden in Frage kommen können.

Dieses Verfahren, das vor allem wegen der Schwierigkeit,

die Symptome mathematisch zu kodieren, zum Teil noch einer Utopie gleicht, weicht erheblich von der im Augenblick gängigen Praxis und Denkweise ab. Es ist dem Verfahren der künstlichen Intelligenz sehr ähnlich und unterscheidet sich nur insofern davon, als bei der künstlichen Intelligenz die Wahrscheinlichkeiten nur in den seltensten Fällen mittels der Auswertung statistischer Daten, sondern auf der Grundlage von Expertenmeinungen berechnet werden. Die Fülle der medizinischen Daten macht die Statistik im allgemeinen zu einem geeigneteren Instrument, als Gutachten es sind. Es ist demnach besser, das gutachterliche Verfahren in solchen Bereichen beizubehalten, in denen man über keine großen Datenmengen verfügt. Dennoch spricht nichts dagegen, insbesondere bei sehr seltenen Krankheiten und komplexen Sachverhalten, die unterschiedlichen Herangehensweisen miteinander zu kombinieren.

Einer der ersten Versuche mit einem »Hilfssystem« für die Diagnose wurde in den Jahren 1972–1974 in den Krankenhäusern von Leeds (Großbritannien) durchgeführt.[4] Bei 582 Patienten mit starken Bauchschmerzen wurde in 26,3 % der Fälle eine Blinddarmentzündung, in 7,6 % der Fälle eine Gallenblasenentzündung und in 3,6 % der Fälle ein Darmverschluß festgestellt. Bei 50 % der Fälle lag kein pathologischer Befund vor. Auf der Grundlage dieser Daten wurden die weiter oben beschriebenen Wahrscheinlichkeiten errechnet. In den folgenden Jahren erstellten die Bereitschaftsärzte, Fachärzte und das statistische System unabhängig voneinander die Diagnosen. Die Bereitschaftsärzte erstellten in 77 %, die Fachärzte in 79,6 % und das statistische System in 91,8 % der Fälle die richtige Diagnose!

Ein anderes bedeutsames Experiment stellte der Einsatz des MYCINE-Systems[5] bei Kindern dar, die in der französischen Region Rhône-Alpes mit Verdacht auf Gehirnhautentzündung in Krankenhäuser eingeliefert wurden. Wenn ein Kind mit dem Verdacht auf Hirnhautentzündung eingeliefert wird, muß die Krankheit, die durch Mikroben verursacht und gefährlich, oder durch einen Virus verursacht und harmlos sein kann, sofort entweder erkannt oder ausgeschlossen werden. Die Punktion und die Analyse der Rückenmarksflüssigkeit sind die entscheidende Untersuchung, aber sie ist schwierig und aufwendig, demnach zu vermeiden, wann immer es geht. In jedem Fall dauert es mehrere Stunden, bis die ersten Ergebnisse vorliegen, und jeder Zeitverlust kann schwerwiegende Folgen haben. Zudem sind die Notfallärzte sehr oft noch jung und verfügen über keine Erfahrung mit dieser Krankheit. In den ersten zwölf Stunden nach der Einlieferung beträgt die Rate der Fehldiagnosen etwa 20 %. Das Experiment wurde auf der Grundlage von 329 Fällen durchgeführt[6], und die Analyse, die auf der Basis dieser ersten Datenbank erstellt wurde, kann als die Lernphase für das statistische System gelten. Zwischen 1987 und 1988 kam das Hilfssystem für die Diagnose in 213 Fällen zum Einsatz. Es wurde also parallel zur Arbeit der Ärzte in der Krankenhausaufnahme benutzt, wobei das System und der Arzt unabhängig voneinander ihre Diagnosen erstellten. Liegt eine Hirnhautentzündung vor, ist die Diagnose zunächst zweigeteilt[7] – Virus oder Mikrobe – und die Krankheit erst zu bestimmen, nachdem die entsprechenden biologischen Untersuchungen durchgeführt worden sind, d.h. erst nach den entscheidenden zwölf Stunden.

Eine Analyse der fünfzig schwierigsten Fälle hat ergeben, daß das System fast genauso zuverlässig arbeitete wie die Spezialisten und deutlich zuverlässiger als die jungen Ärzte. Diese Feststellung ist durchaus sehr interessant. Bei der Aufnahme ins Krankenhaus wäre durch den Einsatz des statistischen Systems, das die Krankengeschichten abspeichert, in ganz besonderen, heute noch nicht zu verallgemeinernden Fällen, möglicherweise der Tod des Patienten zu vermeiden. Das Hilfssystem könnte als eine Art nützlicher Führer für den Notaufnahmearzt oder jungen Mediziner angesehen werden, der, falls er zu anderen Ergebnissen kommt als das System, seine eigene Diagnose und Risikoabschätzung nochmals überprüfen kann.

Statistik und Ethik: Individuelles und Kollektives bilden keinen Gegensatz

Die Effizienz des Systems ist also durch die mangelnde Genauigkeit der Kodierung des Symptoms sehr stark eingeschränkt. Dennoch steht dies seiner Nutzung nicht ernsthaft im Wege. Um auf diesem Gebiet weitere Fortschritte zu erzielen, müßte man sich, was noch nicht geschehen ist, die Mittel an die Hand geben, über jede Information der Krankenhausregister und – das ist sehr wichtig – der Beobachtungen der Hausärzte verfügen zu können. Es läßt sich kein ethischer Einwand gegen eine intellektuelle Verpflichtung des Arztes vorbringen, bei seiner ersten Diagnose auf statistische Ergebnisse zurückzugreifen. In diesem Zusammenhang schrieb Claudine Robert: »Es gibt keine Ethik, die es verbietet, die Entwicklung computergestützter Hilfssysteme für die Diagnose anzustreben. Sie basieren auf Berechnungen, die nicht von Spezialisten angestellt werden, deren einzelne Phasen und Ergebnisse aber anschaulich erklärt und kommentiert werden und deren diagnostische Fähigkeit mindestens genauso groß ist wie die eines Spezialisten. Darüber hinaus würden derartige Systeme keine Konkurrenz für den Arzt darstellen: sie können nur in einem vorher definierten Teilbereich der Wirklichkeit eingesetzt werden, und das System vermag dem Risikobegriff bei möglichen therapeutischen Entscheidungen, die sich aus der Diagnose ergeben, nicht wirklich Rechnung zu tragen.«[8] Tatsächlich werden die Dinge sehr schnell komplizierter, denn die Entscheidung für zusätzliche Untersuchungen oder Therapien sind mit der Einschätzung des Risikos verbunden und damit mit der Wahl der Verlustfunktionen, die nicht in den Bereich der Statistik fällt. Die Wahl der Verlustfunktion ist eine unumgängliche ethische Entscheidung, die allein der Arzt zu treffen hat. Sie findet zunächst unter Berücksichtigung des Patienten und dann erst unter Berücksichtigung der auf der Statistik basierenden Daten statt. Die Entscheidung für die Behandlungsmethode hängt von der geschätzten Heilungswahrscheinlichkeit ab, d. h. von der Überlebens- oder Besserungswahrscheinlichkeit, dem Wohlbefinden des Patienten usw. Alle diese Faktoren hängen mit Überlegungen zusammen, die weit davon entfernt sind, auf statistische Daten wie Alter oder Symptom zurückführbar zu sein. Es ist nach wie vor unumgänglich, »von Fall zu Fall« zu verfahren. Allein der Arzt ist dazu in der Lage, bei der Ursache-Wirkung-Analyse die ungewöhnlichen Beziehungen festzustellen, vor allem aber kann nur er die Verlustfunktionen bestimmen, die die Risiken der verschiedenen Therapien definieren.

Aber darüber hinaus machen es die wirtschaftlichen Zwänge sowie die Notwendigkeit, für alle die gleiche medizinische Versorgung zu gewährleisten, erforderlich, daß sowohl der Arzt als auch der Patient verantwortungsbewußt handeln: So wie tatsächlich von überflüssigen Ultraschalluntersuchungen oder Gefälligkeitsverordnungen abzuraten ist, kann nichts eine Gesellschaft dazu berechtigen, gegen den Gleichheitsgrundsatz der Krankenbehandlung zu verstoßen und eine Mehrklassenmedizin einzuführen. Die Überflüssigkeit bestimmter Untersuchungen läßt sich nicht mit Hilfe der Statistik beweisen, die lediglich anzeigt, daß die fragliche Untersuchung im allgemeinen unnötig und nicht informativ ist. Das ist zwar alles andere als unerheblich, aber die letzte Entscheidung fällt in die Zuständigkeit der Deontologie. Bedauerlicherweise wird den statistischen Daten, die sich möglicherweise in Artikeln von Fachzeitschriften für medizinische Forschung veröffentlicht finden, keine Beachtung geschenkt. In diesem Zusammenhang möchte ich aus einem Artikel von Alexandra Giraud zitieren[9]:

> Die von dem amerikanischen Mediziner John Wennberg in den siebziger Jahren durchgeführten Arbeiten haben bewiesen, daß bei vielen gängigen Krankheitsbildern erstaunlich viele verschiedene Behandlungsmethoden angewendet wurden, ohne daß sich dies durch voneinander abweichende klinische Zustände der Patienten, durch unterschiedliche epidemologische Sachverhalte oder durch relative Unterschiede in bezug auf die Ausbildung bzw. den Spezialisierungsgrad der behandelnden Ärzte erklären ließ. Robert Brook, ein anderer Mediziner, und das medizinischer Forscherteam der Rand Corporation in Santa Monica (Kalifor-

nien) haben bewiesen, daß – je nach untersuchtem Verfahren – der Anteil der zutreffenden ärztlichen Verordnung bis zu 30% voneinander abweichen konnte. Es ist bekannt, daß die Wirksamkeit vieler gängiger medizinischer Verfahren mangels einer ausreichenden Bewertung niemals wirklich belegt wurde ... Wenn es unerklärte Unterschiede der ärztlichen Praxis gibt und auch das medizinische Urteil einen hohen Grad von Schwankungen aufweist (das merken solche Patienten, die wegen ein und desselben Leidens mehrere Ärzte aufsuchen und nur in den wenigsten Fällen einen identischen Befund erhalten), dann darf man die praktizierenden Ärzte dafür nicht pauschal verurteilen. Die gegenwärtigen Bedingungen bei der medizinischen Entscheidung sind von einem bisher nie dagewesenen Maß an Komplexität und Unsicherheit geprägt. Die schwindelerregende Inflation der Kenntnisse und der Veröffentlichungen, die Geschwindigkeit, mit der diese Zunahme erfolgt, die Vielfalt der zur Verfügung stehenden diagnostischen und therapeutischen Alternativen, die ungeheure Spezialisierung machen es für den einzelnen Arzt schwierig, um nicht zu sagen unmöglich, sein Wissen auf den neuesten Stand der Dinge zu bringen und sich seiner Optionen sicher zu sein.

Die wissenschaftliche Abschätzung der Wahrscheinlichkeiten ist möglich. Als nächstes müßten diese Schätzungen den Ärzten zugänglich sein, sie müßten sie kritisieren können, also an der Bewertungsmethodologie Anteil nehmen und selbst zu Urhebern dieser Schätzung werden. Auch müßten Konsensregeln[10] gefunden werden, die angesichts der sozio-ökonomischen Zwänge niemals ausschließlich von den Ärzten erlassen werden und niemals zwingend sein dürften. Wiegen diese Zwänge schwer, muß die Ethik die probabilistische Dimension des Problems integrieren. In diesem Zusammenhang möchte ich die Überlegungen von Béatrice Majnoni d'Intignano zitieren[11]:

Wenn das Krankheitsrisiko und die Wahrscheinlichkeit erfolgreicher Behandlungen zufällig gleichmäßig über die Bevölkerung verteilt sind, decken sich individuelle und kollektive Ethik. Es liegt dann durchaus in meinem Interesse, daß die Gemeinschaft mir oder meinem Arzt die Impfstoffe oder die mittels zuverlässiger Studien definierten Behandlungsarten eher vorschreibt, als mir eine Behandlung zu empfehlen, zu der ich mich einzig aufgrund meines unmittelbaren Interesses oder der ausschließlichen Entscheidung meines Arztes entschließe. Das Einschätzungsvermögen des Arztes könnte zu gering oder dessen Horizont zu eng sein, um eine sachgerechte Entscheidung zu treffen.

So ist etwa in Großbritannien früher als in Frankreich und innerhalb eines engen finanziellen Rahmens die Nierentransplantation bei jüngeren Menschen auf Kosten der Dialyse bei älteren Menschen weiterentwickelt worden. Das so erzielte Ergebnis ist eine längere Lebenszeit mit guter Lebensqualität bei überschaubaren Kosten – kollektiver Aspekt. Wäre ich Engländer, würde ich im allgemeinen verstehen, daß sich meine Lebenserwartung im Falle einer Funktionsstörung der Nieren auf diese Weise erhöht. Ein individueller Aspekt, denn es besteht eine höhere Wahrscheinlichkeit, bereits in jungen Jahren eine neue Niere zu bekommen, wenn auch auf die Gefahr hin, im Alter aufgrund fehlender Dialysemöglichkeiten zu versterben. Mein englischer Arzt übernimmt für mich die Entscheidung unter Berücksichtigung dieser Realität. Den Franzosen wird häufig die Kehrseite der Medaille vorenthalten.

Dieser Standpunkt wird natürlich mit Hilfe von Extremfällen vertreten. Daß die obligatorische Impfung oder der wirtschaftliche Zwang zu einem Postulat erhoben werden, ist nicht akzeptabel.

Soll die Auseinandersetzung über den Konflikt zwischen Individuum und Gesellschaft, der mit den Risiken in Verbindung steht, denen das Individuum ausgesetzt ist, nachvollziehbar sein, dann ist die Berücksichtigung statistischer Daten, die für die Mediziner genauso verständlich sind wie für die Politiker und alle Betroffenen, unerläßlich. »Huldigen wir nicht der Illusion, der wir unterliegen und in der uns eine überholte medizinische Ethik gefangen hält, daß die Anerkennung einer individuellen

Ethik jedem einzelnen von uns, und an erster Stelle mir selbst, den besten Schutz gewährt. Bei aller Unsicherheit angesichts der Krankheit, die uns alle früher oder später heimsucht, wissen wir aufgrund mathematischer Berechnungen doch, daß unsere Überlebenswahrscheinlichkeit um so größer ist, je stärker man sich eine kollektive medizinische Ethik zu eigen macht und sich von der individuellen Ethik löst, die immer die am stärksten verbreitete ist.«[12]

Durch den Rückgriff auf die Impfpflicht hat sich im übrigen die kollektive Ethik gegen den Individualismus durchgesetzt. Schon Daniel Bernoulli hatte errechnet, daß der Pockenimpfstoff zu einer Erhöhung der Lebenserwartung von drei Jahren führen würde, und das trotz der vielen Komplikationen, die die Schutzimpfung seinerzeit in sich barg. Dennoch sprach sich Bernoulli für die Schutzimpfung aus. Auch heute noch sind wir mit derlei wissenschaftlichen und ethischen Zwangslagen konfrontiert, allerdings sind es mehr die mit dem Gesundheitswesen zusammenhängenden ökonomischen als die wissenschaftliche Probleme im eigentlichen Sinne, die unsere Gesellschaften zum Nachdenken zwingt.

Das medizinische Risiko: Tabus und Inkohärenzen

Folglich agiert der Mediziner in einem unsicheren Universum. Dieser unvermeidliche Zufall, der gleichzeitig die Ursache für das Risiko von Fehldiagnosen, aber auch unerwarteter Heilungen ist, wird mehr und mehr in Frage gestellt. Tatsächlich verursachen die Maßlosigkeiten des Individualismus, die den liberalen Gesellschaften zu eigen sind, auf geradezu paradoxe Weise eine Infragestellung der Freiheit des Arztes. In den Vereinigten Staaten werden zahlreiche Ärzte von Patienten, die unzufrieden sind oder zu Geld kommen wollen, verklagt.[13] Leugnet man das medizinische Risiko, die eigentliche Unsicherheit, das Auftreten unvorhersehbarer Nebenwirkungen, die jeder Behandlungsform zu eigen sind, dann zwingt man den praktizierenden Arzt, sich geradezu akribisch gegen jede Form des Risikos abzusichern. Hierdurch wird die Diagnose möglicherweise ineffizient: eine Vielzahl redundanter Daten kann desinformieren. Aber auch unter ökonomischen und gesellschaftlichen Gesichtspunkten kann dies negative Folgen haben.

Das Problem des medizinischen Risikos nahm ein neues Ausmaß an, als ein Erlaß des französischen Staatsrates vom 9. April 1993 zunächst die Vergesellschaftung bestimmter medizinischer Risiken und darüber hinaus ein neues Entscheidungsprinzip anregte.[14]

Die Vergesellschaftung des Risikos bedeutet, die Verantwortung des Staates, der Krankenhäuser oder der angeschlossenen Blutbanken anzuerkennen, wenn es zu Komplikationen kommt, die beim gegenwärtigen wissenschaftlichen Kenntnisstand vollkommen unvorhersehbar sind. Beispiel dafür sind die Verseuchung des Blutes oder natürlicher Hormonpräparate mit gefährlichen und unbekannten Viren. Diese Vergesellschaftung des Risikos ist politisch notwendig. Aus ihr ergibt sich auch die Frage nach der Ausweitung der Verantwortlichkeit auf weniger unvorhersehbare Probleme, bei denen aber die kausalen Zusammenhänge nicht so offen auf der Hand liegen. Hierbei wäre beispielsweise an die durch mangelhafte materielle Ausstattung hervorgerufenen Todesfälle bei Wiederbelebungsversuchen oder an die Todesfälle in den Notaufnahmen zu denken. Wer ist verantwortlich?

Aber jede darüber hinausgehende Diskussion ist unangebracht. Und tatsächlich findet sich in dem Erlaß des Staatsrates folgende Formulierung: »In einer Risikosituation muß eine nicht widerlegte Hypothese vorübergehend als richtig angesehen werden, selbst wenn sie nicht offiziell bewiesen ist.« Es handelt sich um einen wirklich erstaunlichen Erlaß. Auch über den konkreten Fall hinaus, der Anlaß für diesen Erlaß des Staatsrates war, hat man, zumindest teilweise, nicht widerlegte Hypothese und nicht formulierte Hypothese miteinander verwechselt. So hat leider beispielsweise das Auftauchen von Aids eine ganze Zeit lang überhaupt nicht zur Formulierung von Hypothesen geführt, die sich an der bekannten wissenschaftlichen Wahrheit orientierten. In einer unsicheren Situation kann die Medizin nur solche Therapien anwenden, die Risiken enthalten. Das galt und gilt immer noch zum Beispiel bei bestimmten Krebsarten. Die Medizin ist verpflichtet, in jeder Situation zu handeln[15], und diese Verpflichtung zum Handeln gilt auch im Universum des Zufalls. F. Nouchi hat deutlich zum Ausdruck gebracht, daß sich dies geradezu wie von selbst verstehe[16]: »In gewisser Weise wird hierdurch die Grundlage der ärztlichen Entscheidung erschüttert. Ich handele nicht, damit man mir eines Tages nicht vorwerfen kann, die Unsicherheit nicht zur Kenntnis genommen zu haben.«

Juristen und Philosophen wird formale Logik gelehrt. Der Staatsrat, der sich seit den Zeiten von König Philipp II. Augustus dieser Logik bedient, gibt nichtsdestoweniger ein Urteil ab, dessen innerer Widerspruch offensichtlich ist. Wenn es Risiko gibt, dann gibt es auch Zufall. Man erkennt also an, daß die Hypothese, von der man meint, daß sie ein Risiko einschließe, grundsätzlich eine Wahrscheinlichkeit kleiner als 1 hat, wahr zu sein. Auch die Alternativen und Gegenhypothesen schließen ein Risiko ein, das darin bestehen kann, nichts zu tun. Auch sie haben eine grundsätzlich positive Wahrscheinlichkeit, wahr zu sein. Das von den Forschungen der experimentellen Wissenschaft und ihren Anwendungen im Problembereich der Umweltverschmutzung beeinflußte Vorsorgeprinzip hat hier demnach überhaupt keinen Sinn. Es besteht ein Widerspruch zwischen absoluter Wahrheit einerseits und Notwendigkeit zum Handeln andererseits. Die einzige Regel ist die Abwägung des Risikos durch die Gesamtheit der betroffenen Ärzte.

Der Staatsrat tut nichts anderes, als die Schwierigkeiten noch zu vergrößern, indem er die Ärzte dazu zwingt, sich unnötigerweise gegen das Risiko abzusichern. Stellen wir uns einmal vor, was mit solchen Therapien passieren könnte, die in das Erbmaterial eingreifen und mit denen vielleicht einmal Krankheiten wie die Mukoviszidose heilbar sind.[17] Die kurzfristige Unschädlichkeit dieser Therapien wird sich erweisen. Alle langfristigen Überlegungen werden unter Berücksichtigung des aktuellen Kenntnisstandes angestellt. Was bleibt, ist, daß es sich um neue Techniken handelt, die immer die Hypothese von zwar nicht sehr wahrscheinlichen, aber eben nicht unwahrscheinlichen zukünftigen Komplikationen enthalten. Sie bilden aber sicherlich keine Rechtfertigung dafür, die Einführung einer solchen Therapie hinauszuzögern.

Jede Ethik ist ein vorläufiger Kompromiß einer Gesellschaft, die sich mit ihren Kenntnissen weiterentwickelt. Jede Ethik muß den Zufall, der Teil dieses Vorläufigen ist, mit einbeziehen. Sie muß darauf achten, Tätigkeiten im Dienste des öffentlichen Wohls, wenn es beispielsweise darum geht, Menschenleben zu retten, nicht einzuschränken.[18]

Und auch in diesem Fall kann die Mathematik helfen zu verdeutlichen, worum es eigentlich geht. Die amerikanische Gesundheitsbehörde, die für die Genehmigung von Medikamenten zuständig ist, scheint insbesondere im Fall von Aids von einer sehr vorsichtigen und herkömmlichen Haltung zu einer flexibleren Haltung übergegangen zu sein. Im Mai 1987[19] genehmigt diese Behörde die Markteinführung von Produkten, deren Erprobung noch nicht abgeschlossen ist und für die es noch keine endgültige Vertriebserlaubnis gibt. Im Oktober 1988 beschließt sie, bei der Untersuchung und Bewertung neuer Medikamente nicht nur dem medizinischen Risiko, sondern auch den gesellschaftlichen Kosten Rechnung zu tragen, und 1992 genehmigt sie in Ausnahmefällen Therapien, die sich noch in einem frühen Versuchsstadium befinden. Allerdings bleibt die Formulierung bestimmter Prinzipien nach wie vor eine schwierige Angelegenheit (was ist eine sehr schwerwiegende Krankheit, was eine vernünftige Alternative, was eine mitfühlende Haltung, was eine »einleuchtende und offensichtliche Wirkung«?). Die Schwierigkeiten, das Unbestimmte und Widersprüchliche bestimmter Entscheidungen haben die Wissenschaftler dazu veranlaßt, mathematische Modelle zu entwickeln, mit deren Hilfe sich klären läßt, wie und wann ein klinischer Test mit einem neuen Medikament durchzuführen ist. In diese Modelle fließen sowohl Informationen ein, die im Labor gewonnen wurden, als auch statistische und wirtschaftliche Daten. Eines der erklärten Entwicklungsziele solcher Modelle besteht darin, häufig verschleierte Fakten, wie etwa den Preis, den die Patienten für jede verspätete Einführung eines Medikaments zu zahlen haben, erkennbar werden zu lassen.[20] Im Vergleich zu dieser Haltung scheint der Erlaß des Staatsrates rückständig zu sein. Schließlich enthalten diese auf der Wahrscheinlichkeitsrechnung basierenden Modelle häufig Hinweise darauf, welche Information fehlt, um eine Entscheidung zu treffen, und welche Rolle die materiellen Interessen der Pharmaindustrie auch in solch tragischen Situationen spielen. Diese Modelle weisen bei komplexen Problemen den großen Vorteil auf, die Rolle sämtlicher Parameter genau zu bestimmen. Angesichts sich widersprechender gesellschaftlicher und wirtschaftlicher Rationalitäten und angesichts einer Ethik, die »ausgefallen« ist, kann die mathematische Betrachtungsweise des Unsicheren von einer gewissen Nützlichkeit sein.

Damit ist es aber noch nicht getan. Für den Arzt und den Forscher ist es absolut notwendig, den Zufall zu einem Instrument der medizinischen Erfahrung zu machen. Wir haben gesehen, daß sich für den Vergleich zweier Behandlungsmethoden oder die Einführung eines neuen Medikaments der Rückgriff auf statistische Tests als unumgänglich erweist. Dieser Rückgriff zwingt den Arzt dazu, sich eines »künstlichen« Zufalls zu bedienen, indem er nach dem Zufallsprinzip die betroffenen Patienten den Behandlungsmethoden zuordnet, die man miteinander vergleichen will. Darüber hinaus ist diese Zuhilfenahme des Zufalls das geeignetste Mittel, um die Auswirkungen der Subjektivität des Arztes bei der Zuordnung zu begrenzen.

Bei seltenen und schweren Krankheiten, wie einigen Krebsarten, ist es für den Arzt eine beängstigende Entscheidung, die Patienten bei der Durchführung eines Experiments für die eine oder andere Behandlungsmethode abzukommandieren (denn darum geht es tatsächlich). Das gilt auch, wenn die Patienten, wie es das Gesetz vorschreibt, hierzu ihr Einverständnis erklären. Der Arzt vermag niemals vollständig die Hypothese auszuschließen, daß die Behandlungsmethode, von der er hofft, daß sie erfolgreich ist, ganz im Gegenteil nicht nur keine Wirkung zeigt, sondern sich auch noch als gefährlich erweist. Auch ohne diese Hypothese jemals völlig ausschließen zu können, müssen Versuche durchgeführt werden. Die medizinische Ethik hat diesem schwierigen Gesichtspunkt mit der Einführung des

Zufalls und damit eines künstlichen Risikos für einige Menschen zum Wohle aller Kranken Rechnung getragen. Diese Errungenschaft macht es um so schwerer nachvollziehbar, warum es Schwierigkeiten bereitet, die anderen Probleme, von denen hier die Rede war, auf einer ebenso klaren Grundlage anzugehen. Alle Fragen, die durch das Risiko in der Medizin aufgeworfen wurden, sind ein deutlicher Beleg dafür, daß nur eine demokratisch geführte Auseinandersetzung, die den auf der Wahrscheinlichkeitsrechnung basierenden Ergebnissen Rechnung trägt und sich nicht allein auf das Urteil der Mediziner verläßt, die Voraussetzung für die Lösung gesellschaftlicher Probleme darstellt.

8. Kapitel

Das Versicherungswesen

Die Versicherung ist eine der schönsten Anwendungen der Wahrscheinlichkeitstheorie. Auch wenn ihre mathematischen Grundlagen heute zu einem Gemeinplatz verkommen sind, stellte ihre Entdeckung doch einen entscheidenden historischen Bruch, den Auftakt zu tiefgreifenden gesellschaftlichen Veränderungen dar.

Die Versicherung stand und steht immer noch im Zentrum einer ideologischen Auseinandersetzung, in die ein Blick in die Vergangenheit Licht bringen kann. Dazu muß man sich einen Augenblick lang mit der Geschichte der menschlichen Suche nach Mitteln zur Risikoabsicherung beschäftigen, und zwar in erster Linie gegen krankheitsbedingte Risiken und gegen das Risiko von Arbeitsunfällen. Um die Tragweite der Entstehung schillernder mathematischer Konzepte zu erfassen, muß man untersuchen, welchen jeweiligen Stellenwert Gerechtigkeit und Solidarität angesichts von Unglück einerseits sowie kommerzielle und industrielle Notwendigkeiten andererseits besaßen.[1] Zu einem Zeitpunkt, da die Mathematik auf zum Teil demagogische Art und Weise auf breiter Front in Frage gestellt wird, ist es angebracht, auf diese den Menschen gebotene Möglichkeit hinzuweisen, sich in Solidarität zu üben. Man sollte darüber hinaus die Neuartigkeit hervorheben, die die Anwendung der Wahrscheinlichkeitsrechnung darstellte.

Vor dem Gesetz der großen Zahl: Wette, Solidarität, Voraussicht

Die ersten Formen kommerzieller Versicherungen sind eine Art Wette auf Transporte von Handelsgütern. In Sumer und Babylonien wurden Karawanen versichert, in Athen die Handelsschiffe. Seit dem 14. Jahrhundert haben Venedig, Genua und Barcelona und in ihrer Nachfolge ganz Europa ein System entwickelt, das einer herkömmlichen Wette sehr ähnelt und bei dem den Schiffseignern eine große Geldmenge zur Verfügung gestellt wurde, die sie mit einem von der Route abhängigen Zinsaufschlag zurückerstatteten, wenn das Schiff den Zielhafen erreichte.[2] Die Engländer haben dieses System übernommen und perfektioniert, indem sie auf Schiffe wetteten: Es kommt an – es kommt nicht an. Diese Praxis der *bookmakers* im 17. Jahrhundert führte hundert Jahre später zur Gründung von Lloyd's.

Sich gegen Mißgeschicke zu wappnen, hat also seit zwei Jahrtausenden einen Preis, und 1700 Jahre lang wurde dieser Preis von Fall zu Fall, auf der Grundlage von Erfahrungen und ohne genau festgelegte Regeln berechnet. Die Kirche, die sich Glücksspielen gegenüber immer ablehnend verhalten hatte, konnte diese Form der Wette nur verurteilen. Es dauerte ungefähr tausend Jahre, bis sie in bezug auf die Versicherungen den *justum pretium*, den angemessenen Preis eines Risikos, akzeptierte, von dem man nicht genau sagen konnte, wie er zu berechnen ist![3]

Schon vor diesen Transportversicherungen existierten Formen der gegenseitigen Hilfeleistung. Die Arbeiter auf den großen antiken oder mittelalterlichen Baustellen haben sich organisiert, um den Folgen von Arbeitsunfällen zu begegnen. Im 14. Jahrhundert kümmerten sich Gesellschaften, die zu den Zünften gehörten, um Verstümmelte, Witwen und Waisen. Einige Jahre bevor Bernoulli das Gesetz der großen Zahl formulierte, schlug der großartige Mathematiker Leibniz, der im Alter von zwanzig Jahren die Differentialrechnung erfand und interessante Arbeiten über die Wahrscheinlichkeiten durchführte, die Gründung der Krankenversicherung vor. Da er festgestellt hatte, daß die Not des täglichen Lebens, wie etwa Krankheit, vor allem die Ärmsten der Armen am härtesten traf, schlug er 1678 die Schaffung einer Hilfskasse vor, in die alle im Verhältnis ihres Einkommens einzuzahlen hätten. Weder die Monarchen noch die Kirche schenkten diesem Vorschlag Gehör, und so wurde die Weiterentwicklung des »Solidaritätsprinzips« verhindert. Später sollte das Gesetz der großen Zahl die Voraussetzung dafür sein, das »Gerechtigkeitsprinzip« bei der Entwicklung des Versicherungswesens anzuwenden, wobei das Solidaritätsprinzip nach wie vor den Hintergrund des Kampfes um soziale Errungenschaften darstellte.

Das Gebot des Gerechtigkeitsprinzips

Die Lebensversicherung[4] ist die erste bedeutende Anwendung der Wahrscheinlichkeitsrechnung. Noch vor Ende des 17. Jahrhunderts berechnete Halley[5] die ersten Sterbetabellen, mit deren Hilfe er die Wahrscheinlichkeit der Lebensdauer schätzte, wobei er sich des Gesetzes der großen Zahl bediente, noch bevor es mathematisch bewiesen worden war. Huyghens, ein anderer großer Geist, wendete das Gesetz der großen Zahl für die Berechnung der Versicherungsprämien an, indem er vom Gerechtigkeitsprinzips ausging, das sich demnach so darstellen läßt, als sei die Versicherung ein Spiel zwischen dem Versicherer und seinem Kunden.[6] Eine einfache Rechnung ermöglicht es dem Versicherer, sein Risiko zu verringern, indem er die vom Versicherungsnehmer gezahlte Prämie Q anpaßt. So sind $K_1 \ldots, K_n$ die dem Versicherungsnehmer durch die möglichen verschiedenen Schäden entstehenden Kosten und $W_1 (K_1), \ldots, W_n(K_n)$ die Wahrscheinlichkeit, daß diese Schäden auch eintreten. Für den Versicherer beträgt der erwartete Verlust, den er durch die möglicherweise von ihm zu leistenden Entschädigungen zu tragen hat, $W_1 K_1 + \ldots + W_n K_n$, und sein durchschnittlicher Gewinn, der hier nicht zufällig ist, ist gleich der Prämie Q, die an ihn gezahlt wird. Sein Risiko ist gleich null, wenn $Q = W_1 K_1 + \ldots + W_1 K_1$ ist; Q ist also die gerechte Prämie. Das Risiko des Versicherten ist ebenfalls gleich null, sein Verlust Q und sein erwarteter Profit ist $P_1 K_1 + \ldots + W_n K_n$. Die Gerechtigkeit will es, daß der Versicherte eine Prämie Q zuzüglich der »Verwaltungskosten« (und unter Umständen des Profits des Versicherers, wenn dieser keine Krankenkasse oder der Staat ist) zahlt. Das Gesetz der großen Zahl macht es möglich, die Wahrscheinlichkeiten $W_1 \ldots W_n$ genau zu schätzen. Die Frage der Ausgewogenheit stellt sich tatsächlich erst dann, wenn diese Schätzung möglich ist, was vor der Entdeckung des Gesetzes der großen Zahl nicht der Fall war.

Für den einzelnen bleibt die Versicherung eine Wette, für den Versicherer ist sie es nach dem Gesetz der großen Zahl nicht mehr wirklich. Allerdings vermittelt die Mathematik der Gesellschaft ein Gefühl von Ausgewogenheit und Rationalität, so daß diese Wette akzeptabel wird. Sie stellt ihr auch die Mittel zur Verfügung, verschiedene Versicherungsarten in großem Maßstab zu entwickeln. Es ist erstaunlich, daß ein im 17. Jahrhundert noch kaum formalisierter mathematischer Begriff sich als allgemein gültige Regel sowohl der wirtschaftlichen Aktivität als auch der Deontologie durchsetzen konnte.

Das Gesetz der großen Zahl läßt sich nicht anwenden, wenn die Anzahl der Schäden zu gering ist, was heute zum Beispiel für solche Schäden gilt, die mit großen technologischen Risiken, wie etwa Tankerunglücke, in Verbindung stehen. In solchen Fällen basiert die Berechnung der Prämien auf sehr subjektiven Schätzungen der Wahrscheinlichkeiten und auf komplizierten Vereinbarungen zwischen dem Versicherer und dem Versicherten. Infolgedessen läßt sich das Problem der Ausgewogenheit nur sehr schwer ausschließlich mathematisch formulieren. Bezüglich der Brandschutzversicherungen reichten die statistischen Daten Ende des 18. Jahrhunderts nicht aus, um die Prämien zu berechnen. Es ist im übrigen bemerkenswert – und hieran läßt sich ablesen, wie schnell ein mathematisches Konzept in das gesellschaftliche Leben integriert werden kann –, daß niemand ernsthaft daran dachte, das Gesetz der großen Zahl auf eine zu kleine Zahl von Fällen anzuwenden. In Frankreich besaßen die unmittelbar vor der Französischen Revolution gegründeten »Brandschutzgesellschaften« von Anfang an einen vollkommen neuen finanziellen Charakter. Da das Gerechtigkeitsprinzip in ihrem Tätigkeitsbereich nicht galt, erzielten sie enorme Profite, indem sie das Geld der zu hoch festgesetzten Prämien »arbeiten« ließen. Als Speerspitze des Anlagewesens – insbesondere im Immobilienbereich – wurden diese Privatversicherungen schnell zum Prunkstück der Finanzwelt, so daß selbst die Machthaber hiervon nicht unbeeindruckt blieben[7]. Wissenschaftler und Probabilisten wie Condorcet und Laplace wurden zu Rate gezogen. Trotz der unterschiedlichen Meinungen wurde schließlich ein Verbot gegen die Versicherungen verhängt, das fast ein halbes Jahrhundert Bestand haben sollte.

Die Infragestellung des Solidaritätsprinzips

Das starke Anwachsen der Zahl der Arbeiter während der ersten industriellen Revolution und die Gefahr von Arbeitsunfällen, der sie in erhöhtem Maße ausgesetzt waren, sollte aus der Statistik ein Instrument der sozialen Gerechtigkeit machen. In der Tat fehlte hierzu noch etwas ganz Entscheidendes: wie konnten die Allerärmsten gegen die Härten des Lebens versichert werden? Der Kampf um soziale Errungenschaften führte zur Schaffung von Hilfskassen, die jedoch nicht ausreichten. Der Einfluß der Gewerkschaften und bestimmter christlicher Strömungen, die Enzyklika Rerum Novarum (1891), die Programme der sozialistischen Parteien[8] nahmen wieder die Idee einer Sozialversicherung auf, die gesetzlich geregelt werden sollte. Das Thema nahm immer breiteren Raum in der öffentlichen Diskussion ein. Die zur selben Zeit entstandenen »Gruppenversicherungen«, die alle diejenigen gesellschaftlichen Gruppen absicherten, die nicht zur Arbeiterschaft gehörten, wurden zu einem wichtigen Faktor. Nach der Revolution von 1848 gewann die Idee der Nationalisierung immer mehr an Bedeutung, die schließlich in Frankreich in der Gründung der gesetzlichen Krankenversicherung im Jahre 1945 mündete. Das Prinzip der gesetzlichen Krankenversicherung ist der Vorrang der Solidarität, wobei die soziale Gerechtigkeit auf einer Berechnung der Prämie basiert, die den Lohnunterschieden Rechnung trägt, also vom mathematischen Standpunkt aus nicht ausgewogen ist, so daß das Beitragssystem die Rolle einer Umverteilung der Einkünfte spielt. Dieses Prinzip wird heute in den verschiedenen Ländern sehr unterschiedlich gehandhabt und vielfach grundlegend in Frage gestellt.

Der kommerzielle Aspekt des Versicherungswesens mit einer Berechnung der Prämien, die auf Ausgewogenheit basiert, tritt zunehmend in den Vordergrund. In Ländern wie den Vereinigten Staaten bildet dieser kommerzielle Aspekt den Kern der sich entwickelnden Krankenversicherung für die arbeitende Bevölkerung. Das Versicherungswesen hat sich insbesondere in den Vereinigten Staaten den Maßlosigkeiten einer privaten Schutzversicherung hingegeben, deren schädlicher und manchmal lächerlicher Charakter nicht zu bestreiten ist. Es ist bekannt, daß die amerikanischen Ärzte mehr als 10 % ihrer Einkünfte dafür aufwenden, um sich gegen Schadenersatzklagen ihrer Patienten zu versichern. In der ganzen Welt berichteten die Rundfunksender über jene Frau, die ihre Katze zum Trocknen in die Mikrowelle setzte und anschließend den Hersteller auf Schadenersatz verklagte: in der Gebrauchsanweisung war nicht auf die Gefahr hingewiesen worden, die für die Katzen der entwickelten Welt besteht, wenn dieses Monument der Moderne, das die Mikrowelle darstellt, als Trockner Verwendung findet. Das Gesetz der großen Zahl läßt sich im übrigen nicht auf derartige Zwischenfälle anwenden, jedenfalls noch nicht.

Den Versicherungen sind kaum noch Grenzen gesetzt. Schon lange kann man seine Gemälde großer Meister versichern, und seit neuerem auch eine Lebensversicherung für seinen afghanischen Windhund abschließen. Ist es aber der Ethik oder den praktischen Schwierigkeiten zu verdanken, daß alles, was unmittelbar mit dem Privatleben im Zusammenhang steht – außer den medizinischen Aspekten – noch vom Versicherungsschutz ausgenommen ist? Man versichert sich nicht gegen zerbrochene Ehen und ganz allgemein nicht gegen solche Situationen, in denen der Wille und die Entscheidung des Geschädigten eine erhebliche Rolle spielen und in denen keine objektiven Schäden festgestellt werden können. Allerdings läßt sich das Gesetz der großen Zahl auf derlei Situationen perfekt anwenden, und somit sind es mit Sicherheit nicht die Mathematiker, die mögliche Auswüchse verhindern werden!

Ein sehr schädlicher Auswuchs ist bei den Lebensversicherungen feststellbar. In vielen Fällen benötigt man eine solche Lebensversicherung, um einen Kredit aufnehmen zu können.

Die Tabellen der Lebenserwartung, über die die Versicherungsgesellschaften verfügen, sind immer exakter. So gibt es beispielsweise eine gesonderte Tabelle für die Vierzigjährigen, die zu Schilddrüsenerkrankungen neigen. Und die Versicherungsgesellschaften neigen dazu, eine der drei folgenden Lösungen anzuwenden: sie weigern sich, eine Lebensversicherung abzuschließen, erhöhen die Prämie oder weigern sich, den Erben die Versicherungssumme auszuzahlen, falls der Tod durch eine Schilddrüsenerkrankung verursacht wurde. Der Einsatz der modernen Informatik und die Präzision der statistischen Methoden machen es möglich, diese Tabellen beliebig zu vermehren, wodurch die Versicherungen versucht sind, den Gesundheitszustand der Versicherten zu bewerten und sich in ihr Privatleben einzumischen.

Die Nutzenfunktion auf der Grundlage der Aufteilung des Risikos: Die Rückversicherung

Das Risiko wird von den Versicherungsgesellschaften häufig geradezu verherrlicht: »Es gibt kein menschliches Abenteuer, das nicht auch ein oftmals erhebliches Risiko in sich birgt.« Schon sehr früh schien die Versicherung in Verbindung mit dem Unternehmensgeist zu stehen, und ihre moralische Rechtfertigung findet ihren Ausdruck in Formulierungen wie der folgenden: »Nicht das Risiko, aber die Zeit hat einen Preis.«[9] Hierbei handelt es sich um Aussagen, die eine dezidierte Antwort erfordern: aus dem Risiko ein Geschäft zu machen, ist keine absolute Notwendigkeit! Die Manager der Versicherungsgesellschaften gefallen sich oft darin, die Versicherungen auf Gegenseitigkeit zu kritisieren, bei denen es theoretisch nicht um Profit geht. Und trotzdem werden wir anhand der Rückversicherungen sehen, daß sie selbst ein System der Gegenseitigkeit unterhalten.

Die Versicherungsgesellschaften verhalten sich dem Risiko gegenüber wie ein einzelner Mensch. Das zeigt sich im System der Rückversicherung, das im übrigen zu beängstigenden Situationen führen kann, wie etwa im Fall der berühmtesten Versicherungsgesellschaft Lloyd's, die fast zur gleichen Zeit von der Giftkatastrophe in Bhopal und mehreren Tankerunglücken betroffen war. Man wähnte sich in Sicherheit, eine Kleinigkeit ... Was aber war passiert, was mußte geschehen, um die berühmt-berüchtigten »Gesellschafter« zu ruinieren? Die Praxis der Rückversicherung, derer sich die großen Versicherungsgesellschaften vor allem seit dem Zweiten Weltkrieg bedienten, besteht darin, große Risiken untereinander aufzuteilen. Eine Versicherung A rückversichert sich bei einem Versicherungsunternehmen B gegen ein bestimmtes Risiko ... B rückversichert sich beim Unternehmen C, das sich bei D rückversichert, und der Kreis ist geschlossen, wenn D sich bei A rückversichert! Darüber hinaus decken die Rückversicherungen ganz kunterbunt eine Vielzahl von Risiken ab. Als Lloyd's die Geschädigten der genannten Unfälle entschädigen mußte, tat man das sowohl als Erstversicherer, aber auch als Rückversicherer seiner Rückversicherer, woraus sich zwangsläufig die schwerwiegenden Probleme des Unternehmens ergaben.[10]

Vom mathematischen Standpunkt aus betrachtet, kann man von der Überlegung ausgehen, was ein »risikoscheuer« Mensch tun würde, dessen Kriterium für den Abschluß einer Versicherung nicht wirklich die Ausgewogenheit ist: Er ist bereit, eine Prämie zu zahlen, die über den Rahmen der Ausgewogenheit hinausgeht, um so etwas wie ein ruhiges Gewissen zu haben. Um die Sache ein wenig zu vereinfachen, nehmen wir an, daß er sich gegen einen einmaligen Unfall versichert, der ihn die Summe M kosten kann. Dieser Unfall ereignet sich mit der Wahrscheinlichkeit q. Um sich abzusichern, zahlt der Versicherte eine Prämie P. Der erhoffte Gewinn ist also Mq. Der Verlust ist gleich der Prämie P. Ausgewogenheit besteht, wenn $P = Mq$. Der Versicherer muß Profit erzielen und setzt P größer als Mq fest.

Nehmen wir jetzt an, bei dem Versicherten handelt es sich um jemanden, der chronisch ängstlich ist. Also wird er sich auf jeden Fall versichern, egal welche Prämie das Versicherungsunternehmen fordert. In Wirklichkeit verbinden sich Verlust und Unsicherheit in einer Nutzenfunktion.[11] Diese bringt den Nutzen zum Ausdruck, den der Versicherte darin erkennt, eine Prämie P zu zahlen[12] Die Theorie des erwarteten Nutzens bedeutet, daß der »rationale« Mensch, was hier mathematisch »ängstlich« heißt, dazu bereit ist, eine Prämie P zu zahlen, die größer ist als sein erwarteter Verlust. Für diesen gilt dann, P mit einem Maximum P_{max}.[13] Bei allem, was über P_{max} hinausgeht, wird er sich nicht versichern. Der Versicherer vergrößert seinen Profit, indem er sich von der Ausgewogenheit entfernt und den Kunden für sein ruhiges Gewissen zahlen läßt. Die Versicherungsgesellschaften spielen auf der Klaviatur dieses Nutzens und passen die Verträge dementsprechend an.[14]

Das Schema der beschriebenen Situation entspricht derjenigen der Versicherungsgesellschaften selbst. Eine solche Gesellschaft arbeitet nach folgendem Muster: Sie möchte ihre Kunden gegen große Risiken (Tankerunglücke, Erdbeben usw.) versichern. Sie schätzt ihr mathematisches Risiko unter Berücksichtigung der Wahrscheinlichkeit möglicher Unfälle und der eingenommenen Prämien. Hierbei haben wir es mit einem jener Fälle zu tun, bei denen das Gesetz der großen Zahl keine Anwendung findet. Die Schätzung der Wahrscheinlichkeit eines Tankerunglücks sowie diejenige der hierdurch verursachten Kosten (in einer Größenordnung von einer Milliarde Dollar) ist ein kompliziertes Problem, dessen Lösungen subjektiv sind.[15] Wie das Beispiel Lloyd's zeigt, besteht die Schwierigkeit darin, daß es zum gleichzeitigen Eintritt verschiedener seltener Ereignisse kommen kann, so daß sich das Problem der Zahlungsfähigkeit der Versicherungsgesellschaft ergibt.

Angesichts derlei Situationen verteilen die Versicherungsgesellschaften ihr Risiko, etwas genauer könnte man sagen, sie verteilen es auf der Grundlage des Prinzips der Gegenseitigkeit. Vergleichen wir zwei Versicherungsunternehmen, die unterschiedliche Kunden haben, zwischen denen keine Beziehung besteht. Es findet ein Treffen von Managern beider Unternehmen statt, auf dem man beschließt, sich behilflich zu sein, um ungestört existieren zu können, d. h., die Veränderlichkeit dessen, was passieren kann, zu reduzieren. Ziel ist es, eine Praxis zu definieren, die nicht das mathematische Risiko und auch nicht den selbstverständlich zufälligen erwarteten Gewinn verändert, ihn aber so wenig zufällig wie möglich macht. Das findet normalerweise seinen Ausdruck darin, daß die Varianz, die hier die Veränderlichkeit des Profits bestimmt, so klein wie möglich gehalten wird. Das Prinzip besteht darin, im Falle eines Unfalls das Risiko, d.h. die Entschädigungen für die Kunden und für Dritte, zu verteilen. Wenn der Unfall den Verlust x bedingt, zahlt die erste Versicherung an den Kunden ax, und die zweite zahlt (1-a) x. Dasselbe gilt für einen Kunden der zweiten Versicherungsgesellschaft. Darüber hinaus zahlt das erste Unternehmen eine Prämie Q an die zweite Versicherungsgesellschaft (oder erhält diese Prämie von ihr). Auf diese Weise liefert man den Nachweis dafür, daß sich, ohne das mathematische Risiko der beiden Versicherungsgesellschaften – also ihren erwarteten Gewinn – zu verändern, die Veränderlichkeit dieses Profits verkleinern läßt. Unter der Voraussetzung also, daß man die Koeffizienten für die Bereitstellung einer Geldsumme a und die Prämie Q mit Bedacht wählt, läßt sich Gewinn erzielen und in gegenseitigem Frieden leben! Zudem findet diese Wahl nicht ein für allemal statt, so daß es für beide Versicherungsgesellschaften zur Schaffung einer Handelsspanne zwischen den optimalen Lösungen kommt.

Die Moral der ganzen Angelegenheit lautet, daß es von Vorteil ist, sich bei der Übernahme von Risiken zusammenzutun, wenn man das moralische und im vorliegenden Falle auch geschäftliche Wohlbefinden erlangen möchte, das eine Situation mit einer kleinstmöglichen Veränderlichkeit bieten kann. Dieses Ergebnis läßt sich auf eine beliebige Zahl von Versicherungsgesellschaften übertragen. Jede dieser Gesellschaften verfolgt ihre eigene Politik, die von der je eigenen Nutzenfunktion bestimmt ist. Sie behält sie auch bei der Weitergabe des Risikos. Die Versicherungsgesellschaften spielen dieses Spiel, zumindest theoretisch, auf eine faire Weise, weil keine der Gesellschaften versucht, Geld auf dem Rücken der anderen zu verdienen. Es wird lediglich das Ziel verfolgt, die Veränderlichkeit ihrer Buchungsergebnisse zu verkleinern.[16] Hierbei handelt es sich jedoch um ein theoretisches Ergebnis, denn wie wir sahen, ist die Realität der Rückversicherung eine ganz andere. Es existiert keine Grenze zwischen Versicherungs- und Finanzwesen, und somit gibt es auch nicht zwangsläufig Ausgewogenheit! Aber der Normalbürger hat zweifellos ein Interesse daran, sich Gedanken über diese typisch genossenschaftlichen Praktiken der Versicherungen untereinander zu machen, die in den meisten Fällen den Versicherungsgenossenschaften ablehnend gegenüberstehen.[17]

9. Kapitel

Börse und Finanz: *Risk is Money*

»Das Kapital spielt mit unserem Königreich Würfel ...«
Léo Ferré

Börse und Wahrscheinlichkeitstheorie

Mehr noch als die Wirtschaft nährt sich die Finanzwelt von den Unsicherheiten[1] in bezug auf das Kommende und der Risikoabschätzung: Risiken, die mit den sozioökonomischen Entwicklungen verknüpft sind, aber auch schwerwiegendere Risiken, die durch die Finanzmechanismen selbst verursacht werden.

Das Börsensystem ist ein Spiel im Universum des Zufalls. Es gibt viele und unterschiedliche Spieler, ihre Risiken sind sehr verschieden und ihre Entscheidungen vielfältig. Es ist unmöglich, das Börsenspiel global zu mathematisieren, und zwar nicht nur wegen der Größenordnung des Systems, sondern auch, weil Zusammenschlüsse, Verhandlungen und Strategien eine Mathematik bedingen, die nicht ohne verfälschende Vereinfachungen auskommt. Die mathematischen Analysen können nur partiell sein und sich nur auf eine einzige Tätigkeitsform beziehen. Darüber hinaus sind so überaus wichtige Faktoren wie »Vertrauen«[2] mathematisch nur schwer faßbar.

Die Wahrscheinlichkeitsrechnung diente zunächst der Abschätzung des Risikos, das die Industriellen auf sich nahmen, um daraus eine Strategie ableiten zu können, die den Profit beim Aktienkauf vergrößerte. Auch wenn an die Stelle der Industrie Staaten, Banken und Versicherungen treten, bleibt das Verfahren das gleiche. Aber seit ungefähr zwanzig Jahren sind die Dinge viel komplizierter geworden. Die Risikoscheu der Geschäftsmänner, Industriellen und schließlich auch der Finanzinstitute selbst führte dazu, daß ein Sicherungsverfahren eingeführt wurde. Das Auf und Ab der Rohstoffpreise konnte der störungsfreien Vergrößerung des Wohlstands der Händler Ende des 19. Jahrhunderts im Wege stehen, und die extremen Schwankungen der Wechselkurse stellten seit mehreren Jahrzehnten eine Bedrohung für die Industriepolitik dar. Demzufolge wurde es notwendig, sich gegen das Risiko durch die Finanzspekulation abzusichern.[3]

Zu diesem Zweck wurde ein immer ausgetüftelterer mathematischer Rahmen geschaffen, der es zum Beispiel möglich machte, sogenannte »virtuelle« Produkte zu entwickeln, die genauso wie Versicherungen das Risiko als eine Ware betrachten. Dennoch besteht ein wesentlicher Unterschied zu den Versicherungen. Der Markt des Finanzrisikos ist geprägt von einer sehr großen Schwankung, da er nicht auf dem Gesetz der großen Zahl und seinen regulativen Wirkungen basiert. Zudem sind die Regeln des Börsenspiels nicht so genau festgelegt wie diejenigen der Versicherungen.

An Hand von vier verschiedenen Phänomenen läßt sich die Rolle der Mathematik des Zufalls sehr gut veranschaulichen: der Risikodiskurs für die Allgemeinheit, das Problem der Ausgewogenheit, die virtuellen Produkte und die Notwendigkeit, immer höher entwickelte Formen der Wahrscheinlichkeitsrechnung anzuwenden.

Der Risikodiskurs für die Allgemeinheit

»Das Vermögen lacht dem Mutigen«, lautete die farbig gestaltete Überschrift eines Briefes, den eine französische Bank im Mai 1993 an ihre Kunden verschickte. Dieser Brief diente dazu, die Kunden zum Börsengang zu ermuntern und ihnen zu verstehen zu geben, welche Würde und welches Interesse ihnen erwächst, wenn sie sich als Kleinanleger an der Börse beteiligen. Der fragliche Brief schloß mit folgenden Sätzen:

> Die Umkehr der Zinsentwicklung könnte Ende 1993 abgeschlossen sein. Die Geldfonds, die gleichzeitig großen Gewinn brachten, *kein Risiko* enthielten und jederzeitige Ver-

> fügbarkeit boten, werden zwar nicht mehr als ein Wunderprodukt anzusehen sein, bleiben aber als Geldanlage unersetzlich. Der Einstieg in Obligationen und Aktien wird immer interessanter. Für denjenigen, der warten kann, wird der Gewinn wieder zunehmend zu einer *Entschädigung für das Risiko* ...

»Kein Risiko« bedeutet hier nicht, daß der erhoffte Gewinn immer positiv ist, wohl aber, daß der Gewinn immer positiv ist. In dieser Hinsicht besteht keine Unsicherheit. Das heißt, zehn Jahre lang lebte man in der absoluten Sicherheit, einen größeren Ertrag zu erzielen, als es bei der Einzahlung desselben Betrags auf ein Sparkonto der Fall gewesen wäre. Bliebe nur noch zu fragen, auf wessen Kosten dieses Geld verdient wurde und warum nicht alle in gleichem Maße von der Situation profitiert haben, aber das ist eine andere, eine politische Geschichte.[4]

Der letzte Satz des zitierten Briefes ist bezeichnend: Das Risiko verschwindet, zumindest für denjenigen, der über die Mittel verfügt, geduldig zu sein. Wenn man lange genug auf seine Entschädigung wartet, kann man sicher sein, sie auch zu bekommen.[5] Untersuchungen belegen, daß Aktien auf lange Sicht, selbst in schwieriger Situation, immer rentable Produkte gewesen sind. Starke Börsenflauten, die durch Finanzschocks verursacht worden sind, haben niemals über längere Zeiträume angehalten. Die Investitionen in Aktien bargen ein geringeres Risiko als die anderen Finanzprodukte. So hielten 1994 beispielsweise zwar nur noch 30 % der Aktionäre ihre Anteile, die sie bei den Privatisierungen von französischen Staatsbetrieben 1987 erworben hatten, aber sie hatten sehr viel mehr Gewinn erzielt, als dies bei jeder anderen Anlageform der Fall gewesen wäre.[6]

Die Sprache kann nicht nur Zuversicht vermitteln, sondern sie kann auch einen pädagogischen Ton annehmen, wenn es darum geht, dem Kunden zu erklären, wie man sein Geld verwaltet, d. h., »wie man die Rentabilität vergrößert und gleichzeitig das Risiko vermindert, indem sich für die angemessenen Hilfsmittel entscheidet und die Möglichkeiten des Marktes auslotet«. Das *top and down*-Verfahren wird folgendermaßen beschrieben:

> Strategische Zuteilung: unter Berücksichtigung der zuvor geleisteten Tendenzanalyse, der Art des betreffenden Wertpapiers, seines zulässigen Risikoniveaus, des Bezugsindexes, mit dem seine Leistungsfähigkeit gemessen wird, geht es in dieser Phase darum, die optimale Zuteilung für jeden einzelnen Markt zu bestimmen *(gemessen an dem Verhältnis Rentabilität-Risiko).* Weiter muß mit Hilfe des Segments der Zinsentwicklung und der Zinssparte (Festzinsen, variable Zinsen, Geldanlage) für jeden Markt die Zuteilung definiert werden, was die Steuerung des Gefühls für die Zinsentwicklung mit enthält.
>
> Diese Arbeit wird mit Hilfe von Simulations- und Optimierungsprogrammen geleistet. Sie berücksichtigt auch ein zu erwartendes Szenarium der Zinsentwicklung innerhalb eines bestimmten Zeitraums, ohne dabei die Auswirkungen ungünstiger Szenarien auf die Kursentwicklungen außer acht zu lassen.

Diese heutzutage allgemein verbreitete Diskursform erschließt sich nur einer sehr kleinen Schicht von Berufssoziologen und spricht nicht die Mehrheit der Besitzer von Aktien und Obligationen an. Da es ihm an technischem Wissen fehlt, ist der Kleinaktionär nicht dazu in der Lage, derlei Methoden zu beurteilen.

Das, was über das Risiko gesagt wird, ist zweideutig. Tatsächlich kann man unter der Voraussetzung, eine Höchstgrenze für das Risiko festzusetzen, höchstens versuchen, eine möglichst große Rentabilität zu erzielen. Der Aussage, daß man die Rentabilität vergrößere und gleichzeitig das Risiko vermindere, die auf den ersten Blick zu bedeuten scheint, daß man in jedem Fall einen Gewinn erzielt, ist nicht mehr Bedeutung beizumessen als einem zweifelhaften Werbeslogan. Das Risiko erfährt hier überhaupt keine genaue Definition. Für den Leser wäre es interessant zu erfahren, mit welchen Wahrscheinlichkeiten und Verlusten die ungünstigen Szenarien *a priori* versehen sind und welches das günstige Szenarium ist. Die Bank verfügt über Zahlen, aber sie werden dem Kunden nicht einmal in einem vertraulichen Gespräch vorgelegt. Wir bewegen uns hier also auf dem Feld sehr geheimer Zahlen! Man »erklärt« dem Aktionär die Verwaltungsmechanismen, die aber für ihn ein Brief mit sieben Siegeln bleiben, denn ein Optimierungsprogramm ist selbst für viele Wissenschaftler und Mathematiker ein Brief mit sieben Siegeln. Der Kunde hat keine andere Möglichkeit, als der Bank eine Handlungsvollmacht auszustellen. Das Autoritätsargument, dessen man sich bedient, um ihn dazu zu bewegen, basiert bedauerlicherweise auf einer pseudomathematischen Sprache.[7]

Ausgewogenheit, Information, Strategie: Der Preis des Risikos

Sowohl dem Kleinaktionär als auch der Finanzholding ist das oberste Börsenprinzip bestens bekannt: die Aktien werden an einem Tag T gekauft, um an einem Tag T + N wieder verkauft zu werden, wobei N im Hinblick darauf gewählt wird, den Gewinn zu maximieren. Schematisch ausgedrückt sind die Parameter der Strategie: das Anfangskapital, die Auswahl der verschiedenen Aktien und Obligationen und der Zeitpunkt von Kauf und Verkauf.

Der »Kleinaktionär« setzt also *a priori* auf das Unternehmen, wie er beim Pferderennen auf ein Pferd setzt, und hofft, daß Aluminium gut gehen wird, das Unternehmen Péchiney besser abschneidet als seine Konkurrenten, daß das manchmal schwer einzuschätzende Feld der Politik und die Kämpfe um soziale Errungenschaften seine Pläne nicht zunichte machen. Um seine Strategie zu entwickeln, liest er anstatt einer Wettzeitschrift die Wirtschaftsseiten der wichtigen Tageszeitungen und die Wirtschaftsmagazine, die nicht nur über alle wichtigen Gerüchte berichten, sondern auch verifizierte Informationen und zweifelhafte Analysen enthalten. Der Kleinaktionär, dem auf diese Weise Insider-Informationen[8] vorenthalten werden, verfügt, außer in Ausnahmefällen, auch nicht über solche Vorhersagen, die mit Hilfe statistischer Modelle und finanzmathematischer Ergebnisse bezüglich der Markttendenzen angestellt wurden.

Wahrscheinlich sind einige dieser Kleinanleger[9] wahre Börsengenies, aber es ist höchst zweifelhaft, ob ihre persönlichen Qualitäten einen entscheidenden Faktor darstellen. Tatsächlich ist das eigentliche Genie der meisten Kleinanleger ihr Anlageberater bei der Bank, der seinerseits keinerlei Einfluß auf die politischen Entscheidungen seines Unternehmens hat. Demnach besteht eine Ungleichheit angesichts des Informationszugangs, und darüber hinaus können auch technische Ungleichheiten eine Rolle spielen, die sich noch verstärkend auf die erste Ungleichheit auswirken. So gibt es etwa ein fundamentales Verfahren, das direkt auf der Wahrscheinlichkeitsrechnung basiert: Ein und derselbe Aktionär kann grundsätzlich die Schwankung des Gewinns verringern, ohne seine Gewinnerwartungen zu verändern, d. h., er kann sein »geistiges Wohlbefinden« verbessern. Hierzu müßte er sein Risiko auf eine möglichst große Zahl von Werten »verteilen«. Das Grundprinzip der Berechnung ist dasselbe wie bei den Rückversicherungen. Und die Banken verfügen auch tatsächlich über die geeigneten mathematischen Mittel, um das Risiko ihres Kunden auf verschiedene Aktien zu verteilen. Allerdings nutzen sie diese Mittel nicht bei jedem Kunden, denn sie verfolgen eine globale Politik, die den Interessen des einzelnen Kunden zuwiderlaufen kann.

Man kann sich durchaus fragen, was eigentlich passieren würde, wenn es tatsächlich einen gleichberechtigten Informationszugang und eine gleichberechtigte Nutzung der Verfahren (Fristen, verfügbare Werte usw.) gäbe. Das Aktienspiel von Kauf und Verkauf wäre dann ein sehr komplexes Spiel, an dem sich jeder mit seiner Intuition, aber auch mit seinen wirtschaftlichen, politischen oder mathematischen Kenntnissen beteiligen könnte. Vielleicht führt die technologische Entwicklung ja dazu, daß diese Situation irgendwann einmal an der Börse eintritt, denn die Mechanismen des Spiels werden offensichtlicher. Aber es gibt immer noch Dunkelzonen bei der Identifizierung der Spieler – Personal, Unternehmen, Subunternehmen, Subunternehmen von Subunternehmen – und bei der genauen Abschätzung des Risikos. Die mathematische Fiktion – die mit Sicherheit nicht nur eine mathematische Fiktion ist – besteht darin, daß, wären sowohl die Information als auch die mathematische Technik weit genug verbreitet, die Börse zum Stillstand käme, weil es keinen Handlungsspielraum, keinen Zufall mehr gäbe! Hiervon sind wir vor allem deshalb noch weit entfernt, weil die »Meinung« ein kaum vorhersehbarer Faktor bleibt und die Bewertungsinstrumente nach wie vor sehr unzuverlässig sind.

Die Bewertung von Finanzprodukten durch Fachleute erfolgt immer noch nach empirischen Kriterien. Selbst die Banken müssen sich bewerten lassen, da sie ansonsten Gefahr laufen, als riskante Unternehmen angesehen zu werden. Die Noten, die jedes Bankunternehmen erhält, sind in der Finanzwelt von entscheidender Bedeutung. So kann John Bahn, der Chef eines großen Bewertungsunternehmens, öffentlich erklären: »Wir sind ein notwendiges Übel, ein unabhängiger Beobachter, dessen einzige Aufgabe darin besteht, die *Wahrscheinlichkeit* zu beurteilen, mit der das Kapital und die Zinsen einer Emission innerhalb des vorgesehenen Zeitraums vollständig honoriert werden.«[10]

Wie läßt sich unter diesen Bedingungen die Ausgewogenheit des Börsenspiels definieren? Ausgewogen wäre es zweifellos dann, wenn sowohl für den Kleinanleger als auch für den Großaktionär der erhoffte Gewinn durch die Teilnahme am Börsenspiel sehr stark dem gleichkäme, was dieselbe Anlagesumme bei festverzinslichen Wertpapieren oder – vorausgesetzt, der Staat ist bei der Festsetzung der Zinsen für Spareinlagen unparteiisch – die höchsten Sparzinsen eingebracht hätten. Diese sehr unvollkommene Definition der Ausgewogenheit berücksichtigt insbesondere nicht die internationale Dimension der Finanzmärkte. Ich habe sie hier nur deshalb erwähnt, um eine ungefähre Vorstellung von ihr zu vermitteln.

Um Aussagen über den erwarteten Gewinn machen zu können, müßte man dazu in der Lage sein, Angaben sowohl zu den Kleinanlegern als auch zu den Unternehmen zu analysieren. Es mag zwar merkwürdig sein, aber man kann feststellen, daß es hierzu keine vollständige und zuverlässige Untersuchung gibt. Verschiedene Arbeiten[11] zeigen, daß sehr langfristig betrachtet die Rolle der Inflation für die Beziehung zwischen Aktien und Obligationen ausschlaggebend war, aber das ist keine Beschreibung des möglichen Profits der Spieler innerhalb eines kürzeren Zeitraums. Es gibt auch keine öffentlich zugänglichen und genauen Statistiken auf der Grundlage von Steuererklärungen über die Verluste und Gewinne der Börsenerträge. Die wachsende Zahl von Aktionären[12] und Inhabern von Obligationen kann den Eindruck erwecken, das Börsensystem sei einträglicher als die klassische Form des Sparens. Aber dieses indirekte Argument ist zweifelhaft. Die Zahl der Spieler, die sich den unausgewogensten Glücksspielen hingeben, wächst unaufhörlich weiter. Und hierbei spielt der kulturelle und politische Aspekt eine ganz wesentliche Rolle. Allerdings verteilt sich die Unausgewogenheit bei Glücksspielen auf eine sehr große Zahl von Spielern, so daß der Traum einen akzeptablen Preis hat. Was wäre, wenn es beim Börsenspiel andauernd schwere Verluste hinzunehmen gäbe?

Es ist also nicht möglich, die Ausgewogenheit im Bereich der Börse mathematisch zu fassen. Ideologisch findet die Idee der Ausgewogenheit Eingang in der vagen und nicht mathematischen Formel vom »Preis des Risikos«. Indem man aus dem Risiko einen normalen Handelsartikel macht, der einen Preis hat und den Marktgesetzen unterworfen ist, gleicht man ihn der Frucht der Arbeit an. Auf diese Weise mildert man das Mißbehagen ab, das die Vorstellung hervorruft, sich einzig durch das Spiel finanziell zu bereichern. Die zentrale Funktion der Bezeichnung »Preis des Risikos« besteht darin, eine scheinbare Übereinstimmung zwischen den Ausdrücken »das Geld arbeiten lassen« und der »menschlichen Arbeit« herzustellen.

Virtuelle Produkte: Geldgeschäfte auf Gegenseitigkeit oder das Risiko des Risikos

Auf die Frage: »Denken Sie nicht, daß die Zentralbanken angesichts der internationalen Märkte ihre Macht verloren haben?«, antwortete Klaus Tietmeyer, der Präsident der Deutschen Bundesbank, im Jahre 1993: »Das Problem resultiert nicht aus den Geldmengen, die bewegt werden. Es resultiert vielmehr aus der aktuellen Tendenz, die Risiken zu vergesellschaften.«[13] Und es lag im politischen Interesse des Bundesbankpräsidenten, ein Übermaß an sozialer Sicherung zu verurteilen. Aber hier hatte er mit dem Begriff *vergesellschaften* einen ganz bestimmten Mechanismus des modernen Kapitalismus im Auge: die Erfindung der Ware Risiko. Er hätte auch sagen können, daß die Finanzleute das Risiko genauso untereinander aufteilen, wie es die Versicherer bei der Rückversicherung tun. Aber im Finanzbereich besitzt die Aufteilung des Risikos eine sehr viel komplexere Form als im Versicherungsbereich.

Die Ware Risiko kann als eine Versicherung gegen die Schwankungen der Finanzprodukte wie beispielsweise Wechselkurse oder Aktienpreise angesehen werden. Nehmen wir an, ein französischer Exporteur würde eine Fabrik in die Vereinigten Staaten liefern, die in drei Monaten und in Dollar zahlbar wäre. In dieser Zeit fällt der Dollarkurs drastisch. Da der Selbstkostenpreis der Fabrik in Francs berechnet ist, würde der Exporteur einen erheblichen Verlust riskieren. Seine Forderung gegenüber dem amerikanischen Käufer stellt er also mittels eines Finanzproduktes, das am Markt gehandelt wird. So macht der französische Exporteur im Falle eines Wechselkursanstiegs des Dollars einen um die Kosten seiner Versicherung reduzierten Gewinn, während er im Falle einer Wechselkurssenkung einen Verlust hinnehmen muß, der durch die abgeschlossene Versicherungssumme aufgefangen wird.[14] Der Versicherer, bei dem es sich im vorliegenden Fall um eine andere Bank handelt, übernimmt also das Risiko des Risikos von Wechselkursschwankungen und läßt sich hierfür natürlich bezahlen.

Genauso kann man den Kauf von Aktien aufschieben, indem man eine sechsmonatige Kaufoption erwirbt, die zwar Geld kostet, mit deren Hilfe es aber möglich ist, ein zu großes Risiko zu vermeiden. Sollte es sich erweisen, daß das Produkt tatsächlich interessant ist, kauft man nach sechs Monaten die Aktien, andernfalls tritt man vom Kauf zurück. In manchen Fällen ist es sogar möglich, zu jedem beliebigen Zeitpunkt im Laufe dieser sechs Monate zurückzutreten. Sollen diese als »Derivate« oder »virtuelle Finanzprodukte« bezeichneten Gebilde für den Kunden interessant und für die Banken rentabel sein, sind recht komplizierte mathematische Berechnungen notwendig.

Der Handel mit Derivaten hatte 1992 weltweit ein Volumen von mehr als 8000 Milliarden Dollar. Es ist leicht einsehbar, daß derlei Produkte für die Stabilität des Finanzmarktes sehr gefährlich sein können. Sie eignen sich für eine Vielzahl von Finanzmanipulationen, die mit den Mitteln der klassischen Buchführung nur schwer zu erfassen sind. Ihr Markt ist undurchsichtig.[15] Genauso wie die Rückversicherung tendiert dieser Markt dazu, »geschlossene Kreisläufe« zu bilden: am Ende rückversichert eine Finanzgruppe ihr eigenes Risiko. Die Banken sichern sich durch die Rückversicherung[16] gegen zu große Schwankungen sämtlicher Bankprodukte ab, die von ihnen selbst angebotenen hierin mit eingeschlossen. Der Markt der »virtuellen« Produkte, d. h. der »Ware Risiko«, hat kein physisches Gegengewicht, er verfügt nicht über das Trägheitsmoment, das dem Aktienmarkt normalerweise zu eigen ist, so daß es zu sehr schnellen Kapitalbewegungen und unmittelbaren Rückzahlungsforderungen kommen kann. Diese Produkte sind reizvoll, weil sie sehr schnelle Renditen versprechen, sie haben aber nicht zwangsläufig Auswirkungen auf die Wirtschaft, weil der Aktionär-Investor zahlt, damit er kein Risiko trägt.

Das Börsensystem will ein normaler Industriezweig sein, so als wäre das Geld Werkzeug und »Industrieprodukt« in einem. Das liberale Credo lautet: »Die moralische Rechtfertigung für den Profit ist das Risiko«, aber der politische Diskurs des Liberalismus stößt auf ein Problem: »Inwiefern ist es weniger moralisch vertretbar, Geld mit virtuellen Produkten, als Geld mit einem Industrieunternehmen zu verdienen?« In Anlehnung an die konjunkturelle Entwicklung der letzten Jahre und Jahrzehnte gibt es ein breites Spektrum von Verhaltensweisen dieser Frage gegenüber: Es reicht von der fast vollkommenen Nichtbeachtung während der siebziger und achtziger Jahre bis zur fast einhelligen und entschiedenen Verwerfung durch die politische Klasse ab 1995. Sie sieht einen Gegensatz zwischen der Finanzspekulation und Wirtschaftsunternehmen, die Arbeitsplätze schaffen. Eine der Notwendigkeiten des kapitalistischen Systems besteht in jedem Fall darin, das Risiko zu verteilen, d. h., es benötigt virtuelle Produkte – und sei es auch nur im Bereich der Wechsel –, um die Wirtschaftsunternehmen führen zu können. Die Verurteilung der Wechselkursspekulation durch bestimmte Börsenkreise scheint den Umständen angemessen zu sein, zumal die leidenschaftlichen Anhänger des Marktes in den Spekulanten »Korrektoren der verfälschten staatlichen Wirtschaftspolitik« sehen. Wäre dies tatsächlich so, dann müßten die Aktivitäten der Spekulanten das System stabilisieren, wohingegen sie wohl eher dazu beitragen, es zu destabilisieren oder zumindest unkontrollierte Bewegungen innerhalb des Systems zu verursachen. Da es noch keine wirklich überzeugenden mathematischen Modelle für die Bewegungen der Wechselkurse gibt, bleibt eine scheinbar naive Frage weiterhin unbeantwortet: Warum gibt es keine Regeln für die Transparenz von Wechselkursgeschäften und Geschäften mit virtuellen Produkten? Die Spekulanten profitieren nicht nur von der Unordnung, die durch einen lästigen Zufall verursacht wurde, denn die Gewinne aus Wechselkursgeschäften werden nicht besteuert. Und daraus ergibt sich für uns das immergleiche Problem: Um die globalen Auswirkungen der virtuellen Produkte – beispielsweise im Bereich der Wechselkurse – zu klären, müßte man über öffentlich zugängliche Statistiken verfügen.

Die Notwendigkeit der Wahrscheinlichkeitsrechnung

Die virtuellen Produkte und der Terminhandel mit Optionen haben bei der Festsetzung des Preises unweigerlich zur Anwendung der Wahrscheinlichkeitsrechnung geführt. Vor beinahe hundert Jahren führte Bachelier[17] die Brownsche Bewegung ein, ein sehr unregelmäßiger mathematischer Gegenstand, der sich sehr stark von den seinerzeit gängigen mathematischen Gegenständen unterschied und dazu diente, die Preisentwicklung im Finanzbereich darzustellen. Bacheliers Hypothese bestand darin, daß die Preisschwankung zwischen zwei aufeinanderfolgenden Zeitpunkten z und z + 1 unabhängig von den Werten des Preises bis einschließlich des Zeitpunktes z sind. Diese sehr starke Hypothese wurde später im Finanzwesen als Hypothese des zufälligen Marktes bezeichnet. Sie bedeutet, daß zu einem Zeitpunkt z der beste Anhaltspunkt für die Vorhersage des Aktienpreises zu einem Zeitpunkt z + 1 gerade der Preis zum Zeitpunkt z ist. Die Hypothese Bacheliers wurde später dadurch modifiziert, daß man die Preisschwankungen zunächst von der öffentlich zugänglichen Information und später dann von anderen Informationen abhängig machte. Bacheliers Lehrsatz war gewagt, und trotz der Unterstützung eines so angesehenen Mathematikers wie Poincaré, der im Gutachterausschuß seiner Habilitationsschrift saß, wurde er weitestgehend vergessen. Die Brownsche Bewegung stand weder in Harvard und erst recht nicht an der Pariser Handelshochschule (H.E.C.) auf dem Lehrplan. Die Finanzmathematik blieb weiterhin auf die Anwendung der Dreisatz-Regel oder bestenfalls auf die Nutzung elementarer Statistiken beschränkt. Für die Umkehrung der Situation sind mehrere Ursachen verantwortlich.

Die Entwicklung der Informatik bildete die Voraussetzung dafür, beträchtliche Datenmengen sehr schnell zu verarbeiten, zuvor unvorstellbare Vorhersageberechnungen anzustellen und zu simulieren. Auf dieser Grundlage ist es möglich geworden, eine Vielzahl neuer Produkte, wie etwa die Derivate, zu entwickeln. Die Einrichtung eines Marktes für Derivate – Wechsel auf einen Wechsel, was die Aktien ja sind – erforderte eine angemessenere Sprache, als es die gängige Finanzsprache war. Hierbei konnte es sich nur um eine »technische Sprache« auf mathematischer Grundlage handeln. Begünstigt wurde ihre Entstehung durch die Faszination, die die Mathematik auf Bankkreise ausübte und durch die sehr frühzeitige Beschäftigung der Mathematiker mit einer Situation, die sie interessant fanden. Wesentlich aber ist, daß den Hintergrund hierfür die Notwendigkeit bildete, die Beschreibung des Finanzmarktes zu rationalisieren.

1973 haben Black und Scholes ein mathematisches Modell in das Finanzwesen eingeführt, das auf der Brownschen Bewegung von Bachelier aufbaut. Dieses Modell ist in die Finanzwelt eingedrungen, hat dort zunehmend an Vielseitigkeit und Komplexität gewonnen, um dann in den achtziger Jahren zum Kommunikationsmittel für die Fachleute der Finanzmathematik zu werden. Sie nutzen für ihre Arbeit immer häufiger eine sehr weit entwickelte Form der Wahrscheinlichkeitsrechnung.

Die mathematische Fachsprache wird insbesondere den Zwängen gerecht, die sich aus der Veränderung des Zeitmaßstabes ergeben haben: Bei den Aktivitäten an den Finanzplätzen ist die Sekunde zu einer bedeutenden Zeiteinheit geworden. Früher konnten die Makler die Operationen im monatlichen Rhythmus durchführen und die Kurse einmal täglich notieren. Seit der Einführung der Computer haben sich die Reaktionszeiten des Marktes zunächst auf einen Stundentakt und dann auf einen Minutentakt verkürzt, und dank der Netze, die jede Entfernung aufheben, reagieren sie jetzt beinahe unmittelbar. Die Zeitabstände, die noch zwischen dem Informationseingang an allen Börsen auf der ganzen Welt liegen, sind unendlich klein geworden: man kommuniziert und arbeitet in Echtzeit. In den gängigsten Finanzmodellen ist die Entwicklung eines Preises die Summe aus einer Frist, die vom Wert des untersuchten Preises zum unmittelbar vorausgehenden Zeitpunkt abhängt – die sogenannte Abweichfrist –, und einer zufälligen Frist, die sehr schnell schwankt und die unmittelbare Veränderlichkeit, die Flüchtigkeit des Preises darstellt. Die Preisschwankungen im Laufe der Zeit sind derartig unregelmäßig, daß es unmöglich ist, etwas zu messen, das der durchschnittlichen Schwankung der Preise innerhalb eines kurzen Zeitintervalls nahekäme. Diese Unregelmäßigkeiten verbieten es der Mathematik, intuitiv vorzugehen. Ein beweglicher Körper, der sich in Echtzeit gemäß eines Modells bewegt, das den Finanzmodellen entspricht, hat eine Bewegungslinie, die so schnell hin und her pendelt, daß es unmöglich ist, seine Geschwindigkeit zu bestimmen. Die gängigen Regeln der Mechanik lassen sich also auf diesen beweglichen Körper nicht anwenden.

Die elementaren Wahrscheinlichkeiten sowie die Statistik sind für die Finanzwelt, die bis vor kurzem noch im wesentlichen von Leuten ohne besondere mathematische Fähigkeiten beherrscht war, leicht begreifbar. Man bewegte sich auf dem festen und wohl bekannten Boden der inkonstanten Zeit, die durch die Folge der ganzen Zahlen, Stunden, Tage, Monate ausgedrückt wurde, und der klassischen mathematischen Gegenstände. Mit den neuen Modellen hat sich die Problemstellung verändert: Ohne eine ausreichend lange technische Befassung ist die Wahrscheinlichkeitsrechnung in Echtzeit schwierig und nicht intuitiv. Die in der Finanzwelt vertrauten Begriffe des Gleichgewichts, der Arbitrage bei geschlossenen oder offenen Märkten und der Strategie für die Deckung von Aktiva erfahren im Rahmen der Wahrscheinlichkeitsrechnung eine elegante und klare Ausformulierung. Das gilt zumindest dann, wenn man sich auf die eindeutigsten Formeln beschränkt. Die sich hieraus ergebenden praktischen Perspektiven für die Analyse der Preisbildung sind nicht zu vernachlässigen.

Demnach scheint es nur logisch zu sein, daß sich der Finanzbereich, über jede Modeerscheinung hinaus, endgültig diese mathematisierte Sprache zu eigen gemacht hat und die Wahrscheinlichkeitsrechnung in den Handelsschulen unterrichtet wird. Parallel hierzu haben die Wahrscheinlichkeitsmathematiker eine Finanzmathematik ausgearbeitet, die ihre eigene Dynamik entwickelt hat und deren Verbindung mit konkreten Anwendungen nicht zwangsläufig ist.

Diese Darstellung ist jedoch ein wenig zu idyllisch. Auf den ersten Blick ist der Entwurf des Finanzmodells mechanistischer Natur: die modellförmige Darstellung der Schwankungen mit

Hilfe einer Brownschen Bewegung ist sehr willkürlich, obwohl sich das durch ökonomische Nutzen- und Gleichgewichtstheorien rechtfertigen läßt. Es ist die Brownsche Bewegung, die den Prozeß der Preisveränderungen hervorbringt, so wie das Neuerungsrauschen die wirtschaftsstatistischen Modelle hervorbrachte. Außerhalb dieses Rauschens gibt es kein Phänomen mehr. Heute werden diese Modelle aus unterschiedlichen Gründen massiv in Frage gestellt.[18] Nicht wenige halten das Modell für zu wenig zufällig, für nicht unregelmäßig genug. Die Mode des Chaos hat auch das Finanzwesen erfaßt, und die Schwierigkeiten bei der Vorhersage führen dazu, daß die Finanzwelt sich den Theorien des mathematischen Chaos zuwendet.[19]

Ist es möglich, die Gültigkeit dieser Modelle statistisch zu überprüfen, d.h., die Vorhersagen, die sie machen, mit den beobachteten Entwicklungen zu vergleichen? Da man über Daten verfügt, kann man versuchen, die Parameter zu berechnen – zum Beispiel die Flüchtigkeit im Falle des Modells von Black und Scholes –, um diese Berechnungen dann für die Vorhersage zu nutzen. Es sind schon viele Versuche in diese Richtung unternommen worden.[20] Aus diesen Versuchen ging hervor, daß die kurzfristige Vorhersage mittelmäßig bis schlecht ist. Man hat sogar den Schluß gezogen, daß diese Modelle sich nicht dazu eignen, die Finanzphänomene angemessen zu beschreiben, die sie in Modellform darstellen sollen!

Es handelt sich also um Modelle, die nur einen geringen Erklärungs- und Vorhersagewert besitzen, nur sehr schlecht an die bekannten Daten angepaßt sind und trotzdem überall in der Finanzwelt angewendet werden. In den meisten Fällen werden diese Modelle verwendet, ohne daß sie wirklich an die Statistik angelehnt wären. Ein Mensch mit Kunstverstand, der sich seiner statistischen Kleider entledigt hat, weiß die Flüchtigkeit des Preises zu schätzen. Sie ist die wesentliche Eigenschaft des Modells. Mathematisch betrachtet repräsentiert sie die Amplitude des Erzeugungsrauschens. Die auf diese Weise zustande gekommenen Vorhersagen sind in jedem Fall fast genauso zutreffend wie irgendwelche anderen auch.[21] Das heißt: werden diese Modelle mit einer Mischung aus Empirismus und Mathematik angewendet, dann stellen sie ein ziemlich effizientes Arbeitsinstrument dar.

Bliebe nur noch die größte Gefahr, auf die viele angesehene Mathematiker insbesondere anläßlich des Börsenkrachs von 1987 in den Vereinigten Staaten hingewiesen haben. Da alle Betroffenen bei einem deutlichen Kurseinbruch an der Börse dazu tendieren, auf der Grundlage desselben falschen Modells zu argumentieren, ist die Reaktion, die aufgrund einer auf diesem Modell basierenden Berechnung zustande kam, meistens überall gleichzeitig falsch. Durch einen Verstärkungseffekt kann eine solche sozio-mathematische Situation demnach das Ungleichgewicht noch verstärken. So wie die Wasseringenieure vor fünfzig Jahren noch mechanistische Modelle benutzten, deren Gültigkeit nicht bewiesen war, weil sie die Hochwasserstände der Flüsse nicht in Modellform darstellen konnten, benutzen die Finanzleute immer noch Modelle, deren Fehler sie kennen. Im Finanzwesen reicht es im Prinzip nicht, die Dicke der Staumauer zu verdoppeln, um eine größere Stabilität zu erreichen. Aber vielleicht sind hier ja die Mauern nichts anderes als ein Schleier aus Rauch, der andere Phänomene verdeckt, die weniger offensichtlich sind, als es die Preisschwankung der Optionen ist, und die am Ende dem Gebäude seine Stabilität verleihen? Zudem muß es merkwürdig anmuten, daß in einer Zeit großer wissenschaftlicher Aktivitäten eine so wenig fundierte Theorie derartig lang die Bühne beherrscht. Einer der wesentlichen Gründe hierfür dürfte die Tatsache sein, daß die Finanzkatastrophe, der große Krach an einem schwarzen Freitag, keine sehr wahrscheinliche Katastrophe zu sein scheint. Die Aktivitäten am Finanzmarkt sind weniger von der staatlichen Politik abhängig, sondern vielmehr von einer nur schwer zu umreißenden gesellschaftlichen Gruppe, die über ein begründetes Vertrauen in ihre Fähigkeit verfügt, das Risiko zu kontrollieren, und die, sowohl was den Derivate-Markt als auch alle anderen Märkte betrifft, an ihre eigenen Regulierungssysteme glaubt. Aber der entscheidende Grund ist wohl, daß nur leistungsstärkere mathematische Modelle die gängigen Modelle ersetzen könnten. Und bisher hat sich kein solches Modell aufgedrängt.[22]

10. Kapitel

Unberechenbare oder nicht berechenbare Risiken?

Risiken außerhalb des mathematischen Feldes

Von schwerwiegenden Risiken spricht man einerseits anläßlich der dramatischen Folgen punktueller Ereignisse wie Erdbeben oder der Kernschmelze in einem Atomreaktor, andererseits aber auch anläßlich von »langfristigen« Ereignissen, deren Ursachen oder Folgen noch nicht vollständig bekannt sind. Das ist etwa beim Treibhauseffekt oder der Zerstörung der Ozonschicht der Fall.

Die Entstehung der Ökologiebewegung, die Energiekrise, die Minikrachs waren die Ursache für eine Flut von Veröffentlichungen zu schwerwiegenden Risiken, für unendlich viele Simulationen von Katastrophenszenarien, die wechselweise zum Nachdenken anregen, eine Warnung darstellen oder einfach nur Angst machen sollten. Politiker und Zukunftsforscher stochern in einem oftmals mathematisierten Nebel.

Welches sind die großen Probleme, die wirklich in die Zuständigkeit mathematischer Berechnungen im unsicheren Universum fallen? Die Antwort, die sich natürlich von Tag zu Tag verändern kann, lautet: alle Probleme, die sich mit soliden Argumenten in ein mathematisches Modell fassen lassen, und alle diejenigen Probleme, denen sich eine, wenn auch nicht präzise, so doch innerhalb einer bestimmten Größenordnung sich bewegende Wahrscheinlichkeit zuordnen läßt. Um ein Modell zu erstellen, muß man über Wissen verfügen, das über den Rahmen der Mathematik hinausgeht: beispielsweise physikalisch-chemisches Wissen im Falle der Ozonschichtzerstörung[1], soziologisch-demographisches Wissen im Falle von Überbevölkerung oder Finanzwissen, wenn es darum geht, über den möglichen Zusammenbruch der Börse nachzudenken. Eine ganze Reihe schwerwiegender Probleme lassen sich nicht in Modellform darstellen und sind rechnerisch nicht erfaßbar. Das gilt beispielsweise für den Ausbruch von Kriegen oder einschneidende wirtschaftliche Veränderungen. Geopolitische Überlegungen können sich eigentlich nie über einen Zeitraum erstrecken, der über die nächsten zwanzig Jahre hinwegreicht. Das Finanzsystem scheint unstabil zu sein, und weder wissen wir genau, wie ausgeprägt seine Erholungsfähigkeit ist, noch wissen wir, ob die großen Staaten in der Lage sind, eine tiefgreifende Krise mit vollkommen unvorhersehbaren gesellschaftlichen Folgen aufzufangen.

Die physikalische Analyse anderer Probleme schafft nicht die Voraussetzungen für mathematische Berechnungen, die geeignet wären, die Öffentlichkeit aufzuklären. Das gilt zum Beispiel für den Treibhauseffekt, der heute die größte klimatische Bedrohung für die Menschheit darzustellen scheint. Das Zögern der mit einem derartig komplexen Problem befaßten Wissenschaftler[2], die zweifelhaften Mathematisierungen, mit denen viele Mißbrauch betreiben, indem sie sie der Allgemeinheit vorstellen, liefern natürlich nicht den Beleg dafür, daß dieses Problem nicht von erheblicher Bedeutung ist. Aber momentan gibt es eben immer noch keine wissenschaftlich überzeugende Behandlung des Problems, mit dessen Hilfe es möglich wäre, ein ausreichend begründetes mathematisches Modell zu erstellen. Demnach lassen sich die nur unzureichend bekannten Parameter mit Werten verknüpfen und unterschiedliche Szenarien untersuchen. Allerdings ist es ausgeschlossen, diesen Szenarien Wahrscheinlichkeiten zuzuordnen. Bei dieser Art von Problemen sind die mathematischen Modelle lediglich ein zwar nützliches, aber begrenztes Forschungsinstrument. Eine gewisse Zahl von Problemen bleibt also deshalb unberechenbar, weil es nicht möglich ist, auf einer halbwegs rationalen Grundlage eine Größenordnung für die Wahrscheinlichkeit anzugeben, mit der die bedrohlichen Ereignisse der Katastrophenszenarien eintreten. Dennoch bestehen derartige Risiken, und unser Verhältnis ihnen gegenüber unterscheidet sich teilweise nicht von demjenigen, das die Menschen des

17. Jahrhunderts beispielsweise gegenüber Epidemien einnahmen, deren Gefahren ihnen bewußt waren, und die praktische Maßnahmen zu ergreifen suchten. Das führt dazu, daß wir nicht etwa über eine genaue Größenordnung nachdenken, sondern über Wahrscheinlichkeiten, die mit einem Faktor 100 oder sogar nahe 1000 geschätzt werden. In einem solchen Fall sind wir in der Regel gezwungen, eine Vorsorgepolitik auszuarbeiten, alle noch irgendwie zumutbaren Maßnahmen zu ergreifen, ohne ihre genauen Wirkungen zu kennen. Genau das ist es, was man im Prinzip im Hinblick auf die Zerstörung der Ozonschicht getan hat.

Schließlich ist es auch ausgeschlossen, eine ganze Reihe von nahezu alltäglichen Phänomenen, die nach Meinung nicht gerade weniger Menschen Risikofaktoren darstellen, in eine Modellform zu bringen. Trotz der vielen veröffentlichten Artikel gibt es beispielsweise kein physikalisches Modell, das die unter medizinischen Gesichtspunkten schädlichen Wirkungen von elektromagnetischen Wellen – zumindest in normalen Alltagssituationen – nachweist. Damit scheinen derartige Risiken Ausdruck einer gesellschaftlichen Phobie zu sein. Ganz im Gegensatz hierzu rückt die Sicherheit industrieller Anlagen die Mathematik des Zufalls wieder in den Vordergrund des Interesses.

Sicherheit und Wahrscheinlichkeit: Von der probabilistischen Norm zum probabilistischen Gesetz

In der Industrie ging Produktion lange vor Sicherheit: die ausbeuterischen Arbeitsbedingungen, die in der dritten Welt[3] und in der ehemaligen Sowjetunion heute immer noch herrschen, belegen dies. Dennoch ist schon seit langem bekannt, daß fehlende Sicherheit der Rentabilität des Unternehmens abträglich ist, weil die Kosten für die Produktionsunterbrechung noch zu den Kosten für die Arbeitsunfälle hinzukommen.

Anfang des 20. Jahrhunderts wurden beachtliche Fortschritte auf dem Sicherheitssektor erzielt. Zwischen den vierziger und den siebziger Jahren ist man von einer nur wenig von quantitativen Überlegungen geprägten Betrachtungsweise der Sicherheit industrieller Anlagen zu einer systematischen Erarbeitung der Idee einer globalen Funktionssicherheit übergegangen[4], d. h. zu einer Analyse der zuverlässigen Funktionsweise einer Anlage. Die Entwicklung zuerst der Raumfahrt- und dann der Atomtechnik, die immer komplizierter werdende Elektronik insbesondere im militärischen Bereich führten dazu, daß man sich nicht mehr nur mit der Fehlerhaftigkeit einer einzelnen Komponente oder eines Einzelteils auseinandersetzte, sondern mit derjenigen komplexer Anlagen, die aus Tausenden von Komponenten bestanden.

Seit den sechziger Jahren ist die statistische Erfassung der Zuverlässigkeit einfacher Komponenten eine allgemein anerkannte Technik. Tabellen, in denen die experimentell ermittelte Fehlerhaftigkeit elektronischer Komponenten aufgeführt ist, besitzen dieselbe Aussagekraft wie die Ende des 17. Jahrhunderts erstellten Tabellen, in denen sich die Todesfälle verzeichnet finden. Dank der Entwicklung der statistischen Techniken zur Qualitätskontrolle ist es möglich geworden, die Zuverlässigkeit kleinerer Anlagen genauer zu bestimmen. Im Bereich der Raumfahrttechnik, wo es ausgeschlossen ist, »Feldversuche« durchzuführen, wird die Simulation systematisch zur Qualitätskontrolle eingesetzt. Mit der Entstehung der computergesteuerten Fertigung haben sich jedoch neue Probleme ergeben. Neben solchen Pannen, die durch Materialfehler verursacht werden, gibt es Funktionsfehler, die auf Programmierungsfehler zurückzuführen sind, so daß Zuverlässigkeitstests für die Software entwickelt werden müssen, die auf der Wahrscheinlichkeitsrechnung basieren. Das dürfte zweifellos noch für geraume Zeit ein nur schwer zu lösendes technologisches Problem bleiben.

Der Übergang von der Zuverlässigkeit der Komponenten und Geräte zu derjenigen großer industrieller Anlagen, von Problemen alltäglicher Sicherheit zu solchen von Unfällen mit möglicherweise katastrophalen Folgen steht im Zusammenhang mit der Entwicklung der Atomindustrie. Mit dem Rasmussen-Bericht über die Wahrscheinlichkeiten der verschiedenen »Katastrophen-Szenarien« in der Atomindustrie setzt sich in den siebziger Jahren die Wahrscheinlichkeitsrechnung endgültig durch.[5] Dieser Bericht enthält eine Zahlenangabe: die Wahrscheinlichkeit der Kernschmelze in einem Reaktor beträgt 1:20 000 pro Betriebsjahr. Darüber hinaus formuliert der Bericht eine Hypothese: Die Wahrscheinlichkeit, an den Folgen eines Nuklearunfalls zu sterben, ist für einen Amerikaner genauso groß wie die Wahrscheinlichkeit, von einem Meteorit getötet zu werden. Im Jahre 1986 formuliert die mit der Reaktorsicherheit in den Vereinigten Staaten beauftragte Kommission Zielvorgaben, die sich folgendermaßen zusammenfassen lassen: Das mathematische Risiko für einen in der Nähe eines Atomkraftwerks lebenden Menschen zum Opfer eines Unfalls zu werden, der sich in diesem Atomkraftwerk ereignet hat, darf nicht größer sein als 1 % des durchschnittlichen Risikos aller Unfälle zusammengenommen, deren Opfer ein Amerikaner werden kann. In bezug auf chemische Anlagen wird die Formulierung »Unfallrisiko« durch die Formulierung »Krebsrisiko« ersetzt. Schließlich schlägt man vor, daß die Wahrscheinlichkeit der Freisetzung von Radioaktivität in die Umwelt nicht ein Millionstel pro Jahr und Reaktor übersteigt. Damit sind wir weit entfernt von der zehn Jahre zuvor von Rasmussen festgestellten Wahrscheinlichkeit von 1:20 000!

In der darauffolgenden Phase wurden halbamtliche und amtliche Bestimmungen erlassen. Beim Bau des Überschall-Passagierflugzeugs Concorde wurde als Zielvorgabe festgesetzt, daß die Wahrscheinlichkeit eines Absturzes nicht 1:10 000 000 pro Flugstunde übersteigen darf. Das machte man, indem man die von den Fachleuten auf der Grundlage von Statistiken der Flugzeugunglücke älterer Flugzeugtypen berechneten Wahrscheinlichkeiten um den Faktor 10 anhob. Für die Nordverbindung des Hochgeschwindigkeitszuges T.G.V. sucht man nach Automatismen, mit denen sich die Unfallwahrscheinlichkeit auf weniger als 1:1 000 000 000 pro Betriebsstunde senken läßt. Das nächste Stadium: In den Niederlanden wird ein Gesetz angenommen, in dem auf Wahrscheinlichkeitsrechnung basierende Normen für die Genehmigung neuer Industrieanlagen festgelegt sind. Gesamtgesellschaftlich betrachtet ist der Verlust von hundert Menschenleben ab einer Wahrscheinlichkeit von 1:2 000 000 nicht mehr akzeptabel, derjenige von zehn Toten ab einer Wahrscheinlichkeit von 1:10 000. Diese Form der Festsetzung von Normen hat sich noch nicht allgemein durchgesetzt. Einzig Großbritannien hat genaue Angaben über die Wahrscheinlichkeiten veröffentlicht, die bei der Genehmigung von Atomkraftwerken zugrunde gelegt werden, obwohl es dort keine diesbezüglichen gesetzlichen Bestimmungen gibt. Ein Gesetz, das vorschreibt, Wahrscheinlichkeiten festzulegen, bietet unter anderem den Vorteil, das Verfahren genauer zu bestimmen, mit dem die Planer einer Industrieansiedlung sich mit den Sicherheitsproblemen auseinandersetzen.

Ein gewisser Datenmangel

Derartige Sicherheitsprobleme sind nicht zeitlos. Die Technologie macht Fortschritte, und die zeitliche Dimension wird um so wichtiger, als sich in der Physik der Rhythmus der Entdeckungen ganz außerordentlich verlangsamt hat. In einer ganzen Reihe von Bereichen entwickelt sich die Technologie sehr viel schneller als die Wissenschaft[6], und das führt zu erheblichen Sicherheitsgewinnen, denn die Technologie sieht sich mit keinen wirklich neuen Bereichen konfrontiert. Unter rein technologischen Gesichtspunkten stellt sich das Problem der Atomenergie heute anders dar, als dies noch vor dreißig Jahren der Fall war, aber in bezug auf seine wissenschaftlichen Grundlagen hat sich die Problemstellung nicht sonderlich verändert.[7] Dennoch führen bestimmte externe Risiken wie Terrorismus und bürgerkriegsähnliche Zustände, die ständige Zunahme der Zahl an Kernkraftwerken oder der Zerfall der post-kommunistischen Gesellschaften zur Entstehung neuer Unsicherheiten, die über den Rahmen technischer Schwierigkeiten hinausgehen.

Vor der Reaktorkatastrophe von Tschernobyl ging man bei diesem Reaktortyp davon aus, daß mit einer Wahrscheinlichkeit von 1:10 000 pro Betriebsjahr ein Supergau eintreten könnte, wobei man bei der Festsetzung der Wahrscheinlichkeit eines Supergaus im einzelnen die Folgen beurteilte oder abschätzte.[8] Gäbe es tausend Reaktoren diesen Typs, würde sich mit einer Wahrscheinlichkeit von mindestens 1 : 10 pro Jahr ein Zwischenfall ereignen! Es muß an dieser Stelle daran erinnert werden, daß das Eintreten eines Störfalls die von den Spezialisten angeführten subjektiven Wahrscheinlichkeiten gründlich verändert. Nicht einer dieser Spezialisten hatte sich vorstellen können, daß diese Flut von Fehlern begangen würde, die überhaupt erst das Ausmaß der Katastrophe von Tschenobyl ermöglicht haben. Dieses Szenarium war bei deren Schätzung der Unfallwahrscheinlichkeit nicht vorgesehen.

Bei der Kernenergie hat es bisher nicht mehr als zehn bekannt gewordene bedeutsame Unfälle gegeben.[9] In der chemischen Industrie dagegen hat es zwischen 1975 und 1990 etwa dreißig solcher schwerwiegenden Unfälle gegeben. Die Zahl derartiger Unfälle in der Industrie, die auf Materialfehler zurückzuführen sind und die mehr als hundert Menschenleben gekostet haben, lassen sich an den Fingern einer Hand abzählen. Der menschliche Faktor ist die Ursache für die meisten Unfälle. Um die Materialfehler und die menschlichen Fehlleistungen im Funktionszusammenhang eines komplexen Systems zu untersuchen, muß man versuchen, die Wahrscheinlichkeiten möglicher Unfälle zu quantifizieren, ohne sich hierbei in zu starkem Maße auf frühere schwerwiegende Unfälle zu beziehen, denn jeder dieser Unfälle ist einzigartig. Hieraus ergibt sich, daß die Untersuchung der Zuverlässigkeit des Materials sowie der Irrtumswahrscheinlichkeit auf der Grundlage aller verfügbaren Informationen erfolgen muß, vor allem aber auf der Grundlage solcher Zwischenfälle, die keine schwerwiegenden Folgen hatten.

Die Zuverlässigkeit

Die Methode, die angewendet wird, um die Zuverlässigkeit derartiger komplexer Systeme zu berechnen, ist vom Prinzip her sehr einfach und ähnelt der Methode zur Erstellung einer medizinischen Diagnose!

Sie besteht darin, gleichzeitig zwei »Bäume« zu handhaben: Der Ereignisbaum ist eine graphische Darstellung der Kausalreihe fehlerhafter Ereignisse: Ein Ventil klemmt (mit einer Wahrscheinlichkeit W_1), so daß (mit einer Wahrscheinlichkeit W_2) keine Kühlflüssigkeit mehr durchfließt und die Temperatur mit Sicherheit steigt usw. Der Irrtumsbaum dient demgegenüber dazu, das Schema vom anderen Ende her aufzubauen: Die Temperatur steigt dramatisch, das kann (mit einer Wahrscheinlichkeit W_3) zurückzuführen sein auf eine zu geringe Menge Kühlflüssigkeit oder (mit einer Wahrscheinlichkeit W_4) auf eine zu große Menge Brennstoff. Dies wird (mit einer Wahrscheinlichkeit W_5) hervorgerufen durch ein verklemmtes Ventil oder (mit einer Wahrscheinlichkeit W_6) einen zu hohen Schmutzgehalt ... Der Baum steuert die Funktionsweise eines automatisierten Sicherheitssystems. Damit bewegen wir uns innerhalb des Rahmens eines logischen Schemas von Folgen oder Ursachenermittlungen. Dieses Schema ist kompliziert, da es häufig gekennzeichnet ist sowohl vom redundanten Charakter mechanischer Systeme (für ein und dieselbe Funktion gibt es drei Ventile) als auch vom redundanten Charakter der Informationssysteme (für die Ermittlung ein und derselben Information gibt es drei Sensoren). Hier ist es ausreichend, daß eines der drei Ventile oder einer der Sensoren funktioniert, damit das System arbeitet. Die computertechnischen Möglichkeiten beseitigen alle Schwierigkeiten bei der Berechnung der Störfallwahrscheinlichkeit, bei der Simulation jedweder kritischen Situation oder der möglicherweise mittels Simulation durchzuführenden Berechnung der Unfallwahrscheinlichkeit, sobald man die Fehler- oder Beschädigungswahrscheinlichkeit jedes einzelnen Elements genau genug kennt. Nach wie vor ist es schwierig, die Methode bei großen Systemen anzuwenden, weil die Abnutzungsphänomene ein sehr langes Gedächtnis haben können und man nur über wenig experimentell gewonnene Erkenntnisse verfügt.

Es stellt kein großes Problem mehr dar, die Wahrscheinlichkeit einfachster Ereignisse zu schätzen, die auf die Mangelhaftigkeit der Komponenten zurückzuführen sind. Eine ganze Reihe von Komponenten sind mittlerweile weit verbreitet, sie werden weit über den Rahmen von Atomkraftwerken oder gefährlichen Industrieanlagen hinaus verwendet und ihre Leistungsfähigkeit ist bekannt. Wenn es notwendig ist, untersucht man die Zuverlässigkeit des Materials unter Extrembedingungen (so testet man in der Elektronik beispielweise Transistoren bei sehr hohen Temperaturen) und man nutzt experimentell gewonnene Erkenntnisse in realen Situationen. Zudem treten einige Probleme, wie etwa dasjenige großer Risse im Betonmantel von Atomkraftwerken, mit einer äußerst geringen Wahrscheinlichkeit auf, und darüber hinaus ist die Größenordnung der Wahrscheinlichkeit mit einem Koeffizienten von 10 oder sogar beinahe 100 bekannt. Jedenfalls sind für bestimmte Teilbereiche von Atomkraftwerken – wie beispielsweise die Druckausgleichsysteme – noch niemals bedeutende Zwischenfälle öffentlich bekannt geworden. In anderen Teilbereichen wie Dampfsysteme haben sich in den letzten Jahren nur sehr wenige Pannen ereignet. Im Gegensatz hierzu kommen bestimmte andere Pannen, wie etwa diejenige des Austritts von Kühlflüssigkeit, ziemlich häufig vor. Heutzutage bewegt sich die Schätzung von Ereignissen, die zur Zerstörung komplexer Systeme führen und einzig auf Materialfehler zurückzuführen sind, im allgemeinen in einer Größenordnung von 1 : 10 000 000 pro Jahr.

Menschliches Versagen

Viele Unfälle werden durch menschliche Fehler verursacht. Eine ganze Reihe von Untersuchungen verfolgt die Absicht, genaue Schätzungen für die Wahrscheinlichkeit menschlichen Versagens zu ermitteln. Man kann jedoch nur ganz allgemein feststellen, daß das menschliche Verhalten insbesondere dann, wenn sich ein schwerwiegender Zwischenfall ereignet, oftmals unvorhersehbar ist. Man verfügt nur über sehr wenig Angaben, und es ist sehr schwierig, von den Reaktionen der Menschen in der einen Situation auf die Reaktionen in einer anderen Situation zu schließen. Mehrere Faktoren spielen eine entscheidende Rolle: das gesellschaftliche Klima, der Stellenwert der Arbeit, die Kultur und die Führungsweise des Unternehmens sind bestimmende Elemente. Selbst in Frankreich konnten noch vor wenigen Jahren elementare Sicherheitsprinzipien verletzt werden. So hat beispielsweise ein Arbeitsteam die Ventile in einem Atomkraftwerk falsch herum eingebaut und dann seine eigene Arbeit kontrolliert.

Der Rasmussen-Bericht versuchte alles zu quantifizieren, vor allem die Wahrscheinlichkeit menschlichen Versagens! Er ordnete diese Wahrscheinlichkeit zwischen 10 % und dem Zehnfachen der maximalen Werte von Materialfehlern der Komponenten ein. Das lief darauf hinaus, die Wahrscheinlichkeit menschlicher Fehler bei der Wartung oder Bedienung für halb so groß zu halten wie das durchschnittliche Risiko. Man geht heute davon aus, daß dieser Wert aufgrund der technologischen Fortschritte viel zu gering veranschlagt ist, und betrachtet man die Situation in den Krisenländern der ehemaligen Sowjetunion, wird erst recht deutlich, in welchem Maße diese Vermutung zutrifft. Das entscheidende ergonomische Problem besteht darin, welcher Automatisierungsgrad wünschenswert ist: Wir sind weit davon entfernt, ihn klar bestimmen zu können, da wir über keine überzeugenden Ergebnisse hinsichtlich der angemessenen Reaktionsfähigkeiten des Menschen in Verbindung mit dem Automatisierungsgrad verfügen. Hinzu kommt, daß ein zu hoher Automatisierungsgrad die möglicherweise notwendig werdende manuelle Steuerung des Systems erschweren kann.

Das bekannteste Beispiel für menschliches Versagen mit sehr schwerwiegenden Folgen ist der atomare Gau im amerikanischen Atomkraftwerk »Three Mile Island«. Um vier Uhr am Nachmittag läuft der Reaktor auf voller Kapazität, die Wasserversorgung wird unterbrochen, die automatische Kontrolle für die Aufrechterhaltung der Betriebstemperatur tritt in Kraft und schaltet eine Hilfspumpe an, aber die Einlaßventile des Reaktors sind geschlossen. Niemand hat die Verantwortung für diesen ersten Zwischenfall übernommen! Zehn Minuten später sind die Ventile geöffnet und man führt Reparaturarbeiten durch, aber dann schließt ein Ventil sich nicht wieder. Der Reaktorkern heizt sich auf, während die Pumpen nicht arbeiten. Das Bedienungspersonal ignoriert die Alarmsignale, weil es vom Austritt einer kleinen Menge Kühlflüssigkeit ausgeht, der häufig vorkommt und nicht weiter schlimm ist. Niemand dachte daran, daß es zu einem bisher nie dagewesenen Ereignis kommen könnte. Alles in allem dauerte es vier Stunden, bis der Reaktor wieder normal arbeitete und der äußerst gefährliche Temperaturanstieg im Reaktor unter Kontrolle war.[10]

Interessanterweise wies der Rasmussen-Bericht mehrere Jahre zuvor darauf hin, daß diese Art von Zwischenfall vorhersehbar sei. Ihm wurde sogar eine Wahrscheinlichkeit zwischen 1 : 1 000 000 und 1 : 10 000 000 zugeschrieben. Ein derartiger Zwischenfall, der durch das Zusammenspiel zwischen einem sehr vorhersehbaren technischen Defekt und unvorhersehbaren menschlichen Irrtümern verursacht wird, ereignet sich sehr wahrscheinlich wieder, wenn man die Zahl der Atomkraftwerke vergrößert, mögen die politischen Entscheidungsträger dies auch für »unmöglich« halten. Die einzige Frage, die man sinnvollerweise stellen muß, lautet: »Von welcher Schwelle im Verhältnis zu welchem Betriebszeitraum an wird die Unfallwahrscheinlichkeit für die Bürger bedeutsam?« Man muß sich damit zufrieden geben, Wahrscheinlichkeitsspannen anzugeben, dauernd über die möglichen Folgen nachzudenken und, was sehr wichtig ist, nicht nur die pessimistischsten Szenarien, sondern alle Situationen durchzuspielen. Eines Tages vielleicht, wenn die Barrieren zur Wahrung des Wirtschaftsgeheimnisses niedriger sein werden, wird es möglich sein, die Berechnungen der verschiedenen Arbeitsgruppen von wirklich unabhängigen Gutachtern, die nicht von der Industrie oder dem Staat bestimmt wurden, prüfen zu lassen.

In der Chemiefabrik von Bhopal in Indien wurden Inspektionen durchgeführt – insbesondere von Gewerkschaftlern des amerikanischen Mutterkonzerns »Union Carbide« – und auf die Mängel der zum Teil überalterten Produktionsanlagen und die schlechte Wartung hingewiesen. Die Inspektoren hatten die Unternehmensleitung vor möglichen schwerwiegenden Unfällen gewarnt. Die ausgesprochenen Empfehlungen zeitigten keine Folgen. Der Grund für die Explosion im Jahre 1982 war die Nichtbeachtung dieser Empfehlungen: Die Zahl der

Todesopfer betrug mindestens 2500.[11] Die AFNOR[12] vertritt die Auffassung, daß das Atomkraftwerk von Tschernobyl ganz normal hätte arbeiten können. Der Unfall, der sich in einer Testphase ereignete, ist nach einhelliger Meinung aller Experten auf eine Form menschlichen Versagens zurückzuführen, die sich zuvor niemand vorstellen konnte. Schließlich sind solche Probleme, die dadurch hervorgerufen werden, daß Fabriken keine unverletzlichen Systeme sind und Ziel von Sabotageakten sein können, weder mit Hilfe der Begrifflichkeit der Wahrscheinlichkeitsrechnung quantifizierbar, noch sind sie auf menschliches Versagen oder technische Mängel zurückzuführen. Bei den in den kommenden dreißig Jahren geplanten Atomkraftwerken wird dem Schutz gegen diese Art des Risikos ein besonderer Stellenwert beigemessen.

Aus dem zuvor Gesagten ergibt sich folgender Schluß: Im Bereich der Atom- und der chemischen Industrie[13] führte die technologische Entwicklung zu einem erheblichen Gewinn an Zuverlässigkeit und Sicherheit.[14] Man ist nicht mehr sehr weit davon entfernt, ziemlich präzise Schätzungen der Wahrscheinlichkeit von Materialmängeln formulieren zu können, wobei diese Schätzungen sowohl auf früheren Erfahrungen als auch auf physikalischen Experimenten und Expertengutachten basieren. Die Berechnung der Wahrscheinlichkeit menschlicher Fehler hingegen beherrscht man noch nicht.

Die Gesellschaft und das normale industrielle Risiko

Für jede Art von Problemen gibt es Experten. Die Regeln für die industrielle Expertise sind im allgemeinen konservative Regeln, die sich durch ihre Tendenz auszeichnen, die Wahrscheinlichkeit ausschließlich von Materialdefekten überzubewerten. In bezug auf noch nicht beobachtete Ereignisse sind diese Expertiseregeln wenig einfallsreich. Zudem haben es sich die Experten im allgemeinen zur Gewohnheit gemacht, immer vom Fall des größten anzunehmenden Unfalls, wie etwa die Kernschmelze im Reaktorkern eines Atomkraftwerkes, auszugehen. Sie haben es sich angewöhnt, übergenaue Ergebnisse zu veröffentlichen und nicht genügend Zahlenmaterial über andere, weniger extreme Situationen vorzulegen, womit sie sehr viel häufiger vorkommende Unfälle außer acht lassen. Es wäre also wünschenswert, daß die mathematischen Methoden für die Berechnung der Zuverlässigkeit wann immer es möglich ist, angewendet werden. In vielen Fällen sind sie objektiver als die empirischen Methoden der Experten und sie können ihnen dabei behilflich sein, sich umfassender zu artikulieren und die Ergebnisse ihrer Kollegen in Frage zu stellen.

Will man mittel- oder langfristige Überlegungen anstellen, muß die Schätzung der Wahrscheinlichkeit von Zwischenfällen, die ausschließlich auf Materialfragen zurückzuführen sind, als ein Indikator angesehen werden, mit dem vorsichtig umzugehen ist. In diesem Zusammenhang möchte ich nur an die Wirkung der Zeit erinnern: Wenn man die geschätzten Werte hinsichtlich der Wahrscheinlichkeit eines sehr schweren Zwischenfalls in einem Atomkraftwerk im Auge hat, müßte man gegenwärtig jahrzehntelang ohne Unfälle abwarten, um diese Wahrscheinlichkeit substantiell zu verändern, und man müßte vermutlich nochmals mehrere zehntausend Betriebsjahre ohne Unfall warten, um sie durch zwei zu teilen. Demgegenüber würde ein einziger Unfall diese Wahrscheinlichkeit mit einem Mal um einen Faktor in der Größenordnung von hundert vergrößern!

Die Tatsache, daß große industrielle Risiken nur ungenau und ohne abschließende Bewertung berechnet werden, steht mit politischen Erwägungen im Zusammenhang. Zu viele »Experten« sind eigentlich zutiefst davon überzeugt, daß ein Unfall mit verheerenden Folgen unmöglich ist und verwenden vollkommen unakzeptable Autoritätsargumente. Die Lösung von Sicherheitsproblemen, die sich durch die technologische Entwicklung ergeben haben (Vergrößerung der Leistungsstärke, der Produktionsmenge, der Geschwindigkeit, der großen Anzahl von zu testenden Neuerungen) liegt in der Fähigkeit der Staaten begründet, Entscheidungen im allgemeinen Interesse zu fällen. Dazu müssen den Bürgern die notwendigen Informationen einschließlich den auf der Wahrscheinlichkeitsrechnung basierenden Angaben zuvor zugänglich gemacht und eine öffentliche Auseinandersetzung darüber in Gang gesetzt worden sein.[15] Der einzige nennenswerte Widerstand[16] basiert heute im wesentlichen auf traditionalistischen Modellen und büßt daher seine Glaubwürdigkeit ein. Wenn die Technologie in den Händen eines totalitären Regimes gefährlich ist, dann ist sie es heute auch, wenn auch in geringerem Maße, in den Händen der Wirtschaftsmacht. Sie hat nur ihre eigene Dynamik im Auge und ist nicht dazu geeignet, in bezug auf das Risiko die im Interesse der Allgemeinheit notwendigen Entscheidungen zu fällen. Die Diskussion über die zu ergreifenden Vorsichtsmaßnahmen, die zu veranschlagenden Summen und die notwendigerweise zu erbringenden Opfer fällt größtenteils in die Zuständigkeit der nationalen oder internationalen Politik, und die Berechnung der erforderlichen Investitionen hängt vom Ertragswert ab, den man den investierten Summen beimißt. Diese Probleme sind bisher nur selten Gegenstand öffentlicher demokratischer Diskussionen gewesen, und nur sehr wenige Nationen haben sich hierüber ausgetauscht. Darüber hinaus lassen sich diese Probleme nur schwer isoliert voneinander behandeln. Auch wenn die Bürger bisher nicht daran gewöhnt waren, müßte man sie Schritt für Schritt damit vertraut machen, sich eine Meinung über die Wahl von Normen zu bilden. Das gilt vor allem dann, wenn diese Normen auf der Grundlage von Wahrscheinlichkeitsrechnungen zustande gekommen sind, was beinahe immer der Fall ist.

Dritter Teil

Information und kulturelle Dimension des Zufalls

11. Kapitel

Die andere Seite des Zufalls: Die Information

Die Information

Als die moderne Informatik entstand, hat Kolmogorow den mathematischen Begriff der Komplexität geprägt, und es ist nicht erstaunlich, daß es einer der zweifellos größten, wenn nicht der größte Wahrscheinlichkeitsmathematiker aller Zeiten war, der dieses Konzept mathematisch zu definieren verstand. Komplex ist das, was nur schwer beschreibbar ist. Und in welcher Sprache soll es beschrieben werden? Es wäre gut, sich für eine universale Sprache zu entscheiden (was nicht heißt, daß sie in qualitativer Hinsicht als besser oder vorherrschend anzusehen ist), d.h. die mathematische Sprache des effektiven Rechnens, eine Sprache auf der Grundlage der Konzeption von Computern also. Um jedoch das erstaunliche Eindringen der Computer in die Wahrscheinlichkeitsrechnung wirklich zu verstehen, ist es notwendig, den Umweg über einen Übergangsbegriff zu nehmen, und zwar denjenigen der Information.

Sucht man nach einer mathematischen Definition der Information, kann man von einem gleichsam offensichtlichen Sachverhalt ausgehen: erhält man eine Information, so verkleinert sich die Unsicherheit.

Wir sind noch weit davon entfernt, alles das erfaßt zu haben, was der Begriff der Information bedeutet. Alles, was bei der Kommunikation in Form einer Symbolfolge ausgetauscht wird, die Trägerin von Sinn ist (Buchstaben-, Wort- oder Zahlenfolge, eine Folge von 0 und 1, von gesprochenen Wörtern, Tönen, Bildern usw.), ist Information. Da wir uns hier ausschließlich für die Beziehung zwischen Information und Wahrscheinlichkeit interessieren, lassen wir das Problem der Verarbeitung von

Sinn durch das Gehirn außer acht, mit dem sich die Mathematik bisher nur andeutungsweise beschäftigt hat und das nach wie vor eines der großen wissenschaftlichen Probleme darstellt. Darüber hinaus befassen wir uns auch nicht mit den Kanälen, über die die Information vermittelt wird. Wir weisen diesbezüglich lediglich darauf hin, daß ihre Darstellung mittels Modellen immer auf der Wahrscheinlichkeitsrechnung basiert, unabhängig davon, ob es sich um Sprache, Telefon oder Satelliten handelt.

Um die allgemeine Vorstellung vom Begriff der Information zu formulieren, sind drei wesentliche Voraussetzungen zu beachten. Die erste Voraussetzung besteht darin, daß mit jeder Übertragung die Nachricht zwangsläufig an Genauigkeit einbüßt, d. h., die Informationsmenge, die sie enthält, verringert sich. Die Aufnahme und das Abspielen einer Schallplatte verändern eine musikalische Nachricht, bestimmte Harmonien gehen verloren oder werden verfälscht. Ein Lautsprecher verstärkt das Signal und erhöht die Empfangsqualität, aber er verbessert nie die eingegangene Information.

Die zweite, weniger augenscheinliche Voraussetzung verdeutlicht, daß die Realisierung zweier unabhängiger Ereignisse eine Informationsmenge liefert, die die Summe der Informationen ist, die die Verwirklichung jedes dieser Ereignisse liefert: Die Informationsmenge von ›er ist 1,52 m groß und hat in seiner letzten Biologiearbeit eine Fünf geschrieben‹ ist gleich der Summe der beiden Informationen ›er ist 1,52 m groß‹ und ›er hat eine Fünf in Biologie geschrieben‹, denn es läßt sich denken, daß die Ergebnisse von Biologiearbeiten unabhängig von der Körpergröße des Menschen sind. Demgegenüber sagt uns unsere Intuition, daß, wenn zwei Ereignisse stark voneinander abhängen, die Kenntnis beider Ereignisse nicht sehr viel mehr Informationen liefert als die Kenntnis eines einzigen dieser beiden Ereignisse. Die Information hört auf, additiv zu sein, wenn keine Unabhängigkeit vorliegt und alle erdenklichen Arten von Zwischensituationen auftreten. So belegen etwa die meteorologischen Regeln, daß es wahrscheinlicher ist, daß das Wetter an einem bestimmten Tag demjenigen des Vortages ähnelt, als stark davon abzuweichen. Die Wetterbedingungen an zwei aufeinanderfolgenden Tagen sind nicht unabhängig voneinander. Die Information, die der Empfang der beiden Nachrichten: ›am Sonntag, den 16. Januar und am Montag, den 17. Januar regnet es‹, liefert, ist kleiner als die Summe der Informationen, die die Wettermeldung der beiden einzelnen Tage liefert.[1]

Die dritte, eher qualitative Voraussetzung betrifft die Seltenheit. Die Bemerkung: »Ist das eine Information!« bringt die Überraschung angesichts der unerwarteten Realisierung eines Ereignisses zum Ausdruck, das man für selten hält. Je weniger wahrscheinlich ein Ereignis also ist, um so größer ist dann die Information, die seine Realisierung liefert. Im Gegensatz hierzu erwartet man keine Information von einem Ereignis, dessen Realisierung gleichsam sicher ist. Die Presse bezeichnet eine von allen erwartete Kandidatur für die Präsidentschäftswahlen als Nicht-Information.

Merkwürdigerweise gibt es nur eine einzige mathematische Formel, die die ersten beiden Voraussetzungen erfüllt und zufälligerweise auch der dritten entspricht. Diese Menge bezeichnet man als »Shannon-Information«. Die Informationsmenge, die die Realisierung eines Ereignisses liefert, ist lediglich Funktion seiner Wahrscheinlichkeit.[2] Das Wesen des Ereignisses, sein Kontext, seine Auswirkungen haben keinerlei Einfluß auf die Informationsmenge, die seine Verwirklichung liefern wird. Läßt sich also ein seltenes Ereignis beobachten, ist das sehr informativ. Im Augenblick sprechen wir von einer Information, die auf Grund der Realisierung des Ereignisses zustande kommt, mit anderen Worten, nachdem man das Ereignis beobachtet hat. Man kann aber auch die von einer Beobachtung zu erwartende Informationsmenge definieren, d.h. die an eine bestimmte Erfahrung gebundene Informationsmenge. Wenn die Erfahrung zwei mögliche Ergebnisse zuläßt, von denen das eine sehr selten und das andere sehr wahrscheinlich ist, dann wäre die Realisierung des seltenen Ereignisses zwar informativ, aber wenig wahrscheinlich. Und macht man diese Erfahrung, dann führt das zu keiner großen Verringerung der Unsicherheit, denn im allgemeinen zeitigt sie ein Ergebnis, das sehr wahrscheinlich und damit wenig informativ ist. Ganz allgemein liefert also jede Möglichkeit eine Informationsmenge, die durch ihre Wahrscheinlichkeit gewichtet wird, und die mit der Erfahrung verknüpfte Informationsmenge, die vor dem Ergebnis beobachtet wird, ist die gewichtete Summe der Informationen jeder der einzelnen Möglichkeiten.

Die Information, die eine Partie des Münzwurfspiels liefert, ist also:

> Information (Münzwürfspiel) = (Wahrscheinlichkeit, daß Zahl fällt). (Information, die dadurch geliefert wird, daß Zahl fällt) + (Wahrscheinlichkeit, daß Kopf fällt). (Information, die dadurch geliefert wird, daß Kopf fällt)

Ist das Spiel ausgewogen, dann entspricht diese Informationsmenge definitionsgemäß einem Bit, d.h., sie ist die Informationseinheit.[3] Im Fall von Ausgewogenheit ist die Information maximal. Bei einer Wahrscheinlichkeit von Kopf gleich 1:32 beträgt sie nur noch 0,3 Bit. Diese Informationsmenge ist immer gleich, unabhängig davon, ob es um Kopf oder Zahl beim Münzwurfspiel, männlich oder weiblich in der Genetik, schwarz oder weiß bei einem Bild geht.

Diese quantitative Definition der Information stellt die Voraussetzung dafür dar, ein besseres Verständnis für die Regel des Informationsverlusts durch Übertragung zu erlangen. Nehmen wir das Beispiel des Hörers eines Musikstücks, bei dem für jeden der 21 Töne der Tonleiter die Wahrscheinlichkeit von 1:21 besteht, übertragen zu werden. Wenn der Hörer 3 ähnliche Töne nicht voneinander unterscheidet, nimmt er lediglich 7 verschiedene Töne mit einer Wahrscheinlichkeit von 1:7 wahr. Hätte es unter der gleichen Voraussetzung ursprünglich 42 Töne gegeben, wäre der Informationsverlust genauso groß.[4] Er hängt ausschließlich vom Grad der Ununterscheidbarkeit der einzelnen Töne ab, für die er ein Maßstab ist, und nicht von der Anzahl der übertragenen Signale. Er ermittelt die Qualität des »Übertragungskanals«, der im vorliegenden Fall das Ohr des Hörers ist.

Parallelterminologien

Die auf diese Weise definierte Informationsmenge bestätigt also die ihr intuitiv zugesprochenen Eigenschaften. Wenn es um die Information geht, ist es häufig bildhafter, in bezug auf eine Summe bestimmter Symbole – beispielsweise die Buchstaben des Alphabets – von einer festen Wahrscheinlichkeit zu sprechen, anstatt von Möglichkeiten. Man wechselt also von der Terminologie der Wahrscheinlichkeitsrechnung in diejenige der Information.

Wenn die Zahl der Symbole festgelegt ist, ist die Information über eine Summe von Symbolen für die einheitliche Wahrscheinlichkeit, die keines des Symbole privilegiert, maximal. Wenn man zwei Symbole, zum Beispiel die Buchstaben b und v, in einem einzigen Symbol zusammenfaßt, der man als Wahrscheinlichkeit die Summe der Wahrscheinlichkeit von b und von v beimißt, schrumpft die Welt der Möglichkeiten. Dann verkleinert sich die Informationsmenge, die mit der ausgehend von der neuen, kleineren Summe der Symbole bestimmten Wahrscheinlichkeit verknüpft ist. Die Beschreibung eines Experiments, das man mit weniger Symbolen durchführen kann, ist weniger differenziert, und wenn es einmal zu der Zusammenfassung der Symbole gekommen ist, gibt es weniger Zufall.

Die Informationsmenge wird uns natürlich einen Maßstab für die Veränderlichkeit an die Hand geben, oder bildhafter ausgedrückt, für die Zufallsgröße, die eine Wahrscheinlichkeit enthält. Betrachten wir etwas näher einige der Eigenschaften der Informationsmenge, die diese Beurteilung rechtfertigen und betrachten wir zu diesem Zweck die Partien eines Münzwürfspiels. Wenn die Wahrscheinlichkeit, daß Kopf fällt, genauso wie die, daß Zahl fällt, 1:2 beträgt, gewinnt man den Eindruck eines »perfekten« bzw. maximalen Zufalls. Wenn dagegen die Münze asymmetrisch ist und die Wahrscheinlichkeit, daß Zahl fällt, 31:32 und die, daß Kopf fällt, 1:32 beträgt, hat man den Eindruck, daß die Ergebnisfolge sehr wenig zufällig ist. In diesem Fall ist die Informationsmenge tatsächlich klein, während sie bei der symmetrischen Münze maximal ist. Abschließend möchte ich noch anmerken, daß, wenn es einen Maßstab für die Zufallsmenge gibt, die eine Wahrscheinlichkeit enthält, dieser Maßstab dann nicht notwendigerweise vom Wesen der Ereignisse abhängt, mit denen diese Wahrscheinlichkeit verknüpft ist, was beispielsweise bei der Informationsmenge der Fall ist.

Information und Entropie

Zu den formalen Unterschieden zwischen der Begrifflichkeit der Information und der Begrifflichkeit der Wahrscheinlichkeitsrechnung, zwischen Zufallsmenge und Informationsmenge gesellt sich noch die Einführung eines aus der Physik stammenden Wortes: Der Begriff der Entropie dient dazu, auch die in einer Wahrscheinlichkeit enthaltene »Zufallsmenge« zu bezeichnen. In der Tat gibt es eine ganze Reihe von Eigenschaften, die die Informationstheorie der Thermodynamik annähern. Die hervorstechendste dieser Eigenschaften dürfte sein, daß der Informationsverlust bei der Übertragung einer Nachricht für ein von der Außenwelt isoliertes System – das heißt ein System, das keine Information erhalten kann – zeitlich gesehen[5] irreversibel[6] ist. Dieser Verlust ermißt den Defekt im Übertragungsprozeß. Will man verlorengegangene Information wiederfinden, dann ist es notwendig, daß von außerhalb des isolierten Systems Information einfließt. Der Bedeutungsunterschied zwischen Entropie und Information ist an die Vorstellung gebunden, die man von den Phänomenen hat: Die Entropie wird in der Begrifflichkeit der im Experiment ermittelten Zufallsmenge gedacht, die Information in der Begrifflichkeit der Unsicherheitsmenge, die mittels der Beobachtung der Ergebnisse dieses Experiments getilgt wird. Allerdings stimmen beide Begriffe in diesem Zusammenhang im wesentlichen überein.

In der Praxis läßt sich die Identität der beiden Begriffe leicht nachvollziehen. Wenn es zu Anfang der Untersuchung eines Verbrechens 10 mögliche Schuldige gibt, beträgt die Wahrscheinlichkeit für jede der 10 Personen 1 : 10, auch wirklich der

Mörder zu sein. Jeder zusätzliche Hinweis macht es Schritt für Schritt immer wahrscheinlicher, sich auf einen einzigen Verdächtigen zu konzentrieren, den Mörder (Justizirrtum ausgenommen). Jede Information verkleinert die Zufallsmenge oder, anders ausgedrückt, die Entropie der Schuldwahrscheinlichkeiten, die jedem der Verdächtigen beigemessen wird. Mathematisch betrachtet bedeutet »suchen« nichts anderes, als ein Verfahren festzulegen, mit dem man die Entropie zu verkleinern trachtet. »Finden« bedeutet, daß die Wahrscheinlichkeit auf eine einzige Möglichkeit konzentriert ist, diese Wahrscheinlichkeit hat die Entropie null.

Die Einführung der Information macht es außerdem möglich, die Abhängigkeit zwischen Ereignissen auf eine befriedigende Weise zu ermessen. Die wechselseitige Information zweier Ereignisse ist die Differenz zwischen der Informationsmenge, die ihre Realisierungen liefern, und derjenigen Informationsmenge, die sie liefern würden, wenn sie unabhängig voneinander wären. Somit wird der Unabhängigkeitsverlust mittels der Begrifflichkeit des Informationsverlusts veranschlagt.[7] Wir werden diese Vorstellung von der Abhängigkeit zwischen aufeinanderfolgenden Ereignissen mit Hilfe einer summarischen Analyse der Information veranschaulichen, die ein Wort, ein Satz, ein Buch liefern. Das Buch scheint den Sinn von Wörtern und Sätzen wieder in den Vordergrund zu rücken, aber die Information, von der wir hier sprechen, steht nicht – wie es der allgemeine Sprachgebrauch vermuten ließe – im Zusammenhang mit dem Sinn von Wörtern und Sätzen. Im vorliegenden Fall hängt die Informationsmenge einzig von der mit dem Auftauchen der Buchstabenfolgen zusammenhängenden Wahrscheinlichkeit ab.

Bücher, Zebus, Lügen und Ratespiele

Nehmen wir an, wir müßten ein Wort mit vier Buchstaben erraten, von denen uns der erste und dritte bekannt sind. Diese Information ist um so wichtiger, als es sich um seltene Buchstaben handelt. Nennt man uns also die Buchstabenfolge Z – B –, sind wir, unter der Voraussetzung, wir verfügen über einen ausreichend großen Wortschatz in bezug auf Tiere, fest davon überzeugt, daß es sich um das Wort ZEBU handelt. Ein Blick ins Wörterbuch bestätigt unsere Überzeugung. Z ist ein seltener Buchstabe, so daß seine Angabe sehr informativ ist: Seine Präsenz am Wortanfang und innerhalb des Kontextes – B – ist maßgeblich für die Entscheidung und bietet die Voraussetzung dafür, sicher die richtige Lösung zu finden. Das Wort ZEBRA kam von Anfang an wegen der Wortlänge von vier Buchstaben nicht in Frage. Hätte es sich um ein Wort mit fünf Buchstaben, Z – B – –, gehandelt, wären Zweifel bestehen geblieben, denn die Information reicht nicht, um schnell zu einer Lösung zu finden, da mehrere Wörter möglich wären. An diesem Beispiel läßt sich ersehen, daß die Buchstabenabfolgen nicht unabhängig sind.

Betrachten wir ein sehr langes, in französischer Sprache mit ihren 26 Buchstaben des Alphabets abgefaßtes Buch. Insgesamt enthält das Buch N Buchstaben (N in einer Größenordnung von mehreren Hunderttausend). Der Buchstabe l kommt mit einer Häufigkeit von pl, bemessen nach N_l:N, vor, wobei N_l die Menge ist, mit der der Buchstabe l in dem Buch vorkommt. Selbstverständlich kommt der Buchstabe e sehr viel häufiger vor als der Buchstabe w, und die Häufigkeiten hängen nur sehr wenig von dem vorliegenden Buch ab. Es ist praktisch anzunehmen, daß die Buchstabenfolge zufällig ist, wobei jeder Buchstabe die nachfolgend definierte Häufigkeit zur Wahrscheinlichkeit hat, ausgewählt zu werden. Betrachtet man sämtliche 26 Buchstaben des Alphabets, läßt sich also die Informationsmenge des Alphabets folgendermaßen definieren:

$$I(\text{Alphabet}) = W(a)\ I(a) + W(b)\ I(b) + . + W(z)\ I(z).$$[8]

Ein seltener Buchstabe liefert viele Informationen, da er aber definitionsgemäß nur selten vorkommt, gewichtet man die Informationsmenge, die mit ihm durch seine Wahrscheinlichkeit verbunden ist. Folglich läßt sich die Information des Alphabets begreifen als die mittels der Präsenz eines Buchstabens gelieferte »durchschnittliche« Information.

Eine Seite mit englischem Text in gängigem Format enthält

im Durchschnitt 2400 Bits Information, ein 200 seitiges Buch 700 000 Bits, ein Wörterbuch 10 Millionen, bei einer Universitätsbibliothek sind es ungefähr 2 Milliarden. Diese Zahlen belegen, daß die Information keineswegs im Verhältnis zur Anzahl der Buchstaben steht. Die gesamte in den N Buchstaben eines Buches enthaltene Informationsmenge ist nicht gleich die Summe der Informationen, die jeder Buchstabe liefert, weil die Buchstaben nicht unabhängig voneinander sind. Wenn der Buchstabe h erscheint, ist es sehr wahrscheinlich, daß er auf ein c, ein t oder ein p folgt, oder daß er der erste Buchstabe eines Wortes ist. Andere Verbindungen mit dem Buchstaben h sind nicht sehr wahrscheinlich oder gleichsam ausgeschlossen. Die 26 × 25 verschiedenen Kombinationsmöglichkeiten zweier Buchstaben enthalten sehr viel weniger Informationen, als würde man diese Buchstaben als unabhängig voneinander betrachten. Die Verteilung der Buchstabenpaare ist noch weiter von einer einheitlichen Verteilung entfernt, als es diejenige der Buchstaben selbst ist. Und dieses Phänomen wird noch deutlicher, wenn man die dreigliedrigen Buchstabenfolgen betrachtet, von den Buchstaben zu den Wörtern übergeht oder das Alphabet durch das Wörterbuch ersetzt.

In der Sprache kommt die Abhängigkeit durch die Regeln zum Ausdruck, die die Kompatibilitäten, also den Übergang vom Buchstaben zur Silbe, von der Silbe zum Wort usw. definieren. Rechtschreibung, Grammatik und Wortbildungsregeln wirken sich also auf die Informationsmengen aus und bedingen die Bildung sehr spezifischer Buchstabenkombinationen, die mit der Verwirklichung eines seltenen und damit informativen Ereignisses verknüpft sind.

Kodierung und Wahrscheinlichkeit

Seit Beginn unseres Jahrhunderts haben sich die Wahrscheinlichkeitsmathematiker gefragt, was Aussagen wie: »Das, was ich untersuche, ist zufällig entstanden« eigentlich genau bedeuten. Ein halbes Jahrhundert danach hat sich die Frage nach der mathematischen Definition von Komplexität gestellt.

In der Umgangssprache wird das als komplex bezeichnet, was sich nur schwer mit wenigen Worten vollständig beschreiben läßt. Eine komplexe Anlage erfordert komplizierte Konstruktionspläne. Wenn man über jemanden sagt, sein Leben sei kompliziert, so bedeutet das, daß man ausführlich darüber berichten müßte, um es nachvollziehbar zu machen. Die Länge eines Wortes, und mehr noch diejenige eines Satzes oder eines Textes scheinen in einem engen Zusammenhang mit der Vorstellung von Komplexität zu stehen. Aber auch die Struktur eines Satzes steht mit der Komplexität in Verbindung, eine Aufstellung dagegen, vorausgesetzt, sie stammt nicht vom Dichter Jacques Prévert, kann zugleich sehr lang und wegen der sich wiederholenden Floskeln auch sehr einfach sein. Um die Verbindung zwischen Länge und Komplexität genauer zu erfassen, muß man zunächst die gängige Sprache in die einfachste mathematische Sprache übersetzen, in diejenige der Computer, d. h., sie muß kodiert werden.

Kodieren bedeutet, das Alphabet zu wechseln. Diese Veränderung kann aufgrund unterschiedlicher Zielsetzungen im Bereich der Informationsübertragung, von Berechungen usw. vorgenommen werden. Selbstverständlich gibt es verschiedene Kodierungsformen. Diejenige, die uns interessiert, ist die binäre Kodierung, bei der jeder Buchstabe eines Alphabets durch eine Folge aus 0 und 1 ersetzt wird, deren Länge vom jeweiligen Buchstaben abhängt. Aber auch andere Formen der Kodierung sind sehr aufschlußreich, so etwa das in der Biologie mit Hilfe der vier chemischen Basen entwickelte Alphabet. Hierbei dienen die vier Basen dazu, lange Wörter durch den Gebrauch von vier Buchstaben aufzuzeichnen, um so beispielsweise die DNS einer bestimmten Gattung zu beschreiben.

Welche Beziehung besteht zwischen der Kodierung und der Wahrscheinlichkeitsrechnung? Nehmen wir an – und diese Annahme sagt eigentlich schon alles aus –, daß die Buchstaben in zufälliger Reihenfolge übertragen werden. Jetzt kodieren wir jeden Buchstaben mittels einer Folge aus 0 und 1. Umfaßte das Alphabet lediglich vier Buchstaben, die wir einstweilen blau, grün, weiß, rot nennen wollen und die mit einer Häufigkeit von 1 : 2, 1 : 4, 1 : 8, 1 : 8 vorkommen, könnte man sie »sinnvollerweise« wie folgt kodieren: 0 für blau, 10 für grün, 110 für weiß, 111 für rot. Dieser Kode ist zunächst einmal deshalb sinnvoll, weil er praktisch, oder wenn man diesen Ausdruck vorzieht, ökonomisch ist: Den häufigsten Buchstaben, blau, verknüpft er mit der kürzesten Folge 0 von der Länge 1. Darüber hinaus ermöglicht er es, ganz eindeutig und ohne jeden Zweifel jede von links nach rechts niedergeschriebene Symbolfolge zu entschlüsseln.[9] Somit liest sich 00100111 wie folgt: 0-0-10-0-111, d.h. blau blau grün blau rot.

Jedem Buchstaben entspricht eine Kodierungslänge und eine Wahrscheinlichkeit, vorzukommen: Bei einer sinnvollen Kodierung ist die Kodierung des Buchstabens um so kürzer, je größer die Wahrscheinlichkeit ist, daß der Buchstabe auftaucht. Folglich verknüpft man den Kode mit seiner durchschnittlichen Länge, indem man wie bei der Informationsmenge des Alphabets die Längen der Kodierungen mittels der Präsenzwahrscheinlichkeiten gewichtet:

$$L = W(a)\, l(a) + W(b)\, l(b) + . + W(z)\, l(z)$$

In dem Beispiel der vier Farben mit den jeweiligen Wahrscheinlichkeiten 1:2, 1:4, 1:8, 1:8 und den dazugehörigen Kodes (0, 10, 110, 111) beträgt die durchschnittliche Länge eines Buchstabens 1,5:

$$1{,}5 = 1:2 \times 1 + 1:4 \times 2 + 1:8 \times 3 + 1:8 \times 3$$

Wenn man mit unabhängigen Buchstaben gebildete, lange Wörter schreibt oder wenn man ein Buch schreibt, das aus N Buchstaben besteht, wobei N sehr groß ist und als Bedingung gilt, daß das Gedächtnis der bereits in den vorausgehenden Wörtern benutzten Buchstaben beim Niederschreiben eines neuen Buchstaben sehr gering ist, dann wird die Länge des kodierten Buches sehr nah bei NL sein. Wenn man sich für sinnvolle und unzweideutige[10] Kodes interessiert, in denen sich, ist der Kode jedes Buchstaben einmal festgelegt, ein Satz nur auf eine einzige Weise entschlüsseln läßt, bezeichnet man diesen Kode als optimal, wenn seine durchschnittliche Länge so gering wie möglich ist. Abgesehen von einigen wenigen Einzelheiten[11] sieht das Ergebnis grundsätzlich folgendermaßen aus:

Die durchschnittliche Länge eines optimalen Kodes ist die durchschnittliche Information des Alphabets[12], das man kodiert hat.[13] Anders ausgedrückt, die Zufallsmenge bei der Verteilung der Wahrscheinlichkeit der Buchstaben des Alphabets, die Entropie des Alphabets, ist für einen sehr langen Text mit N Buchstaben die Länge des unzweideutig und so kurz wie möglich mit 0 und 1 kodierten Textes dividiert duch N. Das Alphabet, das die längste Kodierung erforderlich macht, ist dasjenige, bei dem alle Buchstaben gleich wahrscheinlich sind.[14] Aber das ist noch nicht alles. Bei jedem optimalen Kode läßt sich die Länge l(x) der Kodierung jedes Buchstabens x in Abhängigkeit von der Häufigkeit p(x)[15] des Auftretens des Buchstabens berechnen.[16]

Was ist zufällig?

Der Computer verarbeitet Wörter als Folgen von 0 und 1, und diese Folgen werden durch ein Programm beschrieben. Es gibt Folgen, die extrem einfach sind, und zwar diejenigen, die ausschließlich aus der Ziffer 0 bestehen und diejenigen, in denen die 0 und die 1 wechselweise aufeinanderfolgen. Die erste Folge läßt durch ein Programm mit einer minimalen Länge 1 beschreiben. Dieses Programm schreibt vor, daß »für alle n die n-te Ziffer 0 ist« und läßt den Befehl ausführen, »0 wiederholen«. Die zweite Folge läßt sich durch ein Programm mit der Länge 2 beschreiben: »die ungeraden Zahlen entsprechen 0 und die geraden Zahlen entsprechen 1«, so daß die Befehle aufgerufen werden: »wenn 0, dann folgt 1, und wenn 1, dann folgt 0«. Die binäre Schreibweise einer gängigen Zahl – eine ganze Zahl oder ein Bruch – kann auf den ersten Blick kompliziert erscheinen, beschreiben läßt sie sich aber in Wahrheit mit einem sehr kurzen, sehr viel kürzeren Programm als die Anzahl von 0 und 1, aus denen es besteht. Wählt man jedoch nach dem Zufallsprinzip N-mal 0 oder 1 mit einer Wahrscheinlichkeit von 1:2, gibt es in der Regel keine Beschreibung des Ergebnisses, das eine deutlich geringere Länge aufweist als N. »In der Regel« bedeutet, daß es Ausnahmen gibt, deren Wahrscheinlichkeit sehr klein wird, sobald n relativ groß ist.

Wechseln wir den Bereich und betrachten wir die Kartenspiele. Nehmen wir an, man »blufft« beim Spiel auf folgende Weise: Ein Spieler zieht eine Karte, betrachtet ihre Farbe und sagt »rot« oder »schwarz« an. Um den Spieleinsatz zu gewinnen, muß der Gegenspieler die wirkliche Farbe der Karte erraten und demnach die mögliche Lüge aufdecken, also eine Vorhersage machen. Der erste Spieler darf ihm nur so wenig wie möglich Informationen liefern, jedenfalls nichts, was es dem Gegenspieler ermöglicht, die richtige Farbe ganz leicht zu erraten. Dieses Beispiel belegt, daß die beste Strategie darin besteht, zufällig mit einer Wahrscheinlichkeit von 1:2 zu lügen. Folgender Grund spricht dafür, daß es sich um die beste Strategie handelt: Bei einer großen Zahl von Partien bringt sie dem ersten Spieler im Durchschnitt einen maximalen Gewinn ein, und das unabhängig von der »Ratestrategie« des Gegenspielers. Wenn er jedes zweite Mal lügt, errät der Gegenspieler die Regel schnell. Geht er dagegen bei jeder Partie nach dem Zufallsprinzip vor, um zu entscheiden, ob er lügt oder die Wahrheit sagt, dann hat der Gegenspieler kein (mathematisches oder anderes) Mittel an der Hand, die folgende und ganz allgemein alle folgenden Entscheidungen vorherzusehen, bevor die Partie nicht jeweils beendet ist. Das alles bietet Anlaß zu der Vermutung, daß gut zu lügen bedeutet, eine komplizierte Folge von Lügen und Nicht-Lügen zu erzeugen, eine Folge, die keinesfalls mittels eines einfachen Satzes beschreibbar ist, eine Folge, die wir als »komplex« bezeichnen, ohne im Moment den Ausdruck näher zu bestimmen. Zudem legt diese Situation den Gedanken nahe, daß, will man möglichst komplexe Folgen von 0 und 1 erzeugen, man sich jedesmal unabhängig und mit einer Wahrscheinlichleit von 1:2 per Zufallsprinzip für die 0 und die 1 entscheiden muß. Jede andere Regel, jeder Losentscheid mit einer anderen Wahrscheinlichkeit als 1:2 sind weniger geeignet, Unvorhersehbares oder Komplexes hervorzubringen. Wenn wir versuchen, die Mindestzahl der Fragen zu ermitteln, die gestellt werden müssen, um ohne vorherige Information eine Folge von 0 und 1 herauszufinden, die sich in einem Münzwurfspiel ergeben hatte, kann man sicher sein, die richtige Antwort mit n klaren Fragen zu erhalten: »Ist die k-te Ziffer 0 oder 1?« Beträgt die Wahrscheinlichkeit von 0 und 1 1:2, gibt es keine bessere Möglichkeit.

Sobald die Münze aber nicht vollkommen symmetrisch ist, so daß die Wahrscheinlichkeiten von Kopf oder Zahl nicht mehr identisch sind, verfügt man über bessere Möglichkeiten. Hieraus erklärt sich auch die Tatsache, daß man bei einem Alphabet, das seltene Buchstaben (wie etwa x oder y) und sehr häufige vorkommende Buchstaben (wie die Vokale) enthält, die fehlenden Buchstaben vorhersehen kann. Nehmen wir an, die Wahrscheinlichkeit, daß die 1 (die durch »Kopf« dargestellt wird) in einer Partie fällt, 1:32 beträgt. Wie viele Fragen müssen gestellt werden, um bei einer sehr langen Folge von Partien genau diejenigen Partien zu ermitteln, in denen die 1 gefallen ist? Man benötigt ungefähr sechsmal weniger Fragen als Partien gespielt wurden.[17] Wie stellt man es an, sechsmal weniger Fragen zu stellen? Man kann unterschiedliche Verfahren anwenden, aber alle basieren sie auf der Vorstellung, daß 1 nur selten fällt[18], und auf der Unterteilung in Blöcke von einer bestimmten Länge, die geschickt aus der Gesamtheit sämtlicher gespielter Partien ausgewählt worden sind. Man spart Fragen ein, wenn man von vornherein solche Blöcke aussortiert, in denen die 1 nicht vorkommt.[19]

Die durchschnittliche Information, die die Beobachtung einer Folge von Münzwurfspiel-Partien liefert, ist also gleich der Anzahl der Fragen, die gestellt werden muß, um die Folge der Resultate herauszufinden. Je zufälliger die Folge ist, um so mehr Fragen muß man stellen, um sie herauszufinden, und um so komplexer ist sie also. Die Zufälligkeit geht verloren, sobald die Wahrscheinlichkeit eines der beiden Symbole 0 oder 1 sehr viel geringer ist als die des anderen. Sie geht aber auch verloren, sobald es ein Gedächtnis eines der vorausgegangenen Würfe gibt, zum Beispiel wenn die Folge von 0 und 1 regelmäßig wiederkehrt. Eine Folge wie 001001001... ist sehr einfach, weil man ihr Konstruktionsverfahren sehr schnell erfaßt und drei gut gewählte Fragen genügen, sie immer wieder zu identifizieren. Obwohl diese Folge unendlich ist, läßt sie sich in einem sehr kurzen Programm »komprimieren«, mit dessen

Hilfe es möglich ist, sie zu rekonstruieren. Die Komplexität einer bestimmten Folge (hierbei handelt es sich um einen deterministischen Begriff) ist demnach mit ihrem zufälligen Wesen verknüpft.

Komplexität und normale Folgen

Kolmogorow hat also die Komplexität einer Folge von 0 und 1 bestimmt als die minimale Länge des Computerprogramms, das sie beschreibt. Da die Länge eines Programms die Anzahl der Befehle ist, die dem Computer gegeben werden müssen, kann man sagen, daß l(F) die Komplexität der Folge F ist, wenn es ein Programm mit der Länge l(F)[20] gibt, das F wieder herstellt, und wenn l(F) die kleinstmögliche Länge ist. So hat die Folge 000 . . . 0 die Komplexität 1, die Komplexität der Folge der N ersten Dezimalen der Zahl π ist weitaus geringer als N. Die meisten einfachen mathematischen Objekte sind von geringer Komplexität.[21] Sehr komplexe Folgen besitzen keinen Namen, denn sie zu benennen würde bedeuten, ein sehr langes Computerprogramm erzeugen zu müssen. Sie sind zufällig und damit normal.[22] Ein wenig so wie man den normalen Menschen, den vielzitierten »Menschen wie du und ich« in einer Gesellschaft nicht erkennen kann. Der normale Mensch ist derjenige, den man mit Hilfe eines einheitlichen Gesetzes zufällig auswählt. Wenn man per ausgewogenem Losentscheid eine Folge von 0 und 1 zieht, dann erzeugt man mit großer Wahrscheinlichkeit eine Folge, deren Komplexität nahezu maximal ist, eine sehr normale Folge. Mit einer Münze erzeugt man nicht solche mathematischen Objekte, derer wir uns am häufigsten bedienen, ganze Zahlen beispielsweise.

In der Tat sind Komplexität und Information identische Begriffe. Die Komplexität einer Buchstabenfolge ist identisch mit der Länge der Folge, die die Information I des verwendeten Alphabets multipliziert. Das ist auch die minimale Länge eines Programms zur Beschreibung der Folge, das ausreicht, um sie fehlerfrei zu rekonstruieren.

Eine nach dem Zufallsprinzip zustande gekommene Folge

von 0 und 1 mit einer ausgeglichenen Wahrscheinlichkeit hat die maximale Komplexität. Aus diesem Grund ist derjenige der beste Lügner, der sozusagen zuverlässig die komplexesten Folgen produziert, d. h. solche Folgen, die sich nur schwer erraten lassen. Es mag merkwürdig erscheinen und auf das komplizierte Denken des Mathematikers zurückzuführen sein, daß komplexes Wesen, zufälliges Wesen und informatives Wesen im Grunde genommen dasselbe sind. Man verbringt erhebliche Zeit damit, das zu erklären, indem man zudem noch einen verschlungenen Pfad beschreitet, der über einen ganze Folgen aus 0 und 1 verarbeitenden Computerpark führt. Aber diese Beziehungen sind alles andere als offensichtlich, und diese Fast-Übereinstimmung fundamentaler Konzepte ist über einen kleinen Kreis von Eingeweihten hinaus noch nicht bekannt geworden.

Karten mischen und Alterspyramiden

Mischt man die Karten, vergrößert man den Zufallscharakter des Spiels. Das ist allen Kartenspielern bewußt. Aber was bedeutet das genau? Nach jeder Partie, wenn alle Karten übereinanderliegen, aber noch nicht gemischt sind, sind die 32 von oben nach unten vom Haufen gezogenen Karten zufällig verteilt. Das heißt, betrachtet man alle möglichen Reihenfolgen[23] der 32 von oben nach unten abgenommenen Karten, so hat jede Reihenfolge eine bestimmte Wahrscheinlichkeit, und diese Wahrscheinlichkeiten sind weit davon entfernt, ausgeglichen zu sein. Und zwar deshalb, weil die Regel des Spiels, das wir im Auge haben, vorschreibt, daß, wenn dies möglich ist, jede Karte mit einer bestimmten Farbe mit einer Karte derselben Farbe bedient werden muß. Somit gibt es beispielsweise oft mehrere aufeinanderfolgende Herz-Karten. Würde man die Karten verteilen, ohne sie zu mischen, besäße man bestimmte Informationen (wenn ich ein Herz oder ein As habe, besteht die große Wahrscheinlichkeit, daß mein Nebenspieler auch ein Herz oder ein As hat). Jedesmal, wenn man die Karten mischt, nähert man sich der Situation an, in der alle Blätter gleich wahrscheinlich sind, und nach einer sehr großen Zahl von Mischvorgängen ist die Wahrscheinlichkeit für alle möglichen Blätter praktisch einheitlich.[24] Man hat die Wahrscheinlichkeit maximaler Entropie erreicht, denn man hat jede mögliche Information ausgeschlossen, die ein Spieler aus der vorausgehenden Partie beziehen konnte, indem er sich die Reihenfolge der Karten merkte. Viele physikalische Systeme entwickeln sich auf genau die gleiche Art und Weise. Jeder Übergang von einem Zustand in einen anderen vollzieht sich mittels eines Verfahrens, das mit dem Mischen von Karten vergleichbar ist, d. h. ein Verfahren, das »mischt« und zum Zustand maximaler Entropie führt. Das ist die wahrscheinlichkeitsmathematische oder informatische Version des Prinzips, das in der Physik als »zweites thermodynamisches Prinzip« bezeichnet wird. Die Wahrscheinlichkeiten, die mit dem System verknüpft sind, »das mischt«, bewegen sich naturgemäß auf einen Zustand gleichmäßiger Wahrscheinlichkeiten zu, so daß alle möglichen Zustände gleich wahrscheinlich sind. Ist dies der Fall, werden die Systeme als »ungeordnet« bezeichnet. In Entsprechung zur Physik sehen einige Soziologen[25] in der gleichmäßigen Verteilung das Modell einer gerechten, nicht hierarchisierten Gesellschaft. Die zwanglosen, sich selbst überlassenen Gesellschaften, die keinen Informations- oder Energieaustausch mit der übrigen Welt unterhalten, würden sich zu solchen gerechten Gesellschaften hin entwickeln. Allerdings gibt es kein überzeugendes Entwicklungsmodell. Wer übernimmt die Rolle des Mischers wie beim Kartenspiel: der Markt, die gesellschaftliche Mobilität, die Ideologie? Wie sehen in einem solchen Modell die zwischenmenschlichen Interaktionsformen aus? Es ist noch ein weiter Weg zurückzulegen!

Die aus einer großen Zahl von Molekülen oder anderen Partikeln bestehenden physikalischen Systeme zeichnen sich dadurch aus, daß die Wahrscheinlichkeit aller ihrer möglichen Zustände vom Beobachtungszeitpunkt abhängig ist. Nach dem zuvor Gesagten tendiert diese Wahrscheinlichkeit zur Gleichwertigkeit, zur maximalen Entropie. Allerdings unterliegen isolierte Systeme häufig bestimmten Zwängen. In der Physik zum Beispiel ist ihre Energie festgelegt. Die Wahrscheinlichkeit, die sie nach Ablauf einer Zeitspanne, die lang genug ist, um vermuten zu können, daß das statistische Gleichgewicht erreicht ist, beschreibt, wird zwar noch die Wahrscheinlichkeit der maximalen Entropie sein, aber sie wird eine derjenigen Wahrscheinlichkeiten sein, die dem Zwang entsprechen. Das System, das Zwängen unterliegt, liegt zwar abseits des am wenigsten kontrollierten Systems, es liegt aber so wenig wie möglich abseits, gerade soviel, wie nötig ist, um dem Zwang zu entsprechen. Wenn hier von »abseits« die Rede ist, so ist darunter ein Abstand zu verstehen, der aufgrund der Informationsmenge zustande kommt.[26/27]

Nehmen wir an, ein System erreicht das statistische Gleichgewicht, dann entwickelt sich die Wahrscheinlichkeit der verschiedenen möglichen Zustände auf der zeitlichen Ebene nicht mehr. Will man die zuvor dargelegten Vorstellungen auf Situationen übertragen, die in den Bereich der Gesellschaftswissenschaften fallen, kann man das Prinzip der maximalen Entropie zu einem fast theologischen Prinzip, einer Art Wette machen: Die mit einer großen, ausgewogenen und bestimmten, einfachen Zwängen unterliegenden Bevölkerung verknüpfte Wahrscheinlichkeit ist die Wahrscheinlichkeit maximaler Entropie, die diesen Zwängen gehorcht. Über diesen Umweg läßt sich in der Demographie die Alterspyramide ergründen bzw. erklären als die mit der Lebensdauer verknüpfte Wahrscheinlichkeit, die dem Zwang einer Lebenserwartung, eines festgelegten durchschnittlichen Alters unterliegt. Die Form der Einkommenspyramide hängt von einem festgelegten globalen Einkommen ab. Jeder dieser Zwänge bedingt eine Hierarchisierung der Gesellschaft. Allerdings handelt es sich um eine minimale Hierarchisierung. Man entfernt sich gerade »soweit wie nötig« von der gerechten Gesellschaft, um dem Zwang Rechnung zu tragen, der darüber hinaus fast immer eine Art »festgelegtes globales Mittel« ist. Gesellschaften, die isoliert und Zwängen unterworfen sind, vergegenwärtigen sich also immer durch Wahrscheinlichkeiten, die nicht mehr gleichwertig sind, deren Abstand zur Gleichwertigkeit jedoch in gewisser Weise der kleinstmögliche ist, wenn dem Zwang Genüge getan werden soll.

In der Physik nimmt die Entropie zu, wenn das System isoliert ist und keine Energie von außen einfließt. Ein System, von dem nur ein einziger Teil Energie von außen erhält, ist nicht mehr mit einer Wahrscheinlichkeit beschreibbar, die sich zur gleichmäßigen Wahrscheinlichkeit hin entwickelt. Es kann sich im Gegenteil entwickeln, indem es sich gliedert, indem es bestimmte seiner Zustände privilegiert, die eine hohe Wahrscheinlichkeit erhalten. Es kann sich ordnen und, wenn es sich um ein physikalisch-chemisches System handelt, die bildhafteste Form eines geordneten Milieus annehmen, die diejenige eines Kristalls ist. Wie verhält es sich aber bei der Information? Ist die Parallele zur Physik auch hier gültig? Im Zusammenhang mit dem Kartenspiel haben wir gesehen, daß ein System, das keine Information erhielt, sich in die Richtung einer gleichmäßigen Wahrscheinlichkeit »maximaler Unordnung« entwickelte. Was geschieht aber, wenn dem System Information zufließt? Es kann diese Information nutzen, um sich zu strukturieren, sich zu organisieren, Motive oder Subsysteme zu reproduzieren. In der Biologie findet diese Idee heute vielfach Verwendung, auch wenn deren Erfassung in einem mathematischen Modell nach wie vor schwierig ist.

Für die Soziologen könnte die Verlockung[28] groß sein, analog hierzu zu argumentieren und davon auszugehen, daß die gesellschaftlichen Gruppen sich ordnen und Hierarchien bilden, indem sie Informationen von anderen Gruppen erhalten und auf diese Weise gesellschaftliche Organisationen und Bürokratien entstehen zu lassen. Das System bleibt zwar zufällig, aber bestimmte Zustände nehmen eine Sonderstellung ein. Je stärker die Entropie abnimmt, um so kleiner ist die Anzahl wahrscheinlicher Zustände. Will man innerhalb der Metapher bleiben (und die zweifelhafte Analogie der soziologischen Argumentation fortsetzen), kann man sagen, daß die gesellschaftliche Mobilität verschwindet. Und damit kommt es zu den großen Abweichungen, die wir zwischen den Gruppen feststellen können. Das durch die niedrige Entropie im näheren Umkreis eines seiner Zustände erstarrte System entzieht sich schließlich, indem es von einer großen Abweichung profitiert. Alles wird in eine große Finsternis getaucht sein. Bliebe noch zu fragen, wer von außerhalb der Gruppe die Information liefert? Vielleicht liefern bestimmte menschliche Gruppen Energie, die von anderen in Information umgewandelt und von wieder anderen aufgenommen wird? Natürlich läßt sich angesichts des gegenwärtigen Kenntnisstands der Gesellschaftswissenschaften die Stichhaltigkeit derartiger Analogien bezweifeln. Das Prinzip maximaler Entropie erklärt sehr gut die Alterspyramide und kann auch zur Erklärung bestimmter ökonomischer oder linguistischer Probleme beitragen. Die Soziologen haben aber noch große mathematische Strecken zurückzulegen, und die Mode der Entropie, zu der es durch die bedenkenlose Analogie zur statistischen Mechanik gekommen ist, sollte mit Interesse, aber Zurückhaltung verfolgt werden.

Nicht in der falschen Senke einschlafen

Die Thermodynamik hat den Anstoß zur Lösung eines weiteren zentralen Problems aller Wissenschaften gegeben, und zwar die Berechnung des Mindestwertes komplizierter Funktionen, die von einer großen Zahl von Variablen abhängen. Es gibt eine Lösung, die sowohl die Simulation als auch die Theorie der großen Abweichungen nutzt und folgendermaßen aufgebaut ist: Wir suchen den einzigen Mindestwert einer Funktion, deren Graph folgende Form besitzt:

Um den Punkt x^* zu bestimmen, wo die Funktion ihren Mindestwert erreicht, d.h. den tiefsten Punkt der Senke, entwickelt man mittels Wahrscheinlichkeitsrechnung einen Algorithmus. Ein Algorithmus ist ein mathematisches Programm von der Art: »Ich berechne die Funktion f in mehreren aufeinanderfolgenden Schritten. Beim n-ten Schritt befinde ich mich am Punkt x_n, und ich rechne $f(x_n)$. Der Algorithmus liefert mir also eine Regel für die Berechnungen und die Auslosung, die notwendig sind, um zum nächsten Schritt überzugehen, d. h., um den Punkt x_n+1 zu bestimmen, an dem ich f berechne«.

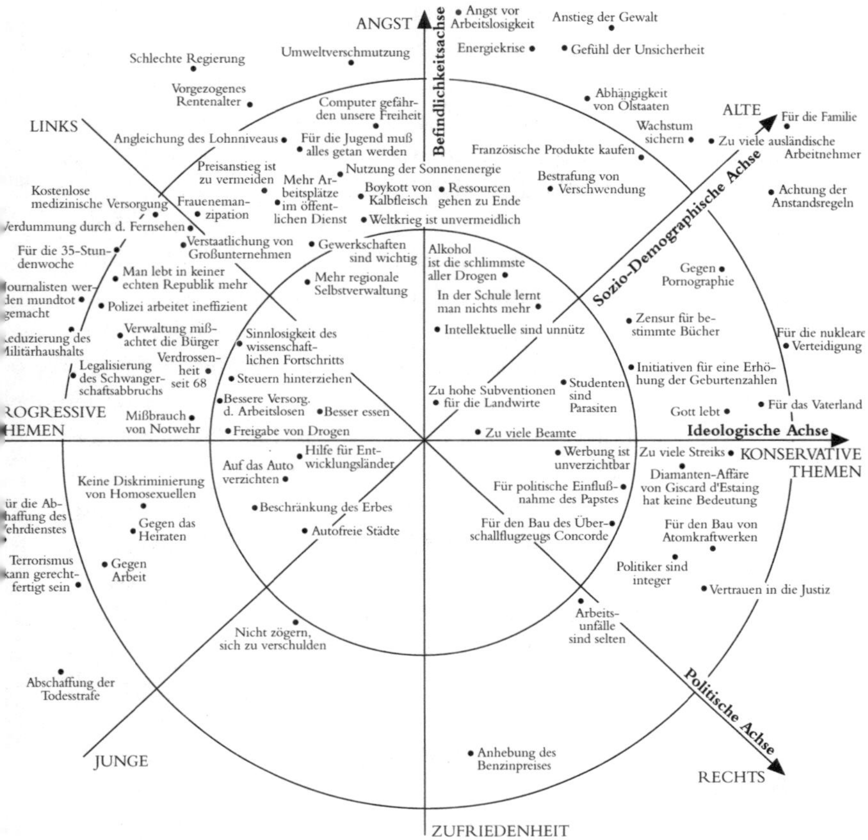

Die nicht zufälligen Algorithmen für die Bestimmung des Punktes x*, an dem die Funktion ihren Mindestwert erreicht, nehmen ihren Ausgang an einem empirisch bestimmten Anfangspunkt X_0 und streben nach unten, auf den tiefsten Punkt zu. Aber mit Ausnahme derjenigen, die in der schraffierten Senke auf dem Graph des tiefsten Punktes x* ihren Ausgangspunkt haben, verschließen sie sich in einer falschen Senke und verharren dort für immer. Natürlich ließe sich in den Algorithmus die Entscheidung einbauen, von Zeit zu Zeit die Senke zu verlassen, in der man sich befindet, um sich in andere Senken zu begeben, aber das funktioniert nicht gut, weil es viel zu lange dauert, bis man die richtige Lösung findet! Algorithmen, die dem Zufall Rechnung tragen, sind durch folgendes Prinzip bestimmt: Befindet man sich an einem Punkt, entscheidet man mittels Losentscheid, sich entweder entsprechend der zuvor beschriebenen Methode in die Senke hinabzubegeben, an dem sich der Punkt befindet, oder mit einer sehr geringen Wahrscheinlichkeit in jede der anderen Senken zu springen. Mit jedem Schritt verändert man jedoch die Wahrscheinlichkeit, daß man ausgehend von der einen Senke in eine der anderen Senken gelangt. Diese Veränderung zielt darauf ab, die bereits aufgesuchten Senken zu begünstigen, bei denen sich feststellen ließ, daß die Funktion klein ist. Schritt für Schritt verkleinern sich die Wahrscheinlichkeiten, in eine andere Senke zu gelangen, und die gesamte Wahrscheinlichkeit beschränkt sich auf diejenigen Senken, die am tiefsten sind, so daß der Algorithmus schlußendlich die richtige Senke ausfindig macht. Bei jedem neuen Schritt besteht der Rückgriff auf den Zufall darin, sich per Losentscheid für eine von zwei Möglichkeiten zu entscheiden: entweder für eine Abwärtsbewegung innerhalb der Senke oder für einen Wechsel in eine ebenfalls mittels Losentscheid bestimmte andere Senke. Die Nutzung des Zufallsprinzips verhindert, in einer Senke einzuschlafen, die möglicherweise nicht die tiefste ist. Die Theorie der großen Abweichungen ist Garant dafür, daß man die notwendigen Sprünge durchführt, um die falschen Senken zu verlassen und schließlich die richtige zu finden. In der Tat ist auch das eine Sache der Entropie. Die Suche nach der richtigen Senke besteht darin, bei jedem Schritt die Entropie zu verringern, die, dank eines unterschwelligen Modells, mit sämtlichen möglichen Größen der Funktion verknüpft sind. Die Welt der Möglichkeiten wird langsam, aber sicher kleiner. Am Ende besteht sie nur noch aus dem Punkt, an dem die Funktion ihren Mindestwert erreicht. Analog zur Thermodynamik wird ein solcher Algorithmus als Abkühlungs-Algorithmus bezeichnet. Der Grund der Senke, wo die Informationsfunktion ihren kleinsten Wert erreicht hat, wird als der absolute Nullpunkt gedacht. Nähert sich die Temperatur dem absoluten Nullpunkt an, erstarren die Moleküle, »springen« immer weniger, jede Unordnung verschwindet und es gibt nichts mehr zu erfahren. Genauso verhält es sich mit unserem Algorithmus.

12. Kapitel

Die Bedeutung der Wahrscheinlichkeit

Wahrscheinlichkeit und Konzeption in der Mathematik

Im Prinzip verdankt nichts weniger dem Zufall als ein Computer oder ein Computerprogramm. Die Theorie der Komplexität weist jedoch enge Verbindungen zwischen der Wahrscheinlichkeitsrechnung und der Mathematik der Informatik auf. Letztere ist ein jüngerer Teil der mathematischen Logik, eine Disziplin, die die Grundlagen und Sprachen der Mathematik untersucht und die mit dem Auftauchen der Computer natürlich sehr an Bedeutung gewonnen hat. Nicht wenige Mathematiker halten Scherbengericht über diese Logik, die nicht mehr sehr viel mit der von den Philosophen seit vielen Jahrhunderten so sehr geschätzten formalen Logik zu tun hat, weil die von ihr entwickelten Theorien sehr stark von der traditionellen Mathematik abweichen. Sie verfolgen nicht die gleichen Ziele. Darüber hinaus steht sie in dem Ruf, nur schwer verständlich zu sein.[1] Will man die Wahrscheinlichkeiten in den Rahmen der gegenwärtigen Mathematik einordnen, dann ist die Verbindung, die von der Theorie der Komplexität zwischen Wahrscheinlichkeit und Logik hergestellt wird, von zentraler Bedeutung. Diese Verbindung beinhaltet Untersuchungsgegenstände, die nicht nur für beide Disziplinen, sondern für die Wissenschaft im allgemeinen äußerst anregend sind.[2]

Auch in bezug auf eine andere Fragestellung besteht Übereinstimmung zwischen Logik und Wahrscheinlichkeiten, und zwar hinsichtlich des mathematisch Unentscheidbaren. Die Logiker haben die Grenzen der mathematischen Theorien skizziert. Innerhalb der gängigsten Theorien[3], deren Axiome, d.h. Grundlagen, im allgemeinen unbestritten sind, gibt es

Sätze, von denen man erst wissen kann, ob sie richtig oder falsch sind, nachdem man unendlich viele elementare Rechenoperationen durchgeführt und damit unendlich lange gearbeitet hat. Selbst wenn der Mensch mit den besten Computern ausgestattet ist, erweist sich diese Aufgabe als für ihn unlösbar. So bringt die Logik den Mathematiker in eine neue Position: er weiß endgültig, daß er nicht dazu in der Lage ist, über die Richtigkeit oder Unrichtigkeit bestimmter Sätze zu entscheiden. Die sehr intuitiven probabilistischen Verfahrensweisen des Gödelschen Unvollständigkeitstheorems schufen auf dem Feld des Unbeweisbaren neue Verbindungen zwischen der Wahrscheinlichkeit und der Logik, die über die Theorie der Komplexität hinausgehen.

Wenn man sich von seiner Vorstellungskraft leiten läßt, erhält man bei der Auseinandersetzung mit Wahrscheinlichkeit und Logik eine Vorstellung davon, welche riesige Wegstrecke wir noch bewältigen müssen. Es besteht kein Zweifel daran, daß wir neue mathematische Verfahren erfinden müssen, wollen wir die Stellung des Zufalls sowie der Mechanismen, die wir ihm zum Beispiel in der Quantenmechanik und der Biologie zuschreiben, besser verstehen und vor allem die Funktionsweise des Gehirns besser nutzen.[4] Allerdings wird die Möglichkeit einer Öffnung hin zu einer neuen Mathematik bestimmt von unserer allgemeinen Auffassung der Mathematik.

Die meisten Mathematiker scheinen Platoniker im ursprünglichsten Sinne zu sein. Sie glauben an ein mathematisches Gebäude, das unabhängig vom Menschen existiert. Durch ihre Arbeit haben sie dieses Gebäude ergründet und dabei große Mühen in Kauf genommen. Sie haben seine Schönheit entdeckt, die so ewig ist, wie es eine mathematische Wahrheit nun einmal sein kann, hierin einem Gemälde von Rembrandt ähnlicher als einer vergänglichen physikalischen Theorie. Diese Auffassung ist eine der Ursachen dafür, weshalb zahlreiche Mathematiker die Existenz des Zufalls leugnen: Es ist unvorstellbar, eine Kathedrale auf dem unsicheren Fundament des Zufalls zu errichten! Einen Gegensatz zu dieser vorherrschenden Auffassung bildet das mathematische Verständnis einiger Neurobiologen wie Jean-Pierre Changeux[5] oder Mathematiker wie Jean-Louis Krivine[6], deren Verständnis von der Stellung der Mathematik dem modernen Programmbegriff gerecht wird:

> Kehren wir wieder zu unserer Analyse der mathematischen Aktivität zurück, um das bisher Gesagte zusammenzufassen: die mathematischen Konzepte, Theorien und Theoreme sind nichts anderes als Programme, genauer gesagt »Programmierungsmodule«, die sich in unserem Gehirn befinden, aber natürlich auch in dem von höherentwickelten Tieren, wie etwa den Säugetieren.
>
> Diese Betrachtungsweise bietet den Vorteil, der Tatsache Rechnung zu tragen, daß die Mathematik nützlich ist: In der Tat ermöglicht sie es, das Tun mehrerer oder vieler Personen präzise aufeinander abzustimmen, da alle die Mathematik auf die gleiche Weise verstehen (oder sie überhaupt nicht verstehen). Ein Programm zeichnet sich eben dadurch aus, immer dasselbe Ergebnis zu liefern, vorausgesetzt, man hat das Glück, es zum Laufen zu bringen.
>
> Das alles ist schön und gut, werden Sie sagen, aber es gibt einen zwingenden Einwand gegen diese Analyse: er bezieht sich auf die gleichsam wundersame Gleichsetzung zwischen der Mathematik und den »Naturgesetzen«, zum Beispiel den Gesetzen der Physik ...
>
> In Wahrheit ist die Erklärung hierfür einfach, vor allem dann, wenn man akzeptiert, daß die Mathematik nichts anderes ist als die Dekodierung von »Hilfsprogrammen«, die Gott, oder anders gesagt, Milliarden von Evolutionsjahren in das Gehirn der höherentwickelten Lebewesen eingeschrieben haben. Es ist also ganz und gar nicht erstaunlich, daß diese Programme vollkommen an die Umwelt dieser Lebewesen angepaßt sind. Andernfalls würden sie ihre Rolle nur schlecht erfüllen, die darin besteht, den durch sie gesteuerten Organismus an diese Umwelt anzupassen. Infolgedessen ist es auch nicht erstaunlich, daß wir, wenn wir diese Programme in unserem eigenen Gehirn lesen, glauben, »Naturgesetze« zu entdecken ... Mit Hilfe der mathematischen

Physik ist es Menschen gelungen, diese Programme zu entschlüsseln[7] und sie demnach auch auf eine Weise zum Laufen zu bringen, die stark von derjenigen abweicht, für die sie ursprünglich geschrieben wurden ...

Folgt man der Argumentation von Krivine, besteht die Arbeit der Mathematiker darin, die Programme oder Teile der im Laufe der Evolution in unser Gehirn eingeschriebenen Programme, nachdem sie einmal umgeschrieben worden sind, »anders« arbeiten zu lassen.[8] Dieser Standpunkt, der der gesellschaftlichen und historischen Dimension vielleicht nicht genügend Rechnung trägt, läßt sich noch etwas genauer differenzieren. Die Evolutionstheorie erklärt vielleicht nicht, warum die gesamte von uns entschlüsselte Mathematik unlöslich mit der Mathematik verknüpft war, die für den Fortbestand unserer Gattung wenn nicht notwendig, so doch zumindest nützlich war. Ist man aber mit dieser sehr interessanten Betrachtungsweise von Krivine einverstanden, dann kann man sich vorstellen, daß auch die Wahrscheinlichkeitsrechnung Teil »unserer« Programme ist.

Es wäre aufschlußreich, die »Biologie« unserer Art und Weise zu kennen, Entscheidungen im unsicheren Universum zu fällen, Information zu verarbeiten und unter bestimmten Bedingungen gültige Rechnungen durchzuführen. Es ist vorstellbar, daß es in unserem Gehirn einen Generator für zufällige Zahlen gibt[9], eine physikalisch-chemische Maschine, die etwas erzeugt, das den echten Auslosungen ähnelt, etwas, das wir benötigen, um Information zu verarbeiten, zu kodieren und zu dekodieren, Irrtümer zu bearbeiten und zu lernen. Der Rückgriff auf den »kausalen« Zufall, auf ein »der Zufall hat es gewollt«, ist vielleicht eine nützliche Art und Weise, die Aktivität unseres Gehirns zu beschränken, wenn es sich bei der Suche nach den Ursachen im Kreis bewegt wie ein kurzgeschlossenes Programm. Zumindest wäre dies eine nette Erklärung.

Es gibt aber einen noch zentraleren Punkt. Alles deutet darauf hin, daß das Gehirn dauernd auf der Suche nach Mindestwerten komplizierter Funktionen ist. Gegenwärtig gibt es in der uns bekannten Mathematik nicht tausenderlei Arten, um derartige Mindestwerte herauszufinden. Die Zufallsalgorithmen sind wahrscheinlich die richtigen Algorithmen für diese Aufgabe. Sie machen es zwingend notwendig, daß das Gehirn Wahrscheinlichkeitsrechnungen durchzuführen und vor allem zufällige Zahlen zu simulieren vermag. Das Gehirn würde somit wie ein parallel geschalteter Computer arbeiten, d. h., an verschiedenen Stellen würden gleichzeitig unabhängig voneinander Rechnungen durchgeführt, die nur auf den Werten der am nächsten gelegenen Stellen basierten. Indem sie uns die notwendigen Programme zur Verfügung stellte, hat es uns die Evolution folglich sehr wahrscheinlich ermöglicht, Rechnungen durchzuführen. Diesbezüglich sollte noch angemerkt werden, daß die Wahrscheinlichkeitsmathematiker zum Ausgleich hierfür der Evolutionstheorie »die Ehre erwiesen haben«, indem sie besondere Optimierungsalgorithmen, sogenannte genetische Algorithmen erfanden. Hierzu gaben die biologischen Konzepte der Mutation, des *crossing over* oder die Notwendigkeit der Auslese den Anstoß. Durch die Nutzung der Theorie der großen Abweichungen beginnen diese Algorithmen, ihre Leistungsstärke unter Beweis zu stellen. Hierbei handelt sich um eine interessante Quelle der Inspiration, um die die Biologie die Mathematik bereichert hat.[10]

Wahrscheinlichkeiten und andere mathematische Theorien

Nicht wenige Mathematiker halten die mit der Komplexität im Zusammenhang stehenden Begriffe, die entweder zur Informations- und Wahrscheinlichkeitstheorie oder zu den großen Theoremen der Logik hinlenken, für irrelevant. Ihre Einstellung wird in erster Linie bestimmt von der Entwicklung der Mathematik sowie der Rolle der Mode.

Seit dem Beginn unseres Jahrhunderts mit Henri Poincaré bis in die sechziger Jahren hinein wurde die Wahrscheinlichkeitstheorie in Frankreich[11] nur von einigen wenigen vereinzelten Persönlichkeiten vertreten.[12] Die vorherrschende und in sich geschlossene Gedankenwelt der Mathematiker hatte diesen Teil der Mathematik an den Rand gedrängt, indem sie ihn faktisch zu einem Instrument der theoretischen Physik machte.[13] Noch vor kurzem gehörten weder die Informationstheorie noch die Statistik überhaupt zur Mathematik. Man kann sagen, daß eine Vielzahl von auf Wahrscheinlichkeitsrechnungen basierenden Entwürfen, die von Wissenschaftlern außerhalb des traditionellen mathematischen Arbeitsbereichs erarbeitet oder erschlossen worden waren, von der Gemeinde der Mathematiker unberücksichtigt blieben. Sie bekamen nicht den ihnen angemessenen wissenschaftlichen Status eingeräumt, den sie verdient gehabt hätten. Das gilt auch für den Informationsbegriff von Shannon und damit auch für die Entropie.

Dennoch haben deutsche Physiker[14] den Nobelpreis für ihre Arbeiten zur Kristallographie erhalten, die auf sehr groben wahrscheinlichkeitsmathematischen Modellen basierten, mit deren Hilfe sie die chemischen Analyseverfahren für Moleküle durch X-Strahlen-Diffraktion vereinfachten. Nobelpreise für Wirtschaft wurden für ziemlich elementare mathematische Überlegungen zur Theorie des erwarteten Nutzens verliehen. Die betreffenden Experten waren lediglich die ersten in ihrem Fachgebiet, die das Werkzeug der Wahrscheinlichkeitsrechnung nutzten. Selbst im Bereich der klassischen Mathematik war die Anwendung von auf Wahrscheinlichkeitsrechnung basierenden Ideen von Bedeutung.[15] Dennoch hat die Vielzahl der mit Hilfe der Wahrscheinlichkeitstheorie erzielten Ergebnisse die Gemeinde der Mathematiker entweder vollkommen ungerührt gelassen, oder sie sind erst verspätet darauf aufmerksam geworden. Auch wenn die Stellung der Wahrscheinlichkeitsrechnung sich hierdurch ein wenig verändert haben mag, so zeitigte dies noch längst keine Bemühungen, diesen Ergebnissen nachhaltig innerhalb der kulturellen Dimension Geltung zu verschaffen.[16]

In anderen Ländern wurde die von Poincaré begründete Tradition der Aufnahmebereitschaft für die Wahrscheinlichkeitsrechnung in erster Linie von Kolmogorow und seinen Schülern fortgesetzt. Sie entwickelten gleichzeitig sowohl die Wahrscheinlichkeitsrechnung als auch die deterministische Theorie der dynamischen Systeme insbesondere dadurch weiter, daß sie ein Axiomsystem für die Wahrscheinlichkeitsrechnung erstellten und innerhalb der Mathematik so grundlegende Konzepte wie das der Entropie entwickelten.[17] Da sich die Wahrscheinlichkeitsrechnung seither leichter auf traditionelle Gegenstände anwenden ließ, hätte sie sofort zu einer mathematischen Disziplin unter anderen werden können. Es gibt zwei Gründe dafür, warum das nicht so war. Der erste besteht in der Verbindung zwischen der Wahrscheinlichkeitsrechnung und einer Vielzahl unterschiedlicher Anwendungen. Diese Verbindung macht bestimmte Teile der Wahrscheinlichkeitsrechnung zu echten Technologien: Insbesondere in Frankreich ist das eine Erbsünde, und für eine gewisse Zeit reichte das, um die Wahrscheinlichkeitsrechnung von der »würdigen« Mathematik auszuschließen. Der zweite Grund besteht darin, daß viele Wissenschaftler gewisse Schwierigkeiten haben, genügend ausgeprägte probabilistische Gedanken zu entwickeln.[18] Zahlreiche Physiker handhaben die Wahrscheinlichkeiten in der Thermodynamik oder der Quantenmechanik auf der Grundlage eines sehr niedrigen wahrscheinlichkeitsmathematischen Standards, der jedenfalls sehr deutlich unterhalb von demjenigen liegt, der in anderen Bereichen der Mathematik erreicht worden ist.

Ist diese Situation dabei, sich zu verändern? Um sich Klarheit hierüber zu verschaffen, müssen wir warten, bis die Geschichte der letzten 25 Jahre geschrieben sein wird. In deren Verlauf ist das mathematische Vokabular, und insbesondere dasjenige der Mathematik des Zufalls, in den Sprachgebrauch eingedrungen, und bei jeder Gelegenheit sind neue mathematische Theorien interpretiert und zitiert worden. Wir haben die Bekanntschaft mit der Kybernetik, den auf der Wahrscheinlichkeitsrechnung basierenden Automaten und der Katastrophentheorie gemacht. Später erlebten dann die Entropie, die Ordnung und die Unordnung, die Irreversibilität ihre Glanzstunden. Sämtliche Arbeiten quollen genauso über vom Rauschen, von Schwankungen und Abweichungen, wie man heute unvermeidlich auf das Chaos und Fraktale stößt.

In Frankreich und überall sonst griffen Soziologen, Wirtschaftswissenschaftler und selbst Psychoanalytiker auf mathematische Konzepte oder ihre Entsprechung in der statistischen Mechanik zurück, um Modelle zu entwickeln und sich ihrer als Analyseinstrumente zu bedienen, wobei Seriöses und Modisches sich miteinander vermischten. Demgegenüber ist der Rückgriff auf die Wahrscheinlichkeitsrechnung, der über den einfachen Sprachgebrauch hinausgeht, häufig eher ein hintergründiger, impliziter und wenig gerechtfertigter. So spricht man zum Beispiel sehr häufig vom Rauschen, ohne etwas von seinem probabilistischen Wesen zu wissen, von Schwankungen und Abweichungen, ohne jemals die Theorie der großen Abweichungen oder auch nur die Anwendungsbedingungen des Theorems der Gaußschen Grenze zu erwähnen. Zweifellos belegt diese Mode eindeutig die Lebendigkeit der Mathematik, ihre unvergleichlichen Hilfsdienste in bezug auf das Wissen über und die gedankliche Auseinandersetzung mit dem Weltbild, ihre »eigenartige Macht«. Aber bereits René Thom[19], der, was sehr außergewöhnlich ist, eine »brandaktuelle« Untersuchung zur Nutzung der von ihm selbst entwickelten Theorie erstellt hat, erklärte, daß die Unterwerfung unter die Mode sich möglicherweise als etwas so Vergängliches erweisen kann wie der vorbeistreichende Wind. Bezeichnenderweise enthalten gerade die Arbeiten von Biologen wie Jacques Monod oder François Jacob oder diejenigen der Physiker und Spezialisten für die Quantenmechanik bedeutendere Beiträge für das Nachdenken über Zufall und Wahrscheinlichkeit.

Die in letzter Zeit durch die etwas mißverständlich als Chaostheorie bezeichnete Theorie dynamischer Systeme in der Mathematik erzielten Fortschritte machen es notwendig, von neuem über die Stellung des Zufalls innerhalb der verschiedenen Wissenschaften nachzudenken. Es gibt deterministische Systeme, über die sich keine Vorhersagen machen lassen. Kennt man ihren ursprüngliche Ort und ihre Geschwindigkeit, ist ihre Strecke genau festgelegt, aber jede Veränderung des ursprünglichen Zustands verstärkt sich sehr schnell, und nach einer an der Elle der beobachteten physikalischen Phänomene gemessen sehr kurzen Zeit weichen die Strecken zweier Zustände, die sich ursprünglich sehr ähnlich und fast gleich schnell waren, beträchtlich voneinander ab.

Darüber hinaus können einige dieser Systeme eine Strecke aufweisen, die zum Verwechseln derjenigen eines zufälligen Systems ähnelt: Beobachtet man derartige Systeme in regelmäßigen Zeitabständen, entsprechen die Beobachtungen einem Gesetz der großen Zahl oder scheinen sogar mit dem auf der Wahrscheinlichkeitsrechnung basierenden Gaußschen Konvergenztheorem der Abweichungen übereinzustimmen.

Als Folge einer Reihe wunderbarer Entdeckungen ist alles von der Mode des Chaos überschwemmt worden.[20] Alles, oder beinahe alles, was sich nur schwer beschreiben läßt, ist angeblich chaotisch: die Entwicklung des Börsenindex, das Verhalten des Huhns, das den Kopf senkt, um zu picken, und ihn wieder hebt, um zu beobachten ... bis hin zur Aktivität des menschlichen Gehirns. Und vielleicht ist es im Grunde genommen ja auch so. Aber welchen Nutzen brächte dies dem Wissen, und welcher praktische Nutzwert ergäbe sich daraus?

Beschreibt man ein System mit Hilfe der Gleichungen eines chaotischen Systems, dann ermöglicht das eine genauere Erklärung der Funktionsweise eben dieses Systems und stellt damit einen wissenschaftlichen Fortschritt dar.[21] Dennoch muß man die Verbindung zwischen beiden Betrachtungsweisen im Kopf behalten. Der Übergang vom Zufall zum Chaos besteht darin, die Rolle des Zufalls für ein Phänomen, das sich zwischen den beiden Zeitpunkten 0 und Z genau zum Zeitpunkt 0 ereignet, abzulehnen, den Zufall ausschließlich auf den Ausgangszeitpunkt einzugrenzen. In gewisser Weise, d.h. unter entropischen Gesichtspunkten, kann es zum Zeitpunkt 0 des chaotischen Systems »genauso viel Zufall«, d.h. Entropie an seinem Ausgangspunkt, geben wie beim zufälligen System, wo der Zufall auf der Zeitebene ständig wirksam ist.

Die weiteren Bemerkungen besitzen eher operativen Charakter. Die mathematische Erforschung des Chaos ist mit derjenigen des Zufalls verbunden. Die Entropie, die von uns als ein mit den Wahrscheinlichkeiten und der Information im Zusammenhang stehendes Konzept eingeführt worden ist, bedeutet scheinbar eine andere, abweichende mathematische Lesart, die jede Vorstellung von Beliebigkeit ausschließt. Aber das ist nur dem Anschein nach so, denn die verschiedenen Begriffe der Entropie sind mathematisch eng miteinander verbunden. Darüber hinaus macht ein Teil der Chaostheorie Anleihen bei ganz wesentlichen Techniken, die auf der Wahrscheinlichkeitsrechnung basieren.[22] Um die Parameter eines chaotischen Systems genau zu bestimmen, nutzt man schließlich noch sehr klassische Ideen der Statistik, man argumentiert, als sei das System zufällig. Gegenwärtig verfügt man über keine anderen Methoden, und die Simulation des Chaos bleibt ein weithin ungelöstes Problem. Die Mode des Chaos, die ihre Ursachen in den bedeutenden Fortschritten der Mathematik und Physik hat, sollte – zumindest nicht im gegenwärtigen Stadium der wissenschaftlichen Entwicklung – nicht zu dem Glauben an den plötzlichen Tod der Wahrscheinlichkeitsrechnung verleiten, und noch weniger zu demjenigen an die Techniken, zu denen sie den Anstoß gegeben hat. Diese Mode wird zweifellos im Gegenteil dazu beitragen, der Wahrscheinlichkeitstheorie eine noch größere Verbreitung zu gewährleisten.

Das Instrument Zufall, der opportune Zufall, der geheimnisvolle und metaphysische Zufall

Die Entwürfe von Modellen im unsicheren Universum schließen sowohl die Thermodynamik als auch die Störfalltheorie, die Genetik als auch die Theorie der Warteschlangen, die Untersuchung gesellschaftlicher Hierarchien und des Ferromagnetismus mit ein. Ohne die stochastische Simulation geht der Kontrolltheorie und der Steuerungstheorie eine wesentliche Dimension verloren. Ohne Statistik keine Vorhersage. Dieser Zufall bietet keinen weiteren Diskussionsstoff. Es handelt sich um außerordentlich leistungsstarke und vielfältige mathematische Instrumente.

Das Instrument Zufall ist nicht einfach nur ein Notbehelf, mit dem sich unser Unwissen beheben läßt.[23] Das wäre eine eingeschränkte Sichtweise. Es ist auch ein Mittel, das der Vereinfachung und Formalisierung dient, und in dieser Hinsicht unterscheidet es sich in keiner Weise von der übrigen Mathematik. Somit muß es einem sehr merkwürdig vorkommen, wenn man sieht, daß beispielsweise mit dem Gedanken der Unabhängigkeit so verfahren wird, als handele es sich nicht um einen rein mathematischen Gedanken, ein Grenzkonzept der physikalischen Realität von immer weniger voneinander abhängigen Ereignissen. Die Lehrwerke für Philosophie lassen sich ein wenig zu ausführlich über Cournot und über die Geschichte von dem Mann aus, dem an einem Tag, als er einen anderen als den gewohnten Weg zu seiner Arbeit nahm, von einem Balkon herunter ein Blumentopf auf den Kopf fiel. Der herunterfallende Blumentopf war unabhängig vom Weg des Mannes. Dieser Begriff, der genau wie viele andere mathematische Konzepte mit dem Begriff der Unendlichkeit verknüpft ist, ist dem Denken nicht *a priori* schwerer zugänglich als der Begriff der realen Zahlen oder derjenige der Differentialrechnung. Diese Verlegenheit ist im Grunde genommen lediglich der Ausdruck einer deterministischen philosophischen Einstellung, die sich diesbezüglich nicht ausdrücklich erklärt und lediglich Verwirrung stiftet.[24]

Hierdurch kehrt man wieder zu der nicht immer sehr aufregenden Auseinandersetzung über den Determinismus zurück, der Auseinandersetzung über die Existenz eines grundsätzlich physikalischen Zufalls und nicht über die Existenz von Wahrscheinlichkeiten, die, wie beispielsweise René Thom gezeigt hat, alles in allem auch sehr gut in eine Mathematik ohne Zufall integrierbar ist!

Indem die Biologie die Evolution im wesentlichen mit der natürlichen Selektion begründet, hat sie von neuem die Frage nach dem Zufall aufgeworfen. Jedes Lebewesen unterliegt einem doppelten Zwang: sich fortzupflanzen und mit dem es umgebenden Milieu zu interagieren. Die genetischen Mechanismen, die der erstgenannten Forderung genügen, führen zur Entstehung von Individuen, die sich alle voneinander unterscheiden, da die Vielfalt durch die zufälligen Fortpflanzungsmechanismen sichergestellt wird. Die Populationen entwickeln sich in Abhängigkeit von den gleichfalls zufälligen äußeren Umständen. Die natürliche Selektion integriert langsam und nach sehr langer Zeit einige der Mutationen, die sich dem Zufall verdanken: sie »richtet den Zufall aus«. Somit ist die Lebenswelt, die uns umgibt und an der wir teilhaben, nur eine unter vielen möglichen.[25]

Der Zufall ist da. Kann man ihn vertreiben? Läßt sich die lebendige Welt als ein Ganzes denken, das sich wie ein mehr oder weniger chaotisches dynamisches System entwickelt, von Katastrophe zu Abweichung? Vielleicht wird man eines Tages »durch das Mikroskop hindurch« jede Mutation, jeden Unfall als eine Unstetigkeit eines deterministischen Systems erkennen. Geht es aber um Wissen, um Verständnis, lassen sich die Darstellungen nicht mehr unterdrücken, die auf dem Zufall gründen. Hierbei handelt es sich nicht nur um statistische Eigenschaften, denn im Bereich der Biologie weiß man noch nicht genau, was Begriffe wie »große Population«, »Gesetz der großen Zahl«, »große Abweichungen«, »seltene Ereignisse« bedeuten. Die Wahrscheinlichkeitstheorie macht es möglich, bereits jetzt die elementaren Gesetze der Genetik hinlänglich zu verstehen und zu beschreiben. Es ist nicht zu leugnen, daß einige extrem seltene Ereignisse, einige Mutationen, jenseits aller statistischen Erfaßbarkeit, zweifellos einen entscheidenden Einfluß gehabt haben, weil sie die Realisierung einer großen Abweichung vom Durchschnitt verursacht haben. François Jacob hat einen derartigen Zufall als »opportun« bezeichnet, was bedeutet, daß er zwar gelegen kommt, aber nicht eigentlich den Zweck hat, die Evolution zu begünstigen. Er bietet einen zwar endlichen, aber immensen Vorrat an Möglichkeiten. Und sowohl für den Biologen als auch für den Statistiker ist dieser Zufall mit der Idee der Information verknüpft. Allein ihre Fähigkeit, ihrer Umwelt Informationen zu entnehmen, ermöglicht es lebenden Systemen, die nichts mit isolierten Systemen gemein haben, Organisationsformen zu entwickeln, die den Fortpflanzungs- und Überlebenszwängen gerecht werden.

Ganz offensichtlich bietet der Zufall allein noch keine hinlängliche Erklärung dafür, warum am Boden lebende Tiere Pfoten haben, Vögel Flügel und Fische Flossen. Neben der natürlichen Selektion kennt man heute eine ganze Reihe

> von Mechanismen, die am Evolutionsprozeß beteiligt sind: zum Beispiel die genetische Abweichung, die zufällige Fixierung von Genen, die durch eine Genverbindung hervorgerufene indirekte Selektion, das differentielle Wachstum der Organe usw. Viele dieser Faktoren wetteifern darum, die Auswirkungen der natürlichen Selektion zu beeinträchtigen.[26]

Wenn man seiner Phantasie freien Lauf läßt, ist es vorstellbar, diesen Komplex mit der erwähnten algorithmischen Komplexität zu verbinden. Unter Bezugnahme auf einen Gedanken von Lévi-Strauss betrachtet François Jacob die Evolution als die Arbeit eines Bastlers. Der Wahrscheinlichkeitsmathematiker definiert den Bastler als jemanden, dessen Arbeit sich im Gegensatz zur schnell zu beschreibenden Arbeit eines Ingenieurs nicht in einer Folge von n Operationen durch ein Programm vernünftiger Länge – d. h. deutlich kleiner als n – beschreiben läßt. Das Lebendige verfügt zwar über eine große Komplexität, die aber aufgrund seiner Fähigkeit, der Umwelt Informationen zu entnehmen, nicht maximal wird.

Dieser opportune Zufall ist natürlich nicht einfach auf kosmogonische Theorien übertragbar, in denen es keine Evolution gibt, die die Funktion des Fortbestandes der Gattung begünstigt. Von dem Zufall, um den es hier geht, sprach Henri Poincaré im Konditional: »Der Zufall könnte etwas anderes sein als der Name, den wir unserem Unwissen geben.«

Der zuvor opportune Zufall wird hier zu etwas Wesentlichem. Die Objekte der Quantenmechanik sind probabilistischer Art und mit ihrer eigenen Mathematik ausgestattet. Der Physiker Erwin Schrödinger führt diesbezüglich aus, daß gemäß der revolutionären Konzeption am Anfang der unbestimmte Zufall stehe. Das Gesetz, das nicht weiter erklärbar sei, erscheine nur deshalb statistisch bei einem Massenphänomen, weil eine große Zahl von Zufällen an diesem Phänomen beteiligt seien.[27] Es ist verständlich, daß nicht wenige denken, diese Unbestimmtheit sei nur vorübergehend und lediglich auf die Unfähigkeit der Wissenschaftler zurückzuführen. Diese Art des Zufalls bedingt Situationen, die einem Science-fiction-

Roman entspringen könnten, die es aber nicht tun, sondern genau das realisieren, was Schrödinger anhand des Beispiels einer Katze veranschaulicht, die tot und lebendig zugleich ist.[28] Hierdurch wird es notwendig, die Wahrscheinlichkeitsrechnung in der Welt der Quanten neu zu überdenken. Dieser wesentliche Zufall bleibt zum Teil unverstanden und kann daher in der Auseinandersetzung über den Determinismus nur mit größter Vorsicht, die die Interpretation der Quantenmechanik gebietet, gehandhabt werden. Zitieren wir diesbezüglich ganz einfach die Worte von Roland Omnès: »Die Wahrscheinlichkeiten sind also tief in die Geheimnisse der Theorie eingetaucht, und ihre Rolle beschränkt sich keinesfalls darauf, den Zufall zu beschreiben.«[29]

Die Auseinandersetzung über den Determinismus

Philosophen und Wissenschaftler beteiligen sich an einer immer wieder aufkeimenden Diskussion. Die einen, um den Zufall aus den wissenschaftlichen Vorstellungen zu vertreiben, die anderen, um seine Existenz »an sich« zu beweisen. Jeder Fortschritt oder jede theoretische Schwierigkeit der Quantenmechanik ist Anlaß, diese Auseinandersetzung wieder aufleben zu lassen. Sie läßt sich folgendermaßen zusammenfassen:

Für die einen ist das letztgültige »Gesetz der Welt der Zufall, und jeder partielle Determinismus, der darin noch enthalten ist, ist eine Folge des Gesetzes der großen Zahl (die folglich das Kennzeichen des Zufalls tilgt)«. Für die anderen ist das »letztgültige Gesetz der Welt vollkommen deterministisch, und jedes zufällige Phänomen, das sich beobachten läßt, ist eine Folge des deterministischen Chaos (das möglicherweise mit verborgenen Variablen verknüpft ist)«.[30]

Genauer gesagt gibt es vier Auseinandersetzungen über den Determinismus: die klassische Auseinandersetzung über die Kausalität und die Stellung des Zufalls sowie drei miteinander verwobene Unterdebatten über die Geschichte des Universums, über die der lebendigen Welt und die der Menschen.[31] In

Frankreich wurde die Auseinandersetzung über die Kausalität durch René Thom und seinen Artikel »Schluß mit dem Rauschen« sowie durch die Entwicklungen in der Biologie, mit denen sich J. Monod in seinem Buch *Le Hasard et la Nécessité* auseinandersetzt, wieder in Gang gesetzt. Diese Debatte wird alles andere als leidenschaftslos geführt, zumal sie Gegenstand philosophischer Überzeugungen ist. Sehr vereinfacht ausgedrückt, ist für Thom der Rückgriff auf den Zufall bei der Ausarbeitung von physikalischen Modellen gleichzusetzen mit Unwissenschaftlichkeit, mit dem Verzicht auf Aufklärung und Erklärung, die Aufgabe des Wissenschaftlers sind. Wenn die Wissenschaftler auf die Suche nach den Ursachen verzichten, um den »Zufall« zur Quelle der natürlichen Phänomene zu machen, so käme das einer Kapitulation gleich. Die philosophischen Widersacher von Thom stützen sich auf den gegenwärtigen Zustand der Wissenschaft. Von ihrem Standpunkt aus betrachtet, führt beispielsweise die Quantenmechanik dazu, daß den Wahrscheinlichkeiten unausweichlich eine immer größere Rolle zukommt. Neue Entdeckungen beschleunigen den Vormarsch dieser Theorie von Tag zu Tag, ohne daß es hierzu heute eine plausible Alternative gäbe.

Die einzige konstruktive Alternative hierzu sieht zweifellos folgendermaßen aus: in gewisser Weise ist es immer wichtig, den Zufall in dem Bewußtsein zurückzudrängen, daß es nur darum gehen kann, ihn weiter oben wieder anzusiedeln. Auf diese Weise erhalten wir eine bessere Kenntnis der Phänomene. Ohne einen vernünftigen und systematischen Gebrauch der Wahrscheinlichkeitstheorie ließen sich andernfalls – und wie es hier auch immer wieder betont wurde – viele Probleme nicht in einem Modell erfassen, das gleichzeitig der Erklärung und der Vorhersage dient. Wollte man weiter gehen, würde man sich auf das Feld der Metaphysik begeben.[32] Und das war nicht unser Thema.

Epilog

Anstiftung zu einer Pädagogik des Zufalls

»Geschosse und Auszeichnungen gehen
zufällig auf den Gerechten und
Ungerechten gleichermaßen nieder.«
André Maurois, *Les Silences du Colonel Bramble*

Der Zufall, ein Komsumprodukt

Das Risiko ist nicht die einzige gesellschaftliche Problematik, die mit dem Zufall in Verbindung steht. Die Gesellschaft hat schon immer auf den Zufall zurückgegriffen. Allerdings hat sich die moralische Bewertung des Zufalls verändert. Oft wurde er als das Böse dargestellt, als die Niedertracht des teuflischen Willens[1], mit dem der Teufel den Menschen daran hindert, sein eigenes Leben zu leben. Dieses Bild tritt von dem Augenblick an in den Hintergrund, in dem der Zufall teilweise durch die Berechnung gezähmt wird und in dem die Menschen das Gefühl haben, ihn zu kontrollieren oder zumindest zu verstehen. Das Beispiel der Spiele ist dafür aufschlußreich. Der Bann, mit dem die christliche Tradition die Spiele belegt hatte, nährte lange Zeit das Mißtrauen beim Volk. Als die Glücksspiele in den abendländischen Kulturen das Bürgerrecht erhielten, verkörperte die mythische Gestalt des professionellen oder durch seine Leidenschaft verirrten Spielers sowohl in der Literatur als auf der Leinwand Verfall und Verfluchung. Heute aber interessiert der Spieler niemanden mehr, die Spiele sind institutionalisiert worden. Mit einem Budget von 70 Millionen Francs jährlich wirbt der Staat[2] mit dem Lottospiel, verschiedenen Lotterien und Pferdewetten dafür, daß seine Bürger sich diesem Zeitvertreib hingeben. Heute macht man sich nicht mehr lustig über dieses »neue Opium fürs

Volk«, die tägliche Hoffnung auf ein Lottowunder. Der Staat hat den Zufall, der den Menschen bei der Bewältigung ihres Lebens hilft und ihnen Freude bereitet, zu etwas Alltäglichem gemacht und ihn sogar geadelt. Scheinbar hat niemand etwas daran auszusetzen. Durch die Legalisierung der Geldautomaten »demokratisiert« man das Spiel sogar noch mehr. Weit entfernt von den Spielkasinos, in denen der Smoking immer noch obligatorisch ist, dürfen die Jugendlichen aller gesellschaftlichen Schichten die Hebel der einarmigen Banditen betätigen.[3] Die Spieler spielen »vernünftig«, sie setzen nicht die Existenz der Familie aufs Spiel. Das unkomplizierte Spiel ist dasjenige der einfachen sozialen Schichten. Alles ist perfekt entwickelt. Die »Rubbellose« treten an die Stelle der Lotterien. Sie sind unkompliziert und zeigen sofort das Ergebnis: Spielen ist zu einem Konsum von Zufall geworden.

Muß man die Arbeitsplatzlotterie rehabilitieren?

Der Zufall kann in einer Situation als Hilfsmittel dienen, in der es nicht möglich ist, die Werte zu achten und eine anerkannte Ethik zur Geltung zu bringen.[4]

Darf man in einem Rechtsstaat den Zufall nutzen? In der Vergangenheit wurde eine Vielzahl von gesellschaftlichen oder politischen Aufgaben per Losentscheid verteilt. Die Hebräer nutzten es, um das Land und das Erbe aufzuteilen, und der heilige Thomas hielt dieses Verfahren für moralisch. Die neun Archonten und selbst der Polemarch, der Heerführer, die die Geschicke Athens lenkten, wurden allem Anschein nach immer nur per Losentscheid bestimmt. Zweifellos verfolgte man damit die Absicht, den gleichsam heiligen Charakter der Magistraten zu wahren: *inter pares* konnten die Götter nur die ehrwürdigsten auswählen. Auch in Rom gab es eine Zeit, in der das Volk diejenigen der Kandidaten zu ihren Konsulen machten, denen die Auguren gütig gesonnen waren.[5] In späteren Zeiten enthielt auch noch das sehr komplizierte Wahlverfahren des Dogen in Venedig Elemente des Losentscheids.

Nachdem unsere Gesellschaften im Zufall nicht mehr die Hand Gottes sehen, verabscheuen sie den Losentscheid. Für sie ist es unvorstellbar geworden, daß dem Losentscheid eine Form von Gerechtigkeit zu eigen sein könnte. Nicht wenige sind der Ansicht, daß das Verfahren zur Bestimmung der Archonten der attischen Demokratie nicht gerade zur Ehre gereiche. Wenn man vom Zufall spricht, denkt man zunächst an die ungerechten Losentscheide früherer Zeiten zurück. Nach dem Ende der Monarchie in Frankreich, und selbst noch zu Beginn unseres Jahrhunderts in Spanien, hatte der Losentscheid bei der Truppenaushebung nur für die arme Bevölkerung Folgen, da sie sich nicht vom Kriegsdienst freikaufen konnte. Obwohl unsere Geschichtslehrbücher dazu tendieren, die modernen Ungerechtigkeiten und Schändlichkeiten zu vergessen – wie etwa die Dezimierung der Regimenter, die im Jahre 1917 nicht freiwillig in den beinahe sicheren Tod gehen wollten, durch befohlenen Losentscheid – erklären diese Ungerechtigkeiten der Vergangenheit teilweise, warum unsere Gesellschaften im Losentscheid ausschließlich eine Form der Aufgabe und der Verfälschung von Werten zu sehen scheinen. Diesen Umstand nutzten 1990 die Lehrkräfte des Fachbereichs für Mathematik an der Universität Lille. Da sie nicht mehr die ausreichende Betreuung aller Studenten sicherstellen konnten, wurden die Seminarplätze per Losentscheid vergeben. Mit dieser Aktion wollte man die Schaffung zusätzlicher Stellen erreichen. Der »Skandal« hat sich ausgezahlt![6/7]

Heute kann man sich durchaus des Problems der Gerechtigkeit bei der Arbeitsplatzverteilung annehmen, und zwar nicht, um einer Verallgemeinerung des Losentscheids das Wort zu reden, sondern um zu fragen, ob die gesellschaftliche Kapitulation angesichts der Arbeitslosigkeit und der immer geringeren Berufsaussichten für Hochschulabgänger nicht zu Lösungen führt, die erheblich weniger ausgewogen sind als der Rückgriff auf den Losentscheid.

Kürzlich wurde in der Presse von der Diskussion berichtet, die die Vergabe einer Raumpflegerstelle in einer Gemeinde im Süden von Frankreich per Losentscheid hervorgerufen hatte. Es gab zig Bewerberinnen auf diese Stelle. Nachdem die Stelle per Losentscheid vergeben worden war, mußte der Bürgermeister aufgrund der Proteste gegen das von ihm gewählte Verfahren einen Rückzieher machen. Wenn man weiß, daß sehr viele derartiger Stellen nicht entsprechend der Qualifikation der jeweiligen Bewerber vergeben werden, sondern aufgrund uneingestandener Kriterien – persönliche Protektion, Paternalismus, Zugehörigkeit zu einer politischen Partei oder noch abwegigere Kriterien –, kann ein derartig heftiger Widerstand nur Erstaunen hervorrufen. Wäre es etwa angebrachter, die Bewerberinnen ein Diktat schreiben zu lassen, um über ihre Qualifikation zu befinden?[8]

Die Organisation der Prüfungen für die Vergabe von Posten in der Universitätsverwaltung verursacht Kosten[9] – Bezahlung der Korrektoren, Reisekosten –, die in vielen Fällen sehr viel höher sind als der Profit, den der verschwindend kleine Anteil der angenommenen Kandidaten, der weniger als 1 % betragen kann, daraus zieht. Die Auswahl erfolgt auf der Grundlage von Kriterien, die oftmals keine Beziehung zur tatsächlichen Aufgabe aufweisen. Und was soll man erst über solche Auswahlverfahren sagen, die in der Privatwirtschaft gängig sind und die sich auf Handschriftenanalyse, Gespräche über das Privatleben, politische bzw. gewerkschaftliche Überzeugungen stützen? An die Stelle des Zufalls ist eine zweifelhafte[10] und mit Hilfe von wertlosen Techniken kaschierte Irrationalität getreten. Derartige Auswahlverfahren sind bereits jetzt nicht akzeptabel. Und es besteht die Gefahr, daß sie es mit jedem neuen Jahrgang von Hochschulabsolventen von Mal zu Mal weniger werden.

Insgesamt gesehen verfahren die hochentwickelten Länder mit dem Problem der Hochschulabsolventen und der schulischen Überqualifikation nicht anders, als es die Länder der dritten Welt tun. Bereits vor 25 Jahren sah Jürgen Habermas in seinem Buch *Technik und Wissenschaft als »Ideologie«* ein Zeitalter anbrechen, in dem man keine Verbindung mehr zwischen dem individuellen Ausbildungsstand und dem sozialen Status herstellen könne:

> Das Maß des gesellschaftlichen Reichtums, den ein industriell entfalteter Kapitalismus hervorbringt, und die techni-

> schen wie organisatorischen Bedingungen, unter denen dieser Reichtum produziert wird, machen es immer schwieriger, die Statuszuweisung auch nur subjektiv überzeugend an den Mechanismus der Bewertung individueller Leistung zu binden. Auf lange Sicht könnte deshalb der Studenten- und Schülerprotest diese brüchig werdende Leistungsideologie dauerhaft zerstören und damit die ohnehin fragile, allein durch Entpolitisierung abgedeckte Legitimationsgrundlage des Spätkapitalismus zum Einsturz bringen.

Geirrt hat sich Habermas in bezug auf den zeitlichen Rahmen und in bezug auf die Fähigkeit der Gesellschaft, die Entscheidung auf der Grundlage scheinbar rationaler Operationen zu organisieren, die kaum auf der individuellen Kultur oder den eigentlichen beruflichen Fähigkeiten beruhen. Der Wille, aus der Schule »eine Auswahlmaschine für Kinder«[11] zu machen, findet in einer Zeit der Beschäftigungskrise seine Fortsetzung in einer ganzen Serie von ziemlich gemeinen Auswahlverfahren. Diese berechtigen zu der Frage, ob es in einigen Fällen und zumindest für eine gewisse Zeit – und sei es auch nur, um zum Nachdenken anzureizen – nicht besser wäre, auf ein Verfahren zurückzugreifen, das die Kinder für »gerecht« halten, nämlich den Losentscheid zwischen gleichrangigen Menschen mit einer echten Qualifikation. Damit könnte man der Gesellschaft dabei behilflich sein, ihre ethischen und funktionellen Regeln neu zu definieren.

Für eine Erziehung der Politiker

Jeder wird dem zustimmen: wir müssen lernen, zu zweifeln, die Unsicherheit zu akzeptieren, zu wissen, was zur Wahrnehmung der staatsbürgerlichen Rechte und Pflichten gehört und was bloß Vorwand für Tatenlosigkeit sein kann. Im Rechtswesen wird das Gesetz diesem Umstand auch in gewisser Weise gerecht. »Sowohl im Rechtswesen als auch im medizinischen Bereich müssen Entscheidungen getroffen werden, obwohl immer ein erheblicher Zweifel bestehen bleibt. Das englische

Recht schreibt vor, daß ein Urteil ›über jeden begründeten Zweifel erhaben‹ sein müsse, und die Richter müssen es in vollkommener Übereinstimmung mit dem Bürgerlichen Gesetzbuch fällen, das sich darin niederschlägt. Eine Untersuchung hat gezeigt, daß ein Drittel der Menschen der Ansicht sind, ein ›begründeter Zweifel‹ entspreche einer Wahrscheinlichkeit von weniger als 10 %, daß der Verdächtige unschuldig ist, während andere eine Wahrscheinlichkeit von bis zu 30 % für angebracht halten. Das zeigt, daß die befragten Personen, würde es ihnen obliegen zu urteilen, in bezug auf mögliche Zweifel ziemlich großzügig sind.«[12] Es ließe sich hinzufügen: sie nehmen großzügig das Risiko eines Justizirrtums in Kauf.

Im Bereich der Politik, und insbesondere im Bereich der Wirtschaftspolitik, gilt dieses großzügige Verhältnis zum Irrtum als vollkommen unzulässig. Wir haben gesehen, daß die makro-ökonomischen Modelle sehr schwach sind. Wenn man, wie 1992, ein Wachstum von 2,4 % mit einer Spanne von 0,3 % prognostiziert, dann hat der Bürger das Recht zu erfahren, auf welchen Faktoren eine derartige Vorhersage genau basiert. Welches sind die erläuternden Variablen? Welche Rolle spielen die Zinssätze in Deutschland, das amerikanische Haushaltsdefizit, die Stimmung der französischen Unternehmer? Was das französische Wirtschaftswachstum betrifft, ist 1992 ein Rückgang von 1% eingetreten, mit verheerenden Auswirkungen für den Arbeitsmarkt. Eine falsche Vorhersage hinsichtlich des Verbrauchs privater Haushalte mußte unweigerlich zu Fehlern bei der Prognose der Einnahmen aus der Mehrwertsteuer führen. Und an genau dieser Stelle würde sich ein wenig Erziehungsarbeit als nützlich erweisen. Im Fernsehen würden wir gern folgende Meldung vernehmen: »Die Regierung legt den Haushalt für das Jahr 1998 vor, der von einem Wachstum von 1,5 %, einem Steueraufkommen von x Francs bei der Mehrwertsteuer, einem Defizit von 300 Milliarden Francs ausgeht. Es muß betont werden, daß eine Fehleinschätzung von 0,1 % bei der Wachstumsprognose – eine Fehleinschätzung, die mit einer Wahrscheinlichkeit von 0,2 vorgenommen wird – eine Veränderung von 3 % bei den Staatseinnahmen ausmacht. Um einen Vergleich möglich zu machen, soll angemerkt werden, daß im Jahre 1997 das Steueraufkommen aus der Mehrwertsteuer um 15 % hinter den Prognosen zurück blieb, was einem Defizit von 60 Milliarden gleichkommt.« Und hierauf sollte dann eine ausführliche Analyse der Ursachen für diese fehlerhafte Vorhersage folgen.

Diese drei Minuten der Nachrichtensendung würden zumindest den Bannfluch auf die Politiker verhindern. Sie würden den Bürgern dabei behilflich sein, die immer vorhandene Unsicherheit – das Hintergrundrauschen des wirtschaftlichen und sozialen Lebens – vom Unvorhersehbaren, durch das sich die Brüche auszeichnen, zu unterscheiden.[13] Hierzu benötigen die Politiker noch nicht einmal überdurchschnittliche technische Fähigkeiten. Sie bräuchten lediglich die Berichte des I.N.S.E.E. genauso zu nutzen, wie sie die Berichte des staatlichen Elektrizitätsversorgers E.D.F. oder der Europäischen Atomkontrollkommission über die zivile oder militärische Nutzung der Atomenergie nutzen. Eine distanzierte und kritische Betrachtung derartiger Vorhersagen entsprechend den jeder Denkrichtung eigenen Wertmaßstäben ist und bleibt »Aufgabe der Politik«.

Es ist normal, daß die Regierungen sich bei ihren Vorhersagen irren, aber die Prozesse, die die Welt der Politik lenken, können durchaus lächerlich sein. In Frankreich hat die rechte Regierung 1993 ihre linke Vorgängerin kritisiert, die sich bei ihren Vorhersagen schwer geirrt hatte. Aber die Mitglieder dieser neuen Regierung sahen zuvor keinen Anlaß, die Vorhersagen innerhalb einer vernünftigen Zeitspanne zu kritisieren, und haben zudem noch dasselbe System, dieselben Werkzeuge, dieselben Leute für ihre Vorhersagen benutzt und schicken sich nun an, gegebenenfalls dieselben Reden zu halten wie ihre Vorgänger. Auf diese Weise gibt man alles auf, wodurch sich eine vernünftige Erziehung der Politiker auszeichnen müßte.

Genauso wichtig wäre es, daß die Bürger in bezug auf ihre eigene Verantwortung und die Verantwortung des Staates bei ihren Einschätzungen der Dimension des Zufalls Rechnung tragen. Den wirtschaftlichen Befunden über den Umgang mit gesamtgesellschaftlichen Risiken kann nur in dem Maße auf demokratische Weise Rechnung getragen werden, in dem die Bürger aufhören, die Statistiken, die ihnen die Medien oder

Politiker liefern, unmittelbar mit ihrem eigenen Fall oder dem ihres Nachbarn zu vergleichen, was meistens getan wird. Ohne diese minimale Schulung im Umgang mit dem Zufall ist es vollkommen unmöglich zu bestimmen, wo die individuelle Verantwortung anfängt und die kollektive Verantwortung aufhört, unabhängig davon, ob es sich um Probleme im Gesundheitswesen, um solche von Unfällen aller Art oder solche der Wirtschaft handelt.

Klare Erklärungen von seiten der politisch Verantwortlichen hinsichtlich der Irrtümer bei Prognosen und eine klare Vorstellung der Bürger davon, was statistische Daten sind, würde verhindern helfen, daß einige lautstark für den Primat der Unsicherheit werben und sich auf diese Weise einen Vorwand dafür schaffen, Ideologien zu entwickeln, die den Verzicht auf Politik propagieren.

Deontologie: Wechselbeziehung zwischen der Welt des Wissens und der Macht in statistischer Lesart

Der Staat, die Unternehmen und die Presse legen uns Daten vor, die sie selbst gesammelt, ausgewertet und zusammengefaßt haben. Vom verwaltungstechnischen Stadium der Datenerfassung ist man zu ihrem medialen Stadium und zur ihrer politischen Nutzung übergegangen. Die Wissenschaftlichkeit der Methoden, mit denen beispielsweise der I.N.S.E.E. Daten sammelt, läßt sich nicht bezweifeln. Was allerdings diskutiert werden kann und muß, ist die Wissenschaftlichkeit der Konzepte, die er zur Darstellung dieser Daten nutzt, wie etwa das der berufssoziologischen Kategorie oder das äußerst ungenaue Konzept der Einteilung in Industriezweige. Derartige Klassifikationen[14] sind mit Ideologien, politischen Wertmaßstäben oder Techniken verknüpft, mit denen möglicherweise die öffentliche Meinung manipuliert werden kann.

Die Bürger mißtrauen Zahlen und Statistiken, die nur das aussagen, was sie aussagen sollen. Ob es sich nun um die Arbeitslosigkeit, die Verkaufszahlen der Automobilindustrie oder die Beliebtheitsskala von Politikern handelt, die Einstellungen sind sehr unterschiedlich, zeichnen sich aber oft durch eine gesunde Relativität aus.[15]

Die Manipulation von Statistiken und das Verbot von Umfragen waren Kennzeichen totalitärer Regime. Deshalb muß man auf die Wahrung der Unabhängigkeit von Institutionen, auf die Befähigung von Fachleuten, auf ihren Berufskodex bedacht sein und sie vor ökonomischem und politischem Druck bewahren. Statistiken werden mehr und mehr dazu genutzt, um Argumente gesellschaftlicher, politischer oder medizinischer Art zu stützen. Der Statistiker ist das »Man«, das Hypothesen auf der Grundlage statistischer Information formuliert. Allerdings ist er weder bei seiner Verarbeitung der Information noch bei seinem Umgang mit der Veränderlichkeit und letzten Endes mit der Unsicherheit neutral.

So machte etwa der Leiter eines Meinungsforschungsinstituts in einer Fernsehsendung nacheinander folgende Bemerkungen[16]: »Es ist unmöglich, eine Fehlerspanne anzugeben«, dann: »Die Fehlerspanne liegt zwischen 2 und 3 %«. Was soll der Fernsehzuschauer da denken? Zwar ist auch die Fehlerspanne geschätzt, aber der Zufall spielt bei deren Berechnung eine relativ geringe Rolle.[17] Ein derartiger Widerspruch ist geradezu einmalig. Es ist selbstverständlich, daß sich die Fehlerspanne aufgrund der zwangsläufig ungenauen sogenannten »Berichtigungsverfahren« verändert. Diese Verfahren müßten, zumindest bei derartigen Sachverhalten, öffentlich gemacht werden. Das trifft im übrigen für alles zu, was es ermöglicht, die Repräsentativität des Querschnitts zu beurteilen. Auch der Ausschuß für die Einhaltung der Richtlinien des I.N.E.D.[18] hat festgestellt, daß »die kompetenten Stellen der großen Privatunternehmen dazu in der Lage sind, den Mehrpreis zu berechnen, der für eine bessere Qualität gezahlt werden muß, aber welche Qualitätsansprüche stellen die Medien eigentlich an ihre politischen oder Meinungsumfragen?« In derselben Sendung wurden die Meinungsumfragen als ein Meßverfahren zur Bestimmung des Meinungsbildes gerechtfertigt (was auch vollkommen stimmt), das sich vom »unkontrollierten« Wahlverfahren der politischen Parteien unterscheide! Der Leiter eines

Meinungsforschungsinstituts kann vor Millionen von Franzosen unumwunden erklären, daß er es für richtig halte, Kandidaten eher durch Meinungsumfragen als durch Wahlen innerhalb einer Partei oder von Teilen einer Partei zu bestimmen! Selbstverständlich bezeichnet sich dieser Statistiker selbst als »Politologe«. Vielleicht schaffen Meinungsumfragen die Voraussetzung dafür, daß sich der Wähler aufgrund der Kenntnis der Meinung der anderen Wähler entscheidet, also eine strategische Entscheidung zu treffen, die durch das erleichtert wird, was wir als Wechselbeziehung bezeichnet haben. Es bleibt aber dabei, wenn man sagt: »X erhält 19,5 % und Y 19 %«, ohne zu präzisieren: »angesichts dieses Ergebnisses bewegt sich die Wahrscheinlichkeit, daß X vor Y liegt in einer Größenordnung von 55 % (gegen 45 % für seinen Gegenkandidaten)«, dann handelt es sich um eine Manipulation, der sich einige Meinungsforschungsinstitute völlig bedenkenlos schuldig gemacht haben.

Jeder x-Beliebige kann sich selbst als Statistiker bezeichnen. Die strengen Statistiker sind mißtrauisch in bezug auf das, was man aus ihrer Disziplin macht und sprechen sich für Reglementierungen aus. In England gibt es seit 1993 einen Richtlinienkatalog und die Bezeichnung des »Chartered Statistician«. In Deutschland ist der Beruf des Statistikers im medizinischen Bereich reglementiert worden. Ähnliche Bestrebungen gibt es mittlerweile auch in zahlreichen anderen Ländern.

Natürlich richtet sich die Schwierigkeit bei der Erstellung eines Berufskodex für Statistiker nach dem jeweiligen Tätigkeitsbereich. Die Regeln für einen klinischen Versuch in der pharmazeutischen Industrie sind sehr genau festgelegt, müßten aber regelmäßig weit über einen geschlossenen Kreis von Eingeweihten hinaus von neuem diskutiert werden. Was die anzuwendenden Normen im Sicherheitsbereich betrifft, so sagten wir bereits, daß sie recht willkürlich und undurchsichtig sind. Hier wäre es schwer, einen Richtlinienkatalog zu erstellen. Wem würde die Verantwortung obliegen, von Zeit zu Zeit die Wahrscheinlichkeitsberechnung der Europäischen Atomkontrollkommission und der E.D.F. über eine Kernschmelze im Reaktorkern, der französischen staatlichen Eisenbahngesellschaft S.N.C.F. über die Risiken eines schwerwiegenden Unfalls eines T.G.V. oder des Flugzeugbauers Aérospatiale über die Unfallrisiken eines Airbus (der zudem das Produkt internationaler Zusammenarbeit ist) zu überprüfen?

Man gelangt schnell zu der Überzeugung, daß es Bereiche gibt, in denen es unrealistisch wäre, einen anderen Regelkatalog zu erstellen als denjenigen, der den Kriterien des Allgemeinwohls und der Politik entspricht, die über die betreffenden Probleme von Fall zu Fall und sehr gewissenhaft befinden muß. In Frankreich ist mittlerweile eine Kommission eingesetzt worden, die sich solcher Probleme annimmt, allerdings scheint sie nicht wirklich über aussagekräftige Daten zu verfügen. Der Extremfall dürften in dieser Hinsicht sicherlich die Streitkräfte sein. In den Vereinigten Staaten wurden in Folge einer Vielzahl von Raketenpannen die Zuverlässigkeitsberechnungen für Raketen weiterentwickelt. Es versteht sich fast von selbst, daß entsprechendes Zahlenmaterial hierzu nicht veröffentlicht wurde!

In bezug auf Wirtschaft, Medizin, Pharmazie und die alltägliche technologische Sicherheit kann man behaupten, daß Regeln notwendig sind, eine seriöse mathematische Ausbildung unerläßlich ist und daß die Interpretation von Statistiken eine gute Kenntnis des Anwendungsfeldes und einen Regelkatalog voraussetzt.

Aus dem technischen Bereich ließen sich viele Beispiele zitieren, bei denen mangelnde Genauigkeit die Ausbildung von Verfahren verhinderte, die durchaus hätten interessant sein können. Der Fragebogen, den der französische Ministerpräsident 1994 an alle Jugendlichen zwischen 15 und 25 Jahren schickte, war eine neue Form sozialen Tuns. Baudelot und seine Kollegen äußerten sich diesbezüglich folgendermaßen:

> Der Fragebogen, den M. Balladur allen Jugendlichen zwischen 15 und 25 Jahren vorgelegt hat, bietet den großen Vorteil, in einem kleinen und handlichen Faltblatt alle wesentlichen Fehler zu versammeln, die bei einer Fragebogenaktion um jeden Preis zu vermeiden sind. In dieser Hinsicht stellt es für alle Schüler und Studenten, ob jünger oder älter als 25, die sich mit Umfragetechniken vertraut machen wollen, ein

unersetzliches Dokument dar. Wir wollen hoffen, daß es zumindest dazu taugt. Denn vom wissenschaftlichen Standpunkt aus betrachtet sind schon jetzt alle Voraussetzungen dafür vorhanden, daß diese Umfrage nie irgendwelche aussagekräftigen Ergebnisse zeitigen wird.

Die Umfrage erweckt den Anschein einer Volksbefragung, denn der Fragebogen wird an alle Haushalte verteilt. Antworten kann, wer will! Diese Verfahrensweise schließt jede Kontrolle des Alters und der sozio-demographischen Struktur der Antwortenden aus. Unabhängig vom Prozentsatz der beantworteten Fragebögen sind diese nicht verwertbar, da es nicht möglich ist, herauszufinden, wer geantwortet hat und wer nicht. Dies ist jedoch eine unerläßliche Voraussetzung für die Auswertung jedes Fragebogens und die Interpretation der Verzerrungen, die sich dadurch ergeben, daß Fragebögen unbeantwortet bleiben.[19]

Hätte sein einziges Anliegen darin bestanden, den jungen Menschen die Möglichkeit zu bieten, sich zu äußern, dann hätte dieser Fragebogen nicht so vorgestellt werden dürfen, als liefere er ein authentisches Meinungsbild. Man hätte auf die Verzerrungen hinweisen müssen, die sich zwangsläufig deshalb aus dem gewählten Verfahren ergeben, weil es bestimmten sozialen Schichten leichter fällt, sich in einer derartigen Form zu äußern, als anderen. Es steht außer Zweifel, daß es sinnvoller ist, eine sorgfältig vorbereitete Umfrage unter 5000 Jugendlichen durchzuführen, als eine derartige Aktion. Die Tatsache, daß 1 Million Menschen den Fragebogen beantwortet haben, ändert nichts an diesem Sachverhalt.[20]

Der Mißbrauch der Statistik kann natürlich auch ideologisch motiviert sein. 1994 erschien in den Vereinigten Staaten ein Buch mit dem Titel: *The bell curve*, »die Glockenkurve«. Dieses Buch behauptet, mittels statistischer Tests den Beweis dafür zu erbringen, daß der Intelligenzquotient letzten Endes erblich bedingt sei. Auf der Basis einer Vielzahl statistischer Umfragen, die fast vollständig von extremistischen Gruppen finanziert worden sind, ließe sich angeblich beweisen, daß der niedrige IQ der untersuchten afrikanischen Bevölkerungsgruppen an die Nachfahren der Sklaven vererbt worden sei. Die Schlußfolgerung dieser Pseudoergebnisse besteht darin, daß es endlich an der Zeit sei, der betroffenen Bevölkerungsschicht die finanzielle Unterstützung zu entziehen. Der teilweise Erfolg, den dieses Buch hatte, ist schon beunruhigend genug, noch beunruhigender aber ist, daß viele amerikanische Leser scheinbar nicht dazu in der Lage sind, die Beschaffenheit der Daten zu kritisieren, den Unterschied zwischen einer wissenschaftlichen Untersuchung und einer Datensammlung in ideologischer Absicht zu erkennen.

Zufall und Mathematikunterricht

> »In vielleicht nicht allzu ferner Zeit wird man verstehen, daß es für einen tüchtigen Bürger genauso notwendig sein wird, daß er rechnen, in Begriffen des oberen und unteren Durchschnitts denken kann, wie es jetzt notwendig ist, lesen und schreiben zu können.«
>
> H.G. Wells

Soll es dem zukünftigen Menschen möglich sein, kritisch mit dem Problem des Risikos und der Vorhersage umzugehen, die Wahrscheinlichkeiten schwerwiegender Ereignisse zu beurteilen, die Probleme von gegenseitiger Hilfe und persönlicher Sicherheit in einen allgemeinen Rahmen einzuordnen, so muß er sich mit der Beweisführung im unsicheren Universum vertraut machen. Hierzu kann man ein neues Licht auf die Inhalte werfen, indem man gleichzeitig dem Wissensstand (so zum Beispiel der Stellung des Zufalls in den gängigen biologischen Modellen des geschlechtlichen Fortpflanzungsmechanismus) und dem Stand der weiter oben beschriebenen gesellschaftlichen Praktiken Beachtung schenkt.[21]

Die Tradition des französischen Ausbildungswesens hat es nicht zugelassen, daß diese Betrachtungsweise Eingang in die schulische oder universitäre Ausbildung fand, und trotz gewisser Fortschritte dauert dieser Zustand weiter an. Die Ursachen für diese Situation überschreiten deutlich den Rahmen des

Zufalls, und ihre Analyse führt letzten Endes zu einer Offenlegung von Fehlern, die nicht bloß mit den Inhalten, sondern darüber hinaus vor allem mit den Methoden des Wissenserwerbs im Zusammenhang stehen.

Bestimmte Formulierungen wie »kritische Auseinandersetzung mit den Daten«, »Problemstellungen mit mehreren Antworten« machen regelrecht angst. Es ist sehr viel einfacher, nichts als Sicherheiten zu unterrichten, lediglich mathematische Probleme zu formulieren, auf die es nur eine Antwort gibt. Der Mangel an Begriffen wie Risiko, Kontrolle, Sicherheit und Vorhersage in den Lehrplänen fördert Unzulänglichkeiten auf eine Art und Weise zutage, die ganz und gar nicht der Praxis der Fürsprecher des bestehenden Ausbildungssystems entspricht.

Am Anfang der Statistik steht die Analyse eines Problems und das Konzept für die Datensammlung. Am Ende steht die Handhabung von Prozentsätzen und Zahlengrößen. Im Namen der Würde der Mathematik werden diese Techniken verschmäht.[22] Der Umgang mit Datenmaterial im letzten Schuljahr vor dem Abitur im naturwissenschaftlichen Zweig ähnelt auf bestechende Weise dem in der 5. Klasse gelehrten Umgang. An den Universitäten tun sich nicht wenige der Mathematik-Dozenten schwer, Zahlentabellen zu interpretieren, die auf ökonomischen Variablen oder Reihen von Zinsveränderungen basieren. Ganz zu schweigen von bestimmten Absolventen der Elite-Universität ENA, die triumphierend Zinssätze addieren, die auf der Grundlage vollkommen unterschiedlicher Bezugsrahmen errechnet wurden. Um das Verhältnis zwischen der Gesellschaft und der numerischen oder symbolischen Information zu verändern, müßte man den Unterricht in Statistik und Wahrscheinlichkeitsrechnung neu überdenken.[23]

Dieses Defizit ist zum Teil auf das Fehlen jeglicher Einbeziehung des Zufalls in den wissenschaftlichen Seminaren der Grandes Ecoles und der *classes préparatoires* zurückzuführen. Die Verfasser der Lehrpläne, die sich fast ausschließlich aus dem Lehrkörper dieser Institutionen rekrutieren, haben einen Teil der Mathematik unterschlagen, mit dem sie um so weniger vertraut waren, als er ihnen für die von ihnen an der Ecole Polytechnique ausgebildeten Ingenieure nutzlos zu sein schien ... Was bis in die fünfziger Jahre auch zutreffend war, denn weder die damals an den Grandes Ecoles gelehrte Mechanik noch die Physik machten irgendwelche Anleihen bei zufälligen Modellen. Die biologische Lehre, die Statistik und Kenntnisse der Wahrscheinlichkeitsrechnung voraussetzte, blieb den normalen Universitäten und den agrarwissenschaftlichen Instituten vorbehalten. Die Wirtschaftsstatistik stand noch nicht auf der Tagesordnung.

Mit einem Mal stellten die Verantwortlichen der Grandes Ecoles, die glücklicherweise immer dann Veränderungen gegenüber etwas aufgeschlossener sind, wenn es um wirtschaftliche Aspekte geht, fest, daß ihre Studenten nicht in der Lage waren, das Problem einer Warteschlange, der Zuverlässigkeit und der Qualitätskontrolle anzugehen. Die großen amerikanischen Universitäten hatten meilenweit Vorsprung auf dem Gebiet der Wirtschaftsmathematik, die weitestgehend auf der Wahrscheinlichkeitsrechnung basiert.

In den siebziger Jahren haben sich die Ingenieure, die an unseren angesehensten Universitäten ausgebildet worden waren, massenhaft aus dem Produktionssektor zurückgezogen, nicht etwa, um sich der Forschung zuzuwenden, sondern um Geschäftsführerposten zu übernehmen. Sie wandten sich dem Finanzwesen zu. Folglich ist es für sie wichtiger, Wahrscheinlichkeitsrechnung zu lernen als Mechanik. Die herausragende Bedeutung mathematischer Modelle im Verwaltungs- und Geschäftsbereich auf das, was man gemeinhin als Elite bezeichnet, führte dazu, daß die Barriere erneut höher wurde: Der Stellenwert von Wahrscheinlichkeit sowie Statistik im Lehrplan der Elite-Universitäten wurde gefestigt. Aber die Bewegungslosigkeit des Systems ist derartig groß, daß diese Entwicklung sich noch nicht am anderen Ende dieses Systems bemerkbar gemacht hat. Im Gymnasialbereich wird man vielleicht noch ein Jahrzehnt warten müssen, bis eine Veränderung eintritt. Um so mehr deshalb, als es eine zweite Schwierigkeit gibt, die noch viel schwerer zu überwinden sein wird als die erste. Die Entwürfe, die in Verbindung mit dem Zufall stehen, können nur dann einen Sinn machen, wenn sie die Mathematik in Beziehung zu anderen Disziplinen setzen.[24] In der Grundschule könnte diese Mathematik die Erfahrungen mit einbeziehen, die der Lebenswelt der Kinder entstammen.[25] Auf dem Gymnasium könnten die Aufgaben sich auf die Anwendung der einfachen Genetik oder der Radioaktivität, auf einfache Probleme zum Beispiel im Zusammenhang mit Impfungen oder einfachen Verwaltungsfragen beziehen.[26] Aber gegenwärtig erscheint jeder interdisziplinäre Ansatz immer noch als Ketzerei.

Das Unsichere wird als etwas Antipädagogisches angesehen, das den Schüler verunsichert, der an die Schule oder das Gymnasium kommt, um Sicherheiten zu finden. Dennoch ist es wichtig zu zeigen, daß sogar die Grammatikregeln nichts Unabänderliches und in jeder Sprache verschieden sind, daß die Bearbeitung jedes Problems, auch jedes wissenschaftlichen Problems, auf der Grundlage einer großen Menge von Hypothesen basiert. Man könnte die Schüler dabei unterstützen, die Dimension des Unsicheren zu finden und ihnen gleichzeitig deren praktische oder moralische Grenzen aufzeigen. Diese Vorgehensweise würde zweifellos solchen Disziplinen wieder Sinn verleihen, die oftmals vom bloßen Formalismus ausgetrocknet worden sind.

Schluß

Nachdem er lange nachgedacht, mathematische Modelle entwickelt und nacheinander Platon und Aristoteles verworfen hat, griff der rationale Mensch in seine Tasche, holte eine Münze hervor, die nicht mehr im Umlauf war, und entschied sich per Losverfahren. Er erfuhr niemals, ob er an jenem Tag recht gehabt hat …

Anmerkungen

Einleitung

1 In den Philosophielehrbüchern für Schulen basieren die Überlegungen zum Zufall im wesentlichen immer noch auf der Kommentierung dieser Parabel von Cournot.

Erster Teil
Mathematik des Zufalls

1. Kapitel
Die Wahrscheinlichkeiten

1 Schon in vorgeschichtlicher Zeit gab es Würfelspiele. In neolithischen Gräbern hat man Würfel gefunden.

2 Hierbei handelt es sich um ein allgemein verbreitetes Gefühl: »Vielleicht ist der Zufall das Kennzeichen Gottes, wenn er sich nicht namentlich zu erkennen geben will.« (Anatole France)

3 Allerdings hat man beispielsweise in Ägypten gefälschte, unsymmetrische Würfel gefunden. Demzufolge wußte man, daß man den Zufall manipulieren kann.

4 Während des gesamten 20. Jahrhunderts stellt diese Theorie ein wesentliches Element für die Formulierung sowohl der Quantenmechanik als auch der Genetik dar.

5 Im kantschen Sinne des Wortes.

6 Weder in der Wahrscheinlichkeitstheorie noch in der Mathematik im allgemeinen besitzt das *oder* ausschließenden Charakter. Sagt man, daß es regnen oder kalt sein wird, dann bedeutet das nicht, daß nicht beides eintreten kann. Hier handelt es sich nicht um das ausschließende *oder* von Käse oder Nachtisch, sondern um das *oder* in den Stellenangeboten: Sekretärin mit Französisch- oder Englischkenntnissen.

7 Die Gesamtheit aller Möglichkeiten ist das sichere Ereignis; das unmögliche Ereignis ist das leere Ereignis, das beim Nichtmathematiker Schmerzen hervorruft. Die Möglichkeiten, die kein Ereignis realisieren, sind diejenigen Möglichkeiten, die sein Gegenteil realisieren.

8 Bei dieser Definition setzt man voraus, daß jede Möglichkeit bereits für sich genommen ein Ereignis darstellt. Solche Ereignisse, die sich auf eine einzige Möglichkeit beschränken, werden elementar genannt. Im allgemeinen gilt, daß zwei Ereignisse nicht miteinander vereinbar sind, wenn sie nicht gleichzeitig zu realisieren sind. In diesem Fall ist die Wahrscheinlichkeit, daß mindestens eines der beiden Ereignisse eintritt, die Summe ihrer Wahrscheinlichkeiten.

9 Wie hoch ist beispielsweise bei drei aufeinanderfolgenden Würfen mit der Münze die Wahrscheinlichkeit, »häufiger Kopf als Zahl zu erhalten«? Insgesamt gibt es acht Möglichkeiten, so daß jede von ihnen mit einer Wahrscheinlichkeit von 1:8 eintrifft. Da jedoch nur vier Möglichkeiten das gewünschte Ereignis realisieren, beträgt die gesuchte Wahrscheinlichkeit $4 \times 1:8 = 1:2$.

10 In den Schulbüchern dient diese Formulierung häufig als Definition der Wahrscheinlichkeit. Sobald es sich aber nicht mehr um gleichmäßige Wahrscheinlichkeiten handelt, verursacht diese Definition eine Vielzahl von Fehlern.

11 Im Französischen weist das Wort »chance« eine größere Bedeutungsvielfalt auf als im Deutschen, denn es steht sowohl für »Glück« im eigentlichen Sinne als auch für »Chance« bzw. »Möglichkeit«. (A.d.Ü.)

12 Ein weiteres Problem ergibt sich aus der Tatsache, daß A und B, B und C, C und A paarweise betrachtet zwar unabhängig voneinander sind, dies gilt aber nicht mehr, sobald man alle gemeinsam betrachtet.

13 Die mathematische Definition der Unabhängigkeit von A und B lautet: Wahrscheinlichkeit W (A und B) = W (A) × W(B).

14 Diese Unabhängigkeit veranschaulicht auf geradezu perfekte Art und Weise die klassische Anekdote des Arztes, der seinem Patienten sagt: »Die Krankheit ist sehr ernst. Nur einer von zehn Betroffenen überlebt sie. Aber Sie haben nichts zu befürchten, meine neun letzten Patienten sind daran gestorben ...«

15 Es gibt sehr gewitzte Spieler, die mit Hilfe komplizierter mathematischer Verfahren und eines Computers die physischen Mängel des Roulettes ermitteln; sie erhalten keinen Zutritt mehr zu den Spielkasinos. Andere Spiele, wie beispielsweise Black Jack, wurden nach variablen Regeln gespielt, um zu verhindern, daß Mathematiker ihr Talent zur Geltung bringen können!

16 Demnach kann eine zufällige Variable quantitativer (ganze Zahl, reelle Zahl ...) oder qualitativer (Farbe, Form ...) Natur sein.

17 Augenfarbe und Körpergröße sind unabhängige Variablen, also ist »blaue Augen haben« unabhängig von »zwischen 1,60 m und 1,63 m groß sein«.

18 Die Geschichte der philosophischen Auseinandersetzung mit dem Thema »Kausalität und Wahrscheinlichkeit« ist zuweilen enttäuschend. Sie beschränkt sich oftmals darauf, den Kantschen Determinismus, daß »jedes Ereignis eine bestimmte Ursache hat«, dem subjektivistischen Standpunkt Humes sowie den Grundlagen der induktiven Beweisführung entgegenzustellen. Der entscheidende Beitrag von Laplace wird nicht selten unterschlagen. Vielen Versuchen, den Grad der Kausalität auf der Grundlage von Wahrscheinlichkeiten zu ermessen, mangelt es an Überzeugungskraft. Das gilt beispielsweise für Poppers Neigungskonzept: »Der Mensch neigt dazu, auf einer Öllache auszurutschen.« Dieser Satz bringt zwar sehr deutlich die Idee einer »probabilistischen« Kausalität zum Ausdruck, aber sein intuitives Wesen verliert sich sehr schnell wieder. Nehmen wir an,

daß zwei Maschinen Hosen bestimmter Größen herstellen und daß das Verhältnis der von jeder Maschine produzierten fehlerhaften Hosen bekannt ist. Wie groß ist die Neigung einer Hose, fehlerhaft zu sein? Die Berechnung bezieht sich auf die Neigung einer Hose, von einer gegebenen Maschine produziert zu werden, eine alles in allem wenig intuitive Angelegenheit. Alle von den zeitgenössischen Philosophen unternommenen Versuche, über die Wahrscheinlichkeiten »hinauszugehen«, haben keine konzeptionellen Fortschritte gebracht. Im Namen der Glaubwürdigkeit wurden auch von Spezialisten für die künstliche Intelligenz Versuche hierzu unternommen. Ihr bewußtes oder unbewußtes Ziel besteht darin, die von den »Fachleuten« begangenen Schätzungsfehler der konditionalen Wahrscheinlichkeiten zu berücksichtigen. Allerdings führen diese »Theorien« zu logischen und praktischen Widersprüchen (Vgl. C. Robert, *Modèles statistiques pour l'intelligence artficielle*, Paris 1991).

19 Dies kommt in der Formel der konditionalen Wahrscheinlichkeiten zum Ausdruck. Die Wahrscheinlichkeit W (A tritt ein, wenn man weiß, daß B bereits eingetreten ist) wird folgendermaßen notiert: W (A:B). Damit ergibt sich:

$$W(A:B) = \frac{W(\text{A und B finden gleichzeitig statt})}{W(B)}$$

Der Nenner W(B) bedeutet, daß die erhaltene Information »B ist eingetreten« uns dazu veranlaßt, alle Möglichkeiten zu streichen, die nicht in B enthalten sind. Die neue Welt der Möglichkeiten ist B.

20 Nehmen wir eine Wahrscheinlichkeit von 1 : 2 an, daß ein Verdächtiger schuldig ist, und eine Wahrscheinlichkeit von 0,1, daß jemand Linkshänder ist. Somit beträgt im zweiten Fall die Wahrscheinlichkeit 0,88, also sehr viel mehr als 0,5, daß der Verdächtige auch schuldig ist! Die Information ist wichtig!

21 Dieses Rauschen wird als Poisson-Rauschen bezeichnet.

22 Mit dieser Besonderheit werden wir uns ausführlich in dem Kapitel »Die andere Seite des Zufalls: Die Information« beschäftigen.

2. Kapitel
Die große Zahl und die Abweichung vom Durchschnitt

1 Wenn man vereinfachend sagt, daß sich Deutschland, Japan und Italien auf der einen und Großbritannien, Frankreich, die Vereinigten Staaten, die Sowjetunion und China auf der anderen Seite gegenüberstanden, dann konnte man feststellen, daß diese Wahrscheinlichkeit praktisch gleich null war. Sie nimmt nur dann zu, wenn man Japan, China, Italien und auch die Sowjetunion streicht!

2 Vgl. Emile Durkheim, *Le suicide* (1897). Durkheim legt dar, daß die Selbstmordrate im Laufe mehrerer Jahre in etwa gleich bleibt und von Region zu Region verschieden ist, wobei die Abweichungen einen stabil

bleibenden Wert aufweisen. Gleiches gelte für die Selbstmordrate über sehr lange Zeiträume hinweg.

3 Insbesondere mit der systematischen Einführung der Wahrscheinlichkeitsrechnung zunächst durch Maxwell und später durch Gibbs in der Thermodynamik und der statistischen Mechanik.

4 Bei dem Versuch, die Soziologie zu formalisieren, stellt der Umstand ein großes Problem dar, daß die Interaktion auf mehreren Ebenen stattfindet: Individuum/Individuum, Individuum/Gruppe ...

5 Das ist seit der 2. Hälfte des 20. Jahrhunderts bekannt. Ein weiteres wichtiges Beispiel für die Bedeutung von Umfragen ist dasjenige der Herausbildung von öffentlicher Meinung. Im Vorfeld wichtiger Wahlen erhält jeder Mensch über die Veröffentlichung von Umfrageergebnissen Informationen darüber, was die anderen denken. Er rechnet, erarbeitet eine Strategie, verändert möglicherweise seine Meinung. Auf diese Weise verändern die Umfragen, die Meinung der anderen und eventuell auch Gerüchte den durchschnittlichen Wert des Stimmergebnisses, aber dennoch gibt es diesen Wert, und das Gesetz der großen Zahl funktioniert!

6 Vgl. C. Baudelot / R. Establet, *Durkheim et le suicide*, Paris 1984. Mit Hilfe der Statistik wird nachgewiesen, daß zum Beispiel der Montag derjenige Tag ist, an dem die meisten Selbstmorde begangen werden. Diese Tatsache erklärt sich durch die Beziehung zu »den anderen« während des Wochenendes.

7 In Robert Musils *Mann ohne Eigenschaften* werden die Auseinandersetzungen über die politischen und moralischen Konsequenzen des »statistischen Warum« analysiert. Vgl. in diesem Zusammenhang J. Bouveresse, *L'homme probable, Robert Musil, le hasard, la moyenne et l' escargot de l'histoire*, 1993.

8 Die politischen Machtverhältnisse kommen also noch zu den einfachen Marktgesetzen hinzu. Wie mag die Wirtschaft in den tropischen oder in den Ländern am Äquator beschaffen sein, für die derartige Produkte die wesentlichen Einnahmequellen darstellen?

9 Wenn w_K die Wahrscheinlichkeit ist, daß der Preis K beträgt, dann muß die Summe $w_1 + 2w_1 + \ldots + Kw_K + \ldots$ unendlich sein (was reicht).

10 In verschiedenen Bereichen findet man Beispiele für eine zu große Variablität vor, um das Gesetz der großen Zahlen praktisch anwenden zu können. So ist etwa die »Flüchtigkeit«, das heißt die errechnete Schwankung innerhalb einer sehr kurzen Zeitspanne, der Kurs bestimmter Finanzprodukte dermaßen schwankend und kann derartig große Werte annehmen, daß es nicht sicher zu sein scheint, ob ihr Durchschnitt einen Sinn hat. Dies ist zum Beispiel bei Optionen auf den Kauf einer Aktie der Fall, die erst sechs Monate später aufgelegt wird; vgl. das Kapitel »Börse und Finanz: *Risk is Money*«.

11 Ein sehr einfacher Fall, für den das Gesetz null-eins nicht zutrifft, ist derjenige der Anschlußprozesse, die sowohl in der Demographie als auch dazu verwendet werden, um die atomaren Kettenreaktionen darzustellen. Betrachten wir einen stark vereinfachten Stammbaum, bei dem jedes In-

dividuum – sagen wir durch Jungfernzeugung – beliebig viele Kinder hat. Jedes dieser Kinder hat unabhängig von seinen Brüdern und Schwestern und entsprechend derselben probabilisierten Regel wie sein Erzeuger, selbst Kinder, bei denen es sich im Durchschnitt immer um eine Menge m handelt. Gleiches gilt für die Enkelkinder. Wie entwickelt sich die Größe der aufeinanderfolgenden Generationen? Wenn der Durchschnitt m der Anzahl der Kinder grundsätzlich kleiner ist als 1, dann ist die Fortpflanzungsrate zu niedrig, um die Gattung zu erhalten. Es steht also fest, daß das Geschlecht aussterben wird. Das Gesetz null-eins funktioniert. Wenn m größer als 1 ist, kann man denken, daß die Population sicher explodieren wird. Das trifft aber dann nicht zu, wenn für jedes Individuum die positive Wahrscheinlichkeit w besteht, keine Kinder zu haben. Die Wahrscheinlichkeit des Aussterbens beispielsweise ab der zweiten Generation beträgt w. Die Wahrscheinlichkeit, daß die Größe unendlich zunimmt, liegt demzufolge in jedem Fall zwischen 0 und 1. Man kann das Phänomen so lange betrachten, wie man will, selbst wenn die Größe in einer bestimmten Generation sehr stark zunimmt, kann es zum Aussterben kommen. Das Gesetz null-eins trifft nicht zu. Was passiert, wenn m =1 ist? Wenn jedes Individuum ganz sicher nur einen einzigen Nachkommen hat, steht die Größe fest, sie beträgt 1, und es gibt kein Problem. Wenn aber m=1 ist und die Wahrscheinlichkeit, keine Kinder zu haben, nicht gleich null ist – wenn sie, genau wie die Möglichkeit, zwei Kinder zu haben, beispielsweise 1:2 beträgt –, dann wird das Geschlecht sicher aussterben. Der Zufall läßt die Dinge in Richtung Aussterben tendieren.

12 Laplace verdanken wir eine historisch außerordentlich bedeutsame Anwendung der Theorie der Schwankungen. Als Laplace entdeckte, daß es Anfang des 19. Jahrhunderts in Paris mehr Jungen als Mädchen gab, was merkwürdigerweise bedeutete, daß die Geburt eines Jungen wahrscheinlicher war als die eines Mädchens, studierte er die Verzeichnisse der Kirchengemeinden, die seinerzeit einzigen Datenbanken, und fand die Erklärung für das Phänomen: Sie bestand in der Tatsache, daß vorzugsweise die Mädchen nach ihrer Geburt ausgesetzt wurden.

13 Wenn man sagt: »Auf diese oder jene Frage antworten 70 % der Franzosen positiv, bei einer möglichen Spanne von 4 %«, dann müßte es eigentlich heißen: »Mit einer Wahrscheinlichkeit von 95 % bewegt sich die Zahl der positiven Antworten der Franzosen zwischen 68 % und 72 %«, wobei diese Unsicherheit auf die Größe der repräsentativen Auswahl zurückzuführen ist. Hierbei handelt es sich nicht etwa um eine puristische Haltung der Mathematik, sondern um eine realistische Haltung, wenn man am Sinn der kleinen Wahrscheinlichkeiten festhalten will, die beispielsweise bei einer »knappen« Parlamentswahl sehr wichtig sind. Die Antwort »70 %« stellt einen ersten, schlechten Hinweis dar, denn sie verneint die Unsicherheit. Die Antwort »zwischen 68 % und 72 %« ist vorsichtig und erhebt keinen Anspruch auf Präzision. Wenn man sagt, daß »die Antwort sich innerhalb einer Spanne von 68 % bis 72 % bei einer Fehlerwahr-

scheinlichkeit von 5 % bewegt«, dann wird ersichtlich, welchen Anteil der Zufall ausmacht, und man kann den notwendigen Anteil des Zweifels betonen. Es läßt sich leicht feststellen, daß die Ergebnisse von Umfragen nur sehr selten in einer solchen Form vorgestellt werden. Darüber hinaus gingen die Forschungsinstitute bei den letzten französischen Präsidentschaftswahlen davon aus, daß ihre Umfrageergebnisse lediglich um 2 % vom tatsächlichen Wahlergebnis abweichen würden. In Wahrheit aber wich die Schätzung bei allen wichtigen Kandidaten um mehr als 4 % vom tatsächlichen Ergebnis ab. Wird die Genauigkeit geschätzt, ist sie selbst zufällig, wenn auch mit einer sehr geringen Varianz. Das führt zu der Annahme, daß die Abweichungen bei den Ergebnissen der Meinungsforschungsinstitute in hohem Maße unwahrscheinlich und damit vom professionellen Standpunkt aus unglaubwürdig sind. Die Abweichungen resultieren zum Teil aus den nachträglich und unter subjektiven Gesichtspunkten vorgenommenen Manipulationen, die man als »Bereinigungen« bezeichnet. Es handelt sich um ein *a priori* angenommenes Verhältnis zwischen ehrlichen und tatsächlich gegebenen Antworten. Dieses Verhältnis läßt sich nicht auf der Grundlage der Umfrage abschätzen, und seine Gültigkeit basiert auf historischen Argumenten, die sich häufig bestreiten lassen und publik gemacht werden müßten.

14 Die Theorie der großen Schwankungen ist besonders dann von großem Nutzen, wenn man es mit einer sehr großen Datenmenge zu tun hat, wie dies zum Beispiel im Telekommunikationsbereich der Fall ist. Wenn man auf einer Linie von 0 und 1 überträgt, und wenn man die Übertragungsfehler zählt, dann ist ihre durchschnittliche Anzahl sehr niedrig, wenn die Linie gut funktioniert. Eine große Abweichung von diesem Durchschnitt bedeutet, daß die Linie fehlerhaft ist. In diesem Fall wird die Qualitätskontrolle mittels einer Wahrscheinlichkeitsberechnung der großen Schwankungen vorgenommen. Diese Berechnungen können in Echtzeit vorgenommen werden, so daß der Fehler sehr schnell ausmachbar ist.

15 Der in der Physik sehr wichtige Phasenübergang ist ein Beispiel hierfür.

16 Die unveränderliche Wahrscheinlichkeit ist die gleichbleibende Wahrscheinlichkeit für alle möglichen Zustände, die die Proportionen des Gleichgewichts wahren.

17 Dieses Modell ist von einem physikalischen Modell beeinflußt, und zwar vom Ising-Modell des Magnetismus, bei dem alle kleinen Eisenkristalle zwar gleich ausgerichtet sind, aber die Richtung ändern können.

18 Der Übergang von einem in einen anderen Zustand kann in anderen Situationen auf eine kleine Differenz und nicht auf eine große Abweichung zurückzuführen sein. In anderen Situationen kann es sich mit dem System zum Beispiel so verhalten wie mit dem Stab, den man auf dem Finger jongliert. Aufgrund einer kleinen Armbewegung neigt er zur einen oder zur anderen Seite.

19 Diese auf der Wahrscheinlichkeitsrechnung basierenden Theorien, zu denen auch diejenige der großen Abweichungen gehört, sind eine sehr

wichtige Ergänzung für eine andere, deterministische Theorie, und zwar diejenige dynamischer Systeme, deren zwei bekanntesten Elemente die Katastrophen- und die Chaostheorie sind.

20 Eine nur durch 1 und durch sich selbst teilbare ganze Zahl.

21 Eines der ersten Beispiele für Simulation überhaupt verdanken wir Buffon. Es diente dazu, auf experimentellem Wege die Zahl p zu finden. Er warf mehrmals nacheinander eine kleine Nadel auf eine Holzplatte, deren Felder (beispielsweise dreimal) breiter waren als die Nadel lang. Er berechnete den Prozentsatz derjenigen Fälle, in denen die Nadel die Begrenzung eines Feldes der Holzplatte berührte. Nach dem Gesetz der großen Zahl hängt dieser Prozentsatz bei einer großen Zahl von Würfen nur von der Länge der Nadel und der Zahl π ab. Somit rechnete Buffon $\pi = 3,14$ ...

22 In manchen Fällen wurde die Leistungsstärke der Simulation mit Hilfe einer mathematischen Findigkeit gesteigert, die auf der Theorie der großen Abweichungen basiert. Simuliert man zum Beispiel das Umdrehen der Zuschauer in einem Theatersaal, werden die Bewegungen der Individuen von einer Wahrscheinlichkeit bestimmt. Es gibt aber noch eine andere, »spitzfindige« Wahrscheinlichkeit, die das Umdrehen des Saals zu einem sehr viel weniger seltenen Ereignis macht, das demzufolge mittels einer einfachen Beobachtung des Bildschirms sehr schnell geschätzt werden kann. Mit Hilfe dieser Wahrscheinlichkeit erzeugt man die Simulation. Der letzte Schritt besteht darin, die Wahrscheinlichkeit eines Ereignisses innerhalb des Modells zu errechnen, das von der tatsächlichen Wahrscheinlichkeit bestimmt ist. Das geschieht auf der Grundlage der Wahrscheinlichkeit dieses Ereignisses innerhalb des »spitzfindigen« Modells, das auf einen Computer übertragen wurde, wodurch sich seine Häufigkeit erhöht. Dieses Modell basiert auf einem Verfahren, das vor etwa einem Jahrzehnt vor allem am Institut für stochastische Modelle in Orsay entwickelt wurde.

23 Mit Hilfe der Flugsimulation lernt der Pilot, auf Ereignisse zu reagieren, die in seinem Berufsleben mit Sicherheit niemals eintreten werden. Sie ersetzt nicht die Erfahrung.

3. Kapitel
Seltene Ereignisse

1 Dieses Problem des faktisch Unmöglichen hat die Wissenschaftler fasziniert. Auf der Grundlage von Argumenten, die natürlich an die Umstände angepaßt waren, schätzte zunächst Buffon das faktisch Unmögliche auf 1 : 10 000 und später Borel auf 1 : 100 000.

2 Der Begriff der Seltenheit basiert nicht ausschließlich auf einem einfachen quantitativen Kriterium. Bei Edelsteinen kann das Kriterium auch ein ästhetisches sein, bei Gold kann es der Gebrauchswert sein oder bei der Briefmarke im Kehrdruck von Sansibar eine kulturelle Übereinkunft ...

3 Wenn ein Ereignis eine sehr geringe Wahrscheinlichkeit wa hat, ergibt das Gesetz der großen Zahl eine Varianz von wa äquivalent zu 1:nwa. Um eine akzeptable Genauigkeit zu erhalten, muß die Zahl der Erfahrungen größer sein als 1:w. Somit bewegt sich für einen Europäer die Wahrscheinlichkeit, an der Creutzfeldt-Jakob-Krankheit zu erkranken, in einer Größenordnung von 1:1000000. Die Schätzung kann jedes Jahr in einem Land wie Großbritannien, das ungefähr 60 Millionen Einwohner hat, verifiziert werden. Eine jährliche Abweichung um den Faktor 2 ist demzufolge nicht sehr wahrscheinlich und weist darauf hin, daß man versuchen muß, ein anderes Phänomen zu finden.

4 Vgl. R.A. Fisher, *Annals of Science*, I, 1936, S. 115-137; R.S. Westfall, *Science*, 179, 1973, S. 751-758

5 Im Gegensatz hierzu wurde die Pockenimpfung aufgrund von Interessen, die nichts mit der Gesundheit der betroffenen Bevölkerungen zu tun hatten, und ohne jede wirkliche Diskussion weiterhin durchgeführt, obwohl sie viele Jahre lang mehr Opfer forderte als die beinahe ausgemerzte Krankheit selbst, wodurch den fortschrittsfeindlichen Gegnern notwendiger Impfungen bedauernswerterweise noch Argumente an die Hand gegeben wurden.

4. Kapitel
Die Statistik

1 Den statistisch ermittelten Zahlen gegenüber äußert man häufig den Verdacht, daß »sie immer lügen«.

2 Im 19. Jahrhunderts gab es eine Vielzahl von statistischen Problemen auf dem Gebiet des Rechts: Es ging darum, die Wahrscheinlichkeit zu ermitteln, daß ein Urteil richtig oder eine Zeugenaussage wahr war. Diese Form des »Gerechtigkeitssinns« spielt heute natürlich nicht mehr eine so bedeutende Rolle.

3 Natürlich ist es auch möglich, sich die Fragen aufgrund einer kritischen Betrachtung der Daten zu stellen. Eine in den Vereinigten Staaten veröffentlichte Analyse zur Lebenserwartung (zitiert bei: C. R. Rao, *Statistics and Truth*, International Cooperative Publishing House, 1989) zeigt, daß männliche Alleinstehende im Durchschnitt zehn Jahre kürzer leben als männliche Verheiratete, Linkshänder neun Jahre kürzer als Rechtshänder! Bei einem so unwahrscheinlich scheinenden Ergebnis wie diesem besteht die Arbeit des Statistikers zunächst einmal darin, sich der Zuverlässigkeit der demographischen Daten zu versichern. Im vorliegenden Fall jedoch wird die Quelle für glaubwürdig gehalten!

4 Thisted/Efron, »Did Shakespeare write a newly-discovered poem?«, in: *Biometrika*, 74, 1986, S. 445-463

5 Man unterscheidet Singular und Plural, nicht aber verschiedene Schreibweisen ein und desselben Wortes.

6 Schätzungen ergeben nicht unbedingt ganze Zahlen. So beträgt etwa »die durchschnittliche Kinderzahl jedes erwachsenen Franzosen 0,96«.

7 Die Quantenmechanik und ein großer Teil der statistischen Physik sind damit vollkommen ausgenommen.
8 Diese Additionsform stellt schon an sich ein mathematisches Modell dar, das unter gewissen Umständen kritisierbar ist.
9 Das Sprichwort »Wie der Vater, so der Sohn« verdient also eine statistische Lesart.
10 Körpergröße (Sohn) = a Körpergröße (Vater) + b + ε, wobei ε eine zufällige Variable mit einem Durchschnitt Null ist, was einer probabilistischen Form einer Proportionalitätsrelation entspricht.
11 Das gilt beispielsweise für $Y = X^2$ und für X, wenn die Wahrscheinlichkeit der Verteilung von X eine durch die Glockenkurve gegebene ist.
12 Neue Techniken, wie etwa diejenige des *bootstrap*, bilden die Voraussetzung dafür, eine bessere Bearbeitung nur kleiner Stichproben zu gewährleisten. Sie prüfen die Verläßlichkeit, die zum Beispiel bei der Schätzung eines Koorelationskoeffizienten erreicht werden kann. Das Prinzip des *boostrap* besteht darin, eine nochmalige Stichprobenerhebung durchzuführen, indem man nach dem Zufallsprinzip aus einer ersten Stichprobe nochmals eine möglichst große Zahl von Stichproben entnimmt.
13 Jede mögliche Antwort wird mit einem Kode verbunden, der häufig aus einer Ziffernfolge besteht.
14 Die Dimension ist identisch mit derjenigen des Profils, d.h. der Anzahl der Fragen.
15 Dieser Sachverhalt wird von vielen Anwendern außer acht gelassen und unterschlagen.
16 Der exzessive Einsatz von Statistiken in den Sozialwissenschaften ist hinlänglich bekannt: manchmal dienen sie nur dazu, ein anderswo gewonnenes Ergebnis zu bekräftigen. Allerdings geht die Zeit des mathematischen Autoritätsarguments zu Ende und die Soziologiestudenten von heute verstehen oftmals mehr von Statistik als ihre Lehrer!
17 Ein Signalfachmann ist mehr und mehr Mathematiker, Statistiker und Informatiker als Physiker im eigentlichen Sinne!
18 Die Informatik ist zwar ein wichtiges Werkzeug, das aber auf diesem Gebiet keine wesentlichen Kenntnisse liefert.
19 Das Modell für die Lebensdauer des Atoms ist exponential, während dasjenige der Glühbirne komplizierter ist.
20 Mathematisch präzise formuliert heißt das, die Werte der Parameter maximieren die Wahrscheinlichkeitsdichte der Beobachtung.
21 So machen sich bestimmte Versuchsmodelle beispielsweise die lateinischen, d.h. die magischen Zahlenquadrate zunutze.
22 Vgl. J Baudoin, *Karl Popper*, Paris 1989
23 Das gilt für das sogenannte Bayessche Theorem.
24 Dieser Streit ist Bestandteil der Diskussion über den Determinismus.
25 Bezeichnend hierfür sind unwiderrufliche Interpretationen wie die folgende: »Die Statistik erbringt den Nachweis dafür, daß die tägliche Einnahme einer Aspirin-Tablette das Infarktrisiko mindert.«

26 Vgl. hierzu das Buch von A. Desrosiers, *La Politique des grands nombres*, Paris 1993. In diesem Buch beschreibt der Autor insbesondere das zwischen Statistik und Staat bestehende Verhältnis.

5. Kapitel
Das war so nicht vorgesehen!

1 Pierre Bourdieu, »La société traditionnelle. Attitude à l'égard du temps et conduite économique«, in: *Sociologie,* Januar 1963, Nr. 1, S. 26-42

2 Ebda.

3 Der Club of Rome versammelt Repräsentanten aus Politik, Großindustrie, Wirtschaftsfachleute und einige Wissenschaftler. Vgl. T. de Montbrial, *Energie, le compte à rebours*, Club of Rome, 1978

4 Bei diesen Modellen wirkt sich der kleinste Fehler bei der Einschätzung des gegenwärtigen Systems, d.h. am Anfang der Rechnung, in verstärktem Maße auf die Zukunft dieses Systems aus. Sobald man sich für eine konkrete Anwendung interessiert, stellt sich heraus, daß die Gegenwart niemals mit absoluter Genauigkeit bekannt ist, so daß die mittel- oder langfristige Zukunft vollkommen unvorhersehbar sind. Es handelt sich um sogenannte chaotische Modelle, auf die ich im Kapitel »Die Bedeutung der Wahrscheinlichkeit« zurückkommen werde.

5 Die deterministischen physikalischen Klimamodelle, und hierbei vor allem die sogenannten »chaotischen« Modelle, erleichtern die Vorhersage. Sie erklären die Unmöglichkeit, Vorhersagen für einen Zeitraum, der über eine Woche hinausgeht, zu treffen, aber letzten Endes sind die Vorhersagemodelle, zumindest zum Teil, statistischer Natur.

6 Hierbei handelt es sich um eine zwar unglückliche, aber gängige Bezeichnung.

7 Wenn ε_k die zum Zeitpunkt k eingetretene Neuerung ist, dann ergibt sich daraus $X_n = \varepsilon_n + a_1 \varepsilon_{n-1} + \ldots + a_k \varepsilon_{n-k} + \ldots$

8 René Thom, *Prédire n'est pas expliquer*, Paris 1991

9 Eine vollkommen andere Darstellung konstanter Phänomene verdankt sich der Physik. Sie bezieht sich auf dieselben Modelle und entspricht der Darstellung, die die Neuerung der Wirtschaftswissenschaftler nutzt, macht aber auf eine intuitivere Art und Weise deutlich, worin die Hypothese der Konstanz besteht. Nehmen wir, um einmal von anderen Dingen zu sprechen, das Beispiel der Musik. Eine Note, ein A, kann als eine Welle verstanden werden, die sich zeitlich und räumlich ausbreitet und sich durch eine Sinuskurve optisch darstellen läßt. Diese Kurve steigt und fällt mit einer bestimmten Amplitude, die die in Dezibel gemessene Lautstärke wiedergibt. Die Sinuskurve des A zeichnet sich durch die Frequenz und die Amplitude der Schwingung aus. Ein Akkord entsteht, wenn man Noten unterschiedlicher Frequenz und Amplitude übereinanderlegt. Selbstverständlich macht die Harmonie genaue Regeln für dieses Übereinanderlegen notwendig, aber die Mathematiker sind nachlässiger. Das zufällige und konstante Phänomen kann mit einem musika-

lischen Akkord verglichen werden, mit dem einzigen Unterschied, daß die mit jeder Frequenz verknüpften Amplituden zufällig und unabhängig sind. Jede Folge unregelmäßiger, aber »bedingt« konstanter Beobachtungen läßt sich demzufolge auf dieselbe Weise schematisieren wie übereinanderliegende Sinuskurven mit zufälligen Amplituden, d. h. wie übereinanderliegende zufällige und saisonbedingte Phänomene oder unterschiedliche Zeiteinheiten wie Stunde, Tag, Woche usw. Das Neuerungsrauschen, das sich deshalb in der Zeit entfaltet, damit es wirtschaftsstatistische Modelle hervorbringt, wird hier durch ein anderes Rauschen ersetzt. Es setzt zwar auch den Prozeß in Gang, entfaltet sich aber nicht mehr in der Zeit, sondern auf den Frequenzbändern. Natürlich läßt sich das zeitliche Rauschen auf der Grundlage des Rauschens berechnen, das sich entlang des Frequenzbandes entfaltet. Diese Form des Übergangs von der Zeit zur Frequenz wird als Fourier-Transformation bezeichnet, deren auf der Wahrscheinlichkeitsrechnung basierende Version wir hier vor Augen haben.

10 Es gibt auch mathematische Entsprechungen für dieses Prinzip. Die mathematische Theorie, die diesem Ausgleichsrechnungs-Vorhersage Prinzip entspricht, ist die Theorie über die Wahl der Ordnung eines Modells. Vgl. hierzu R. Azencott/Didier Dacunha-Castelle, *Série d'observations irrégulières*, Paris 1984

11 Sie wird zudem um eine psychologische Heuristik erweitert. Ein Phänomen, das von mehr als sechs Parametern abhängt, läßt sich nur sehr schwer verstehen. Können die heutigen Modelle der Quantenfeldtheorie, die 17 Parameter aufweisen, wirklich noch irgend etwas erklären?

12 Vgl. hierzu J. Beran, *Statistics for long-memory processes*, Chapman & Hall, 1994

13 Diese von Paul Lévy entdeckten, sich selbst ähnlichen Modelle, sind fraktaler Natur. Benoît Mandelbrot hat sie bekannt gemacht.

14 Institut national de la statistique et des études économiques (Nationales Institut für Statistik und Wirtschaftsforschung)

15 Die Fibonacci-Folge, in der jede Zahl die Summe der vorangehenden ist, spielt in verschiedenen Bereichen eine Rolle.

Zweiter Teil
Zufall und Gesellschaft

6. Kapitel
Die Welt des Risikos: Situationen und Modelle

1 Im Jahre 1983 verteilten sich die Ängste der Franzosen *grosso modo* (mehrere Antworten waren möglich) wie folgt: 50 % fürchteten sich vor Krankheit, 46 % vor Autounfällen, 34 % vor einem Krieg, 40 % vor Arbeitslosigkeit, 28 % vor Unsicherheit in den Städten und 23 % vor der Atomenergie.

2 Das trifft dann zu, wenn der Gewinn im Verhältnis zur Gesamtsumme der Einsätze ermittelt wird.

3 Zu dieser Zeit war die Krankheit in Europa fast vollständig zum Verschwinden gebracht worden.

4 Beim Roulette kann man eine bestimmte Summe gewinnen oder verlieren: Setzt man auf die 7 und es fällt die 17, verliert man seinen Einsatz; fällt jedoch die 7, gewinnt man das 37fache seines Einsatzes. Da die Wahrscheinlichkeit, daß eine bestimmte Zahl fällt, 1:37 beträgt – es gibt 36 Zahlen und die Doppel-Null, die dazu dient, das Spielkasino gewinnen zu lassen –, ist das Risiko: $-1:36 \times 36 + 36:37 = -1:37$. Das ist der zu erwartende durchschnittliche Verlust-Gewinn.

5 Minimum des maximalen Risikos.

6 Siehe das Kapitel »Das medizinische Risiko«

7 Dieses durchschnittliche Risiko ist die Summe der Risiken der Therapie für jede der betreffenden Krankheiten. Die Risiken werden mit Hilfe der Wahrscheinlichkeit der jeweiligen Krankheit gewichtet.

8 Dieser Begriff wurde vom Mathematiker John von Neumann und dem Wirtschaftswissenschaftler Oskar Morgenstern eingeführt. Den Ausgangspunkt ihrer Überlegungen stellte die Spieltheorie dar. Jeder Spieler spricht seinem Gewinn einen Nutzen zu. Zunächst konnte man zeigen, daß es den Spielern bei einigen Spielen gelang, gleichzeitig eine Minimax-Strategie anzuwenden. Es gelang ihnen also, unabhängig von der Strategie ihres Gegners das Maximum ihres Verlusts zu minimieren. Bei einer Risikosituation ist der Gegenspieler die »Natur« (ein allgemein eingeführter Begriff!), und seine Strategie ist der Wert des unbekannten Parameters, der diese Situation kennzeichnet.

9 Das kommt klassischerweise durch die Konkavität der Funktion N für die Gewinne zum Ausdruck. Entwickelt wurde der Begriff des Nutzens gleichzeitig im Rahmen der klassischen Wirtschaftstheorien, um die Probleme des Gleichgewichts, der Preisfestsetzung zu analysieren, und im unsicheren Universum, um das Risiko in Modellform darstellen zu können.

10 »Vollkommen falsch! Der Wohlhabende, der alles im Überfluß hat, erleidet genauso wenig gern Verluste wie der Arme, dem es an allem mangelt«, Bossuet, *Sermon sur le mauvais riche*.

11 Vgl. Hans Jonas, *Das Prinzip Verantwortung. Versuch einer Ethik für die technologische Zivilisation*, Frankfurt am Main 1979

12 Der französische Wirtschaftswissenschaftler Allais hat seine Kritik mit Hilfe von Beispielen begründet, die nicht alle vollkommen überzeugen. Ein häufig verwendetes Beispiel ist dasjenige des Reisenden, der sich mit 100 Francs in der Tasche allein in Marseille aufhält und dringend nach Paris zurück muß. Die Fahrkarte für die Rückfahrt kostet 200 Francs. Welche Lotterie wäre für ihn die geeignetste? Diejenige, bei der für ihn die größte Wahrscheinlichkeit bestünde, 100 Francs zu gewinnen. Der erhoffte Gewinn ist also die Wahrscheinlichkeit, nicht genau 100 Francs zu gewinnen, sondern mindestens 100 Francs. Mit anderen Worten, inner-

halb dieses mathematischen Rahmens beschreibt eine sehr spezielle Nutzenfunktion die Situation vollkommen. In jeder Lotterie hat jedes Spiel, das größer ist als 100, einen Nutzen 1, und jedes Spiel, das kleiner ist als 100, einen Nutzen 0, was die Flexibilität des Begriffs beweist. Um welche Form von Lotterie es sich genau handelt, spielt hier keine Rolle.

13 D. Kahneman/A. Tversky, »Project theory and analysis of decision under risk«, in: *Econometrica*, vol 47, 1979, Nr. 2, S. 263-291

14 In den Experimenten wurde der Nachweis dafür erbracht, daß es nicht ausschlaggebend ist, daß es sich um Geldgewinne handelt.

15 C.R. Rao, *Statistics and Truth*, International Cooperative Publishing House, 1989

16 Das hat folgenden Grund: Die Wartezeit bis zur Wiederherstellung derselben Summe ist endlich, kann aber beliebig lang sein. Die Wahrscheinlichkeit, daß W(Z) ist gleich Z ist, ist klein, wenn Z sehr groß ist, aber nicht klein genug, damit der Durchschnitt 1 W(1) + 2 W(2) + ... + Z W(Z) + ... endlich ist. Das ist ein Beispiel mit unendlichem Durchschnitt.

17 Der soziale Status spielt zum Beispiel bei der Versicherungsprämie eine Rolle. Die sehr alten Fahrer, die statistisch gesehen sehr gefährlich fahren, werden anders eingestuft als die sehr jungen.

18 Das Hauptproblem besteht darin, daß es eine nicht mehr weiter zu reduzierende Zahl von ungefähr zehntausend Verkehrstoten im Jahr gibt, so daß man sich fragen muß, welche Einstellung die Unfallverursacher dem Risiko entgegenbringen.

19 Nichts berechtigt zu der Annahme, das Risiko entstünde durch eine wie auch immer geartete Rechnung. Die Nutzenfunktion ist hier ein Modell für das Ergebnis der Struktur des Risikos, der geistige Mechanismus ist unbekannt.

20 Vgl. M.H. Becker, *The health belief model and personal health behavior*, in: Health Education Monographs, 2, 1974, S. 220-243

21 Bei diesem Verfahren wird eine Vielzahl von Faktoren miteinander multipliziert. Hierzu gehören solche Faktoren wie die Wahrnehmung der Schwere der Krankheit und des persönlichen Risikofaktors, den ein Mensch sich selbst zuschreibt. Ebenso das Ausmaß der durch die Umwelt die unterschiedlichen, einer Verhaltensänderung entgegenstehenden Zwänge verursachten Schwierigkeiten oder der Wille, bei guter Gesundheit zu sein.

22 Moatti u.a., »Les modèles d'analyse des comportements à risque face à l'infection VIH: une conception trop étroite de la rationalité«, in: *Population*, 5, 1993, S. 1505-1534

23 Es ist notwendig, in diesem Zusammenhang schließlich auch noch – und das bei jeder Gelegenheit – zu erwähnen, daß unsere Probleme nicht von denjenigen der weniger entwickelten Welt, denjenigen der Gesellschaften zu trennen sind, die alle Risikoformen aufweisen: moderne Risiken, Umweltschäden, Überbevölkerung. Sie hängen auch mit solchen Risiken zusammen, die für uns nur noch eine Erinnerung darstellen: Hungersnöte,

Epidemien, das Elend des europäischen 19. Jahrhunderts. Ein Blick auf die südliche Hemisphäre würde unsere »Risikophobie« sicherlich auf das rechte Maß zurückbringen und uns dauernd die Sicherheiten vor Augen führen, die unsere Welt förmlich vergiften.

7. Kapitel
Das medizinische Risiko

1 Vgl. Claudine Robert, *Modèles statistiques pour l'intelligence artificielle. L'exemple du diagnostic médical*, Paris 1991

2 Würde man bei der Berechnung dieser Schätzungen noch die praktischen Ärzte hinzuziehen – insbesondere in Fällen, die keine Einlieferung in ein Krankenhaus erforderlich machen –, dann erhielte man ein noch viel größeres Datenspektrum. Zwar ist Frankreich nicht das einzige Land, das in diesem Bereich der Entwicklung hinterherhinkt, aber der Abstand zu anderen Ländern ist doch beträchtlich.

3 Im Kapitel »Unberechenbare oder nicht berechenbare Risiken« werde ich eine Formalisierung der Zuverlässigkeitsproblematik im technologischen Bereich vorstellen, die eine enge Beziehung zu der hier gegebenen Beschreibung der Diagnose aufweist. Im übrigen ist dieser Begriff von den Experten für Störfälle übernommen worden.

4 Vgl. Claudine Robert, *a.a.O.*

5 Ebda.

6 Man sieht, daß in Übereinstimmung mit dem Gesetz der großen Zahl die Einschätzung der Wahrscheinlichkeit mit der zunehmenden Auswertung und Nutzung der Krankenhausregister immer genauer wird.

7 Die durch Mikroben verursachten Hirnhautentzündungen können ihrerseits sehr unterschiedliche Ursachen haben und sehr unterschiedlich verlaufen.

8 Claudine Robert, *a.a.O.*

9 Alexandra Giraud, »L'étrange passivité des médecins«, in: *Le Monde, Science et Médecine*, 22. August 1993

10 Die Konsensregeln sind in ein Bezugssystem übersetzbar, das im Grunde nicht mehr und nicht weniger ist als die statistische Bewertung der Leistungsstärke der unterschiedlichen Behandlungsarten bestimmter Symptome, wobei die Verwendung dieses Systems dann auch zur Auslese gleich wirkungsvoller Behandlungsarten aufgrund der Kosten führen kann.

11 Béatrice Majnoni d'Intignano, in: *Le Monde*, 11. April 1993

12 Béatrice Majnoni d'Intignano, *La Protection sociale*, Paris 1993

13 Für das Jahr 1992 liegen aussagekräftige Zahlen vor: 80 000 von 600 000 amerikanischen Ärzten wurden von ihren Patienten verklagt. In Frankreich wurden 2676 Komplikationen registriert, bei denen möglicherweise von einem ärztlichen Kunstfehler ausgegangen werden kann (bei insgesamt ungefähr 400 Millionen ärztlichen Behandlungen).

14 Vgl. *Le Monde*, 11. April 1993

15 Es wird gern auf das sowieso schon heikle Problem der ärztlichen Abwä-

gung abgeschoben, keine medizinische Verbissenheit an den Tag zu legen.

16 F. Nouchi, in: *Le Monde*, 11. April 1993

17 Vgl. *Nature*, vol. 352, 1993, S. 250-255

18 Die Auseinandersetzungen im Zusammenhang mit der Creutzfeld-Jakob-Krankheit im Jahre 1996 veranschaulichen diese Notwendigkeit.

19 Vgl. A.D. Pattiel/E.H. Kaplan, »The Epidemiological and Economic consequences of AIDS Clinical Trial«, in: *Journal of Acquired Immune Deficiency Syndrome*, 6, 1993, S. 170-190. Deshalb muß man noch lange nicht den Vorschlag der Versicherungsgesellschaften akzeptieren, in jedem Fall das medizinische Risiko in Kauf zu nehmen, das als eine zwar schwerwiegende Folgeerscheinung gedacht wird, mit der man sich aber nicht weiter befassen müsse. Es gibt gesetzgeberische Mittel, derartigen, zu sehr am amerikanischen Vorbild orientierten Haltungen zu begegnen.

20 Ebda.

8. Kapitel
Das Versicherungswesen

1 Bei dieser Gelegenheit kann man auch seinem Bedauern darüber Ausdruck verleihen, daß ein Schulsystem, das einer einseitigen chronologischen Betrachtungsweise verhaftet ist, den Jugendlichen viele wichtige Denkwerkzeuge vorenthält, die für die Ausbildung eines selbständig denkenden Staatsbürgers sehr wichtig wären.

2 Die Verträge legten fest: »... falls, was Gott verhindern möge, dem Schiff ein von Gott gewolltes Mißgeschick widerfährt, es in Seenot gerät, von Piraten überfallen wird oder das Wetter ihm nicht wohlgesinnt ist«. Es gab also drei Risiken: Gott, den Teufel (die Piraten?) und das Wetter.

3 Im Europa des 17. Jahrhunderts, dem Europa der Salons und des beginnenden modernen Finanzsystems, wurde auf alles gewettet, vor allem aber auf die Lebenserwartung der Angehörigen des Hofes: »Stirbt – stirbt nicht?«

4 In England ist sie seit 1774 gesetzlich reglementiert. Im Jahre 1762 wurde die Equitable Society for the Assurances of Lives gegründet, womit die Gerechtigkeit gegenwärtig war.

5 Der Entdecker des Kometen, der seinen Namen trägt.

6 Holland, die Heimstatt einer aktiven und vorurteilsfreien Bougeoisie, war auch das Land, in dem die Grundlagen für das kommerzielle Versicherungswesen die klarste Ausprägung erhalten hatten.

7 Allerdings befiel die Politiker sogleich auch Zweifel, denn das Finanzwesen vermischte sich mit dem Risiko. Bereits Robespierre meinte, »die Versicherungen ersetzen den Dienst der Humanität durch die Berechnung und verursachen so das Verschwinden des allgemeinen Mitgefühls, das ihre Grundlage darstellt«. Man könnte meinen, hieraus spräche bereits die aktuelle Verurteilung des Imperialismus der Mathematik! Die Girondisten waren in Frankreich die Fürsprecher (einige halten sie auch für die Vorreiter) der Versicherung. Napoleon hob das von der Montagne erlas-

sene Verbot nicht wieder auf, und es sollte bis zur Restauration der Monarchie dauern, bis wieder Versicherungen gegründet wurden.

8 Als die fortschrittlichste dieser Parteien erwies sich die deutsche Sozialdemokratie. Allerdings war es Bismarck, der in den Jahren 1887-1889 das System einer verpflichtenden Sozialversicherung schuf, deren Rahmenbedingungen vom Staat festgeschrieben wurden. Die Sozialversicherung umfaßte eine Krankenversicherung, in die die Arbeiter zwei Drittel und die Arbeitgeber ein Drittel einzahlten, eine Unfallversicherung, die allein von den Arbeitgebern getragen wurde, und eine Invaliditäts-Rentenversicherung, deren Beiträge zu gleichen Teilen von Arbeitern und Arbeitgebern getragen wurden. In Frankreich sollte es noch 17 weitere Jahre dauern, bis es Ende des 19. Jahrhunderts zur Einführung einer gesetzlichen Unfallversicherung kam, und mehr als zwanzig Jahre, bis Anfang des 20. Jahrhunderts eine Rentenversicherung geschaffen wurde!

9 J. Peyrelevade, *Histoire de l' U.A.P.*, (U.A.P.) 1989

10 Die große Komplexität dieses Systems kommerzieller Versicherungen, das die Risiken innerhalb eines klassischen und internationalisierten finanziellen Rahmens abdeckt, zeigt, wie anfällig es wäre, wenn es denn jemals das öffentliche Sozialversicherungssystem ersetzen sollte.

11 Es handelt sich um die Nutzenfunktion des rationalen Menschen von von Neumann, die hier im Kapitel »Die Welt des Risikos« erläutert wurde.

12 Wenn R_0 das ursprüngliche Vermögen ist, dann ist der erwartete Nutzen $(1-q)\ u\ (R_0) + q\ u\ (R_0 - M)$, und man vergleicht sie mit $U\ (R_0 - P)$. u ist eine konkavförmige Funktion.

13 P_{max} ist definiert durch die Gleichheit der beiden Funktionen in der vorausgehenden Fußnote.

14 Im Gegensatz zur Versicherung läßt sich an die Rationalität des Spielers denken, der seinen Eintritt ins Kasino zahlt, damit er das Risiko auf sich nehmen kann, in einem fast ausgewogenen Spiel Geld zu gewinnen. Die wirtschaftswissenschaftliche Fachliteratur quillt über von Schulbeispielen, die dem *homo oeconomicus* eine besondere Nutzenfunktion zuschreiben, die, wenn möglich, in schöne Worte gefaßt wird.

15 Gleiches gilt bei einer Versicherung gegen Erdbebenschäden in einer Region, in der es schon einmal ein starkes Erdbeben gegeben hat, wie beispielsweise Basel, wo sich aber die Umgebung seit dem letzten Erdbeben durch die Industrialisierung grundlegend verändert hat.

16 Diese Art der Verteilung des Risikos wird auch von den Spielern an der Börse mit der Schaffung von Aktienfonds praktiziert.

17 Hiermit meine ich diejenigen genossenschaftlichen Versicherungen, die also sogenannte »soziale« Wirtschaftsunternehmen definiert sind, deren Ziel nicht darin besteht, Profit zu machen, sondern ihre Mitglieder um ein gemeinsames Versicherungsprojekt zu versammeln. Man schätzt, daß in Frankreich die Mitglieder solcher Versicherungsgenossenschaften etwa 15 % einsparen.

9. Kapitel
Börse und Finanz: *Risk is Money*

1 Keynes hat für die Ökonomie die Idee der radikalen Unsicherheit entwickelt, d.h. die Idee einer nicht probabilistischen Ökonomie, die auch nicht mathematisch bearbeitet werden könne. Vor allem jedwede Zukunftsentwicklung sei nicht rational bestimmbar, da sie auf den Meinungen und dem Vertrauen der ökonomischen Agenten basiere.

2 John Maynard Keynes, *The General Theory of Employment, Interest, and Money*, London 1936. Deutsch: Allgemeine Theorie der Beschäftigung, des Zinses und des Geldes, Berlin, 7. Aufl. 1994

3 Die ersten »virtuellen« Börsenprodukte sind die »futures« auf Rohstoffe. Sie kamen Ende des 19. Jahrhunderts an den Rohstoffbörsen auf. Es dauerte bis 1972, bis in den Vereinigten Staaten die Wechselkursversicherung eingeführt wurde.

4 Bis 1995 scheint das alles kein größeres Problem gewesen zu sein. Seit 1995 jedoch gehört es zum guten Ton, sich darüber zu empören, Gewinne einzig aus Geldgeschäften zu erzielen.

5 Vgl. hierzu R. de la Rouillère, »Rendement sur longue période de quelques actifs financiers«, in: *Risque*, Nr. 15, Juli 1993

6 Und das trotz des kleinen Börsenkrachs von 1987, als die Verluste sich in einer Größenordnung von etwa 33 % bewegten.

7 In den Vereinigten Staaten haben schon in der Zeit vor der mathematischen Mode regelmäßig Kampagnen gegen den »wissenschaftlichen« Anspruch der Depotverwalter von Aktien stattgefunden. Berühmt geworden ist eine Kampagne der Zeitschrift *Forbes* im Jahre 1967. Die Journalisten dieser Zeitschrift kauften für jeweils 1000 Dollar Aktien von 28 Werten, die nach dem Zufallsprinzip unter den Tausenden der täglich in der *New York Times* notierten Werte ausgesucht wurden. Sie erzielten einen Gewinn von 370 %, der um ein Vielfaches den Anstieg des Dow Jones oder anderer Indizes während desselben Zeitraums überstieg. Dieses Experiment wurde in veränderter Form noch mehrmals erfolgreich wiederholt. In den Vereinigten Staaten wurden in den siebziger Jahren auch alle Vorhersagemethoden genauestens unter die Lupe genommen, mit deren Hilfe man nach Aussage ihrer Erfinder »sehr viel erfolgreicher agieren« könne, als es die Gesamtentwicklung der Aktienindizes zuzulassen scheint. Die Ergebnisse dieser Untersuchung gaben Anlaß zu größter Skepsis. Heute hat sich zwar alles ein wenig zum Besseren gewendet, aber die Strategien der Marktanalysen gleichen immer noch rein zufälligen Strategien. Vgl. hierzu R. Casti, *Search for certainty*, Scribners, 1991

8 Dieses entscheidende Defizit versucht man staatlicherseits zu beheben. In Frankreich hat sich die COB (Kontrollkommission für Börsengeschäfte) das Ziel gesetzt, einen gleichberechtigten Zugang zu allen wichtigen Informationen sicherzustellen. Allerdings sind die Maßnahmen (Einrich-

tung von Informationspunkten an der Börse, Zugang zu Börsenmitteilungen per Btx oder E-mail, Informationen über die Bilanzen von staatlichen Unternehmen, deren Privatisierung bevorsteht) naturgemäß nicht dazu geeignet, einen gleichberechtigten Zugang zu Informationen zu gewährleisten.

9 Es muß angemerkt werden, daß Kleinanleger über keine Möglichkeit der Kontrollausübung verfügen: »Das erste Beispiel bezieht sich auf die Privatisierungen von staatlichen Unternehmen in Frankreich: die geradezu karikaturenhafte Form dieser Kontrolle ist vom Fiskus anläßlich der Privatisierung großer Unternehmen erfunden worden. Bei der Beendigung des Staatskapitalismus hat man sich eine Privatisierungsform mit hermetisch geschlossenen Quoten ausgedacht, bei der die Masse der Anleger zwar das Kapital bereitstellt, aber kein Stimmrecht erhält, weil die Kontrolle ausschließlich von einem geschlossenen Kern ausgeübt wird. Eine kleine Gruppe von Investoren, die von einer eng umgrenzten Oligarchie gelenkt wird, hat die Zahl der Wechselbeteiligungen vergrößert, um sich gegen mögliche Einflußnahmen der Aktionäre abzusichern.« (E. Cohen, in: *Le Monde des Débats*, Juli 1994) Ein anderes Beispiel hierfür sind die »Rückzugsgeschäfte«, bei denen die Kleinanleger gezwungen werden können, mit Verlust zu verkaufen, ohne Regreßansprüche geltend machen zu können.

10 In: *Le Monde*, 29. November 1994. Im übrigen werden die Bewertungstechniken als »Risikoanalyse« oder *risk management* bezeichnet. Die Amerikaner haben hierbei eine Monopolstellung inne, die von einer Handvoll Firmen ausgeübt wird, die in den letzten Jahren aufsehenerregende Niederlagen hinnehmen mußten: Man sah weder die extremen Schwierigkeiten Mexikos voraus noch die Bankpleiten, die durch den Handel mit extrem riskanten, sogenannten »verdorbenen« Aktien verursacht wurden, oder die Pleiten großer Industrieunternehmen oder Konsortien wie der Maxwell-Gruppe.

11 Vgl. de la Rouillère, *a.a.O.*

12 Die Zahl der Kleinanleger, die zwischen 1978 und 1992 von 2,4 Millionen auf 5,4 Millionen gestiegen war, weist die Tendenz auf, ins Astronomische zu steigen. In Frankreich sind fast 12 Millionen Menschen im Besitz von Finanzprodukten (Anleihen, Obligationen, Lebensversicherungen). Der ideologische Druck ist groß, die »Republik in eine Republik von Kleinanlegern« – wie R. Castel sich ausdrückte – umzuwandeln. Die großen Werbekampagnen für die Privatisierung oder den Kauf von Anleihen belegen dies.

13 *Le Monde*, 12. Oktober 1993

14 Boulat/Chabert, *Les Swaps*, Paris 1991

15 Es handelt sich weitestgehend um freihändigen, nicht kontrollierten Markt.

16 Zahlreiche Beobachter haben festgestellt, daß sich bei den Banken ein *moral hazard* entwickelt hat, d.h., sie fühlen sich durch die Versicherungen

überversichert (dieses Phänomen kann man bei den Autoversicherern beobachten). Jeder Darlehensgeber wird durch einen anderen Darlehensgeber abgesichert, und als letzte Instanz sichert der Staat ab (und das auch in den Vereinigten Staaten, wo der Staat die Verluste einiger Banken und Sparkassen aufgefangen hat, die sie durch den Handel mit sehr risikoreichen *hedge funds* erlitten hatten).

17 Bachelier nahm an, daß der Logarithmus für die Preisveränderungen einem Gaußschen Gesetz folgte und darüber hinaus der Preis durch einen konstanten Prozeß zum Ausdruck kam.

18 Einige sind der Meinung, ihre Varianz sei nicht ausreichend: da sie auf der Grundlage sehr kleiner Zeitintervalle berechnet sind, müßten sie unendlich sein, in etwa so wie beim durchschnittlichen Preis der Rohstoffe, der für den Zeitraum eines Jahrhunderts berechnet wird.

19 In dem Kapitel »Die Bedeutung der Wahrscheinlichkeit« werden wir auf das Verhältnis zwischen Wahrscheinlichkeitsrechnung und Chaostheorie zurückkommen.

20 Vgl. L. Credo/A. Gualtierotti, »Ajustement statistique en finance: le cas du mouvement brownien géométrique«, in: *XVI Journées de statistique ASSU*, Neufchâtel 1994, S. 188-195

21 Zeitlose Modelle könnten sicher genauso geeignet sein, und sie wären mit Sicherheit noch angebrachter, aber ihre Sprache wäre nicht angemessen.

22 Bis zum jetzigen Zeitpunkt haben die von der statistischen Mechanik beeinflußten Modelle nicht die gewünschten Ergebnisse gezeigt.

10. Kapitel
Unberechenbare oder nicht berechenbare Risiken

1 Das Phänomen der Ozonschichtzerstörung war Gegenstand von Berechnungen, die auf sehr umstrittenen physikalischen Modellen basieren. Die Tukey-Kommission sprach 1979 von einer Abnahme von durchschnittlich 16 % bei einer möglichen Abweichung von 11 % (d.h. also eine Größenordnung zwischen 5 % und 27 %) mit einer Wahrscheinlichkeit von 1 : 40. Drei Jahre danach dividierte die amerikanische Akademie der Wissenschaften den Mittelwert durch 3.

2 So gaben beispielsweise Ende 1980 die Wissenschaftler den politischen Entscheidungsträgern zweifelhafte Zahlen an die Hand. Auch wenn die CO_2-Konzentration von 1980 bis 1990 regelmäßig zugenommen hat, so scheint seit 1992 eine Verlangsamung der Zunahme um 2/3 eingetreten zu sein, und die Analyse des Gletschereises zeigt, daß es schon vor Millionen von Jahren große Schwankungen der CO_2-Konzentrationen gegeben hat. Zahlreiche Messungen der Erwärmung der Atmosphäre sind nach wie vor ungesichert. Die Auseinandersetzung hierüber ist nicht nur nicht klar, sondern entbehrt häufig der Wissenschaftlichkeit. Zu dieser Kontroverse vgl. Yves Lenoir, *La Vérité sur l'effet de serre; le dossier d'une manipulation planétaire*, Paris 1992; O. Godard, *»A propos du livre d'Yves Lenoir sur l'effet de serre«*, in: *Natures, Sciences, Sociétés*, vol. 1, 1993, Nr. 3

3 Ich möchte hier nur kurz an den Unfall in der Chemiefabrik in Bhopal erinnern, auf den ich später noch zu sprechen komme.

4 Mit anderen Worten, man hat die Qualität der Funktionsweise erfaßt.

5 Rasmussen u.a., *Reaction Safety Study; an assessment of accident risks in US Commercial Nuclear Power Plants Nuclear Regulatory Commission*, Washington 1975

6 Das ist vielleicht eine der Ursachen für die wirtschaftlichen Schwierigkeiten der entwickelten Länder, die auf diese Weise ihren wissenschaftlichen Vorsprung einbüßen.

7 Unter kommerziellen Gesichtspunkten ist die Sicherheit zu einem ganz wesentlichen Faktor geworden, der bei der Auftragvergabe für den Bau eines Kernkraftwerks über den Zuschlag an eine Firma entscheidet. Ein deutsch-französisches Firmenkonsortium arbeitet momentan daran, das Risiko einer Kernschmelze im Reaktor um einen Faktor von 10 bis 100 zu verringern.

8 Vgl. CNPP-AFNOR, *Les Accidents technologiques*, AFNOR 1988

9 Vgl. ebda.

10 In diesem Zusammenhang muß man auch an den Zwischenfall im amerikanischen Atomkraftwerk Salem erinnern, bei dem es sich um den gleichen Reaktortyp handelt.

11 Es ist erstaunlich, wie gut die Maßnahmen (Einlieferung der Opfer in Krankenhäuser) der indischen Behörden organisiert waren, wodurch die schlimmen Auswirkungen der Katastrophe noch begrenzt wurden. Bis heute sind immer noch nicht alle Opfer entschädigt worden.

12 Vgl. CNPP-AFNOR, *a.a.O.*

13 Es gibt Unfälle, die deutlich überbewertet wurden. Das gilt beispielsweise für die Explosion im Chemiewerk von Seveso und die durch diese Explosion verursachte Dioxinvergiftung. Sie hat keine Todesopfer gefordert, wohl aber Kosten in Höhe von über einer Millarde Dollar verursacht.

14 Die Anwendung der Wahrscheinlichkeitsrechnung im Bereich der Zuverlässigkeit technischer Anlagen hat um einen Sicherheitsgewinn in einer Größenordnung von 20% bei Hochhöfen geführt. (*Scientific American*, Juli 1993)

15 Es gibt keine Ethik und *a fortiori* keine Moral, in die neue, endgültig durchgesetzte Kenntnisse, die ein für allemal bestimmte Unsicherheiten ausgeräumt haben, nicht einfließen würden.

16 Für bedingungslose Grüne ist alles berechenbar und mathematisierbar. Oft hat es den Anschein, als seien sie dazu in der Lage, die Welt zu einer Gleichung zu machen, um die Richtigkeit ihrer Thesen zu beweisen.

Dritter Teil
Information und kulturelle Dimension des Zufalls

11. Kapitel
Die andere Seite des Zufalls: Die Information

1 Die Informationsmenge, die eine Nachricht liefert, um die Unsicherheit in bezug auf eine andere Nachricht zu verkleinern, ist ein guter Maßstab für den Grad der Abhängigkeit. Die allgemeingültigste Größe für die Abhängigkeit zwischen zwei zufälligen Variablen wird als gegenseitige Information bezeichnet, und sie wird mit Hilfe der Entropie, mit der wir uns später noch beschäftigen werden, ermittelt.

2 Wenn W(A) die Wahrscheinlichkeit des Ereignisses A ist, dann gilt, daß seine Verwirklichung die Informationsmenge I(A) = -log W(A) liefert. Wenn das Ereignis A eine Wahrscheinlichkeit von fast 0 hat, ist I(A) sehr groß, wenn A hingegen gleichsam sicher ist, ist I(A) fast gleich 0; log bezeichnet hier den Logarithmus zur Basis 2.

3 – 1:2 log 1:2 – 1:2 log 1:2 = log 2 = 1 Bit

4 Er ist gleich log21 – log7 = log3. Dieser Informationsverlust bezeichnet das Unvermögen des Hörers, alle Töne voneinander zu unterscheiden.

5 Die Beziehung zwischen Zeit und Information wird ausführlich untersucht bei J. Breton, *La Dimension invisible, le défi du temps et de l'information*, Paris 1991

6 Den an Physik interessierten Leser möchte ich darauf hinweisen, daß ein tieferer Zusammenhang mit dem zweiten Prinzip der Thermodynamik besteht.

7 Betrachten wir das tägliche Wetter in Paris. Nehmen wir an, es gebe zwei Möglichkeiten: gut und schlecht, und nehmen wir weiter an, daß beide eine Wahrscheinlichkeit von 1:2 haben. Wenn die Beobachtungen von Tag zu Tag unabhängig voneinander wären, würde die Beobachtung jeden Tag eine Information von einem Bit liefern, und über einen Zeitraum von n Tagen eine Information von n Bits. Jeder weiß aber, daß, wenn an einem Tag schönes Wetter herrscht, die Wahrscheinlichkeit, daß auch am folgenden Tag schönes Wetter herrscht, größer ist als 1:2. Nehmen wir an, sie beträgt 4:7; demnach würde es mit einer Wahrscheinlichkeit von 3:7 regnen. Auch auf Regen würde mit derselben Wahrscheinlichkeit von 3:7 Regen folgen. Nehmen wir schließlich noch an, daß die Wetterveränderungen von einer Nacht zur anderen unabhängig voneinander sind. Die Information, die eine Wetterveränderung liefert, ist gleich V = 4:7 log 4:7 + 3:7 log 3:7. Sie ist kleiner als 1. Demnach liefert die Wetterbeobachtung über einen Zeitraum von n Tagen nur die Information Vn anstelle von n, wenn die Tage unabhängig voneinander wären.

8 Es ist anzumerken, daß die vom Alphabet transportierte Information nicht in jeder Sprache, die sich dieses Alphabets in ihrer schriftlichen Form bedient, dieselbe ist, weil weder die Häufigkeit der Buchstaben noch die Syntax miteinander übereinstimmen.

9 Es gibt eine Theorie der Kodierung, die dazu dient, mittels angemessener Wiederholungen, d.h. Redundanzen, vor Fehlern zu schützen. Gleichzeitig dient sie aber auch dazu, mittels Verschlüsselung und Verwendung eines Geheimkodes vor mangelnder Verschwiegenheit zu schützen. Aber das ist für uns an dieser Stelle nicht von Interesse.

10 Die Morsezeichen, der Kode der ersten Telegraphen, ist unzweideutig, ohne optimal zu sein. Da sich die Häufigkeiten der Buchstaben darüber hinaus von Sprache zu Sprache unterscheiden, ist es nur schwer möglich, daß ein Kode in Französisch und Englisch zugleich optimal ist.

11 Diese Einzelheiten sind darauf zurückzuführen, daß die Länge einer Folge eine ganze Zahl ist.

12 Diese Idee erweist sich als sehr interessant, wenn man sie auf die Genetik anwendet. Die Notwendigkeit einer hohen Zuverlässigkeit bei der Transkription der DNA, insbesondere bei der Trennung der mit den Genen verknüpften »Wörter«, enthält Redundanzen und eine gewisse Abweichung vom Optimum.

13 Oder, was das gleiche ist, die mit den Buchstaben des Alphabets verknüpfte Entropie der Wahrscheinlichkeit W(a), W(b) ...

14 Wenn es n Buchstaben gibt, tritt jeder Buchstabe mit einer Häufigkeit von 1 : n auf, und die Entropie ist log n. Ein sehr langer Text mit N Wörtern, der in eine Folge von 0 und 1 übertragen wird (d.h., der mit Hilfe eines Computers erarbeitet werden kann), hat ungefähr die Länge N log n.

15 Diese Häufigkeit ist so beschaffen, daß man offensichtlich $W(x) = 1:2^{l(x)}$ hat. Diese Relation macht es möglich, die Länge l(x) der Folge von 0 und 1 zu berechnen, mit der ein Buchstabe x mit der Wahrscheinlichkeit W(x) zu versehen ist.

16 Diese einfache Idee ermöglicht es auch, die Mindestzahl an Versuchen zu ermitteln, die nötig ist, um den richtigen Schlüssel in einem Schlüsselbund zu finden (das Schloß antwortet ja oder nein, wenn man einen Schlüssel versucht), die Mindestzahl an Fragen ausfindig zu machen, die man jemandem stellen muß, der mit einer vermeintlich gleichbleibenden Wahrscheinlichkeit eine Zahl zwischen 0 und 100 ausgewählt hat, oder die Mindestzahl an Gewichtsbestimmungen auf einer Roberval-Waage, die nötig ist, um unter 100 Münzen, von denen 99 vollkommen identisch sind, die falsche Münze herauszufinden.

17 $-1:32 \log 1:32 + (1-1:32) \log (1-1:32) = \sim 1:6$

18 Nehmen wir der Einfachheit halber an, wir spielen 128 Partien, die man in 16 Blöcke mit jeweils 8 aufeinanderfolgenden Partien unterteilt. Bei jedem Block fragt man zunächst einmal: »Ist die 1 gefallen?« Oft lautet die Antwort »nein«, denn die Wahrscheinlichkeit, daß die 1 in einem Block fällt, ist nur gleich 0,23. Folglich sortiert man alle Blöcke aus, in denen die 1 nicht gefallen ist und widmet sich ausschließlich den anderen Blöcken. Wenn die 1 in einem Block mit 8 Partien gefallen ist, sucht man ihre Stelle, so daß man fragt: »Ist die 1 genau ein Mal oder öfter als ein Mal ge-

fallen?« Wenn die 1 genau ein Mal gefallen ist, genügen drei zusätzliche Fragen, um sie zu lokalisieren. Und auf diese Weise verfährt man weiter.

19 Es handelt sich also um geschickte Strategien, um ein »seltenes« Objekt zu finden.

20 Wenn man die Turing-Maschine benutzt; ein Rechenautomat, der durch ein sehr einfaches mathematischen Modell beschrieben wird und ein Vorläufer der Computer ist.

21 Wenn man etwa die ganze Zahl n im binären System notiert, ist die Größenordnung seiner Komplexität im allgemeinen log n. Allerdings stellt das die Ausnahme dar. Kolmogorow hat gezeigt, daß es höchstens 2^k Folgen gibt, deren Komplexität kleiner als k ist.

22 Man ist nicht dazu in der Lage, eine zufällige unendliche Folge herzustellen, d. h. eine maximale Komplexität für jede aus der Größe N abgeleitete Folge. Damit läßt sich auch beweisen, daß es niemals möglich sein wird, einen perfekten Generator zufälliger Zahlen herzustellen! Zudem nimmt die Wahrscheinlichkeit für eine Folge von 0 und 1, nicht charakteristisch zu sein – die mathematische Version für einen gewissen Jemand –, exponentiell mit der Länge der Folge ab.

23 Es gibt $32! = 32 \times 31 \times 30 \times \ldots \times 4 \times 3 \times 2$ mögliche Reihenfolgen – eine gigantische Zahl. Beim Tarot, wo die Karten nicht gemischt werden, nutzen einige Spieler Informationen, die mit der vorhergehenden Partie verknüpft sind.

24 Auf eine einfache Art veranschaulicht wurde dieser Umstand in: Didier Dacunha-Castelle/M. Duflo, *Probabilités et Statistique*, t. 1, Paris 1994

25 Vgl. M. Forsé, *L'Ordre improbable*, Paris 1989

26 Dieser Abstand wird als Kullback-Shannon-Abstand bezeichnet, er gibt allen Wahrscheinlichkeiten eine Struktur, die gewisse Ähnlichkeiten mit der gängigen Geometrie aufweist.

27 Auch einige Physiker gründen die statistische Mechanik auf dem Prinzip der maximalen Entropie. Man leitet die Form der Wahrscheinlichkeiten, die den Geschwindigkeitsgrad bestimmen, direkt aus den Molekülen eines reinen Gases und einiger anderer Modelle, die dem Gibbs-Modell entsprechen, ab. Wenn man den Blickwinkel der Theorie der statistischen Information verfeinert, lassen sich auch sehr einfache Elemente der Quantenmechanik einführen.

Ein sehr wichtiges Beispiel ist dasjenige, mit dessen Hilfe es dank der Einführung der Informationstheorie möglich ist zu sehen, woher die vielzitierte Glockenkurve, das omnipräsente Gaußsche Gesetz stammt. Kehren wir also noch einmal zur Untersuchung der Schwankungen im Gesetz der großen Zahl zurück. Wenn man nicht den Durchschnitt von $X_1 \ldots X_n$ unabhängigen zufälligen Mengen mit einem Durchschnitt null nimmt, sondern den berechneten Duchschnitt $(X_1 \ldots X_n) : n$ mit $\sqrt{n}$ multipliziert, betrachtet man also $(X_1 + \ldots + X_n) : \sqrt{n}$ als den vereinheitlichten Abstand zwischen dem festgestellten Durchschnitt und dem für null gehaltenen theoretischen Durchschnitt. Nehmen wir an, die Größen X_j hätten alle die gleiche Varianz, dann würde die Rechnung zeigen, daß der Abstand vom Durchschnitt dieselbe Varianz bliebe wie diejenige der X, unabhängig von der Anzahl der n. Diese Addition unabhängiger Mengen können wir als die Entwicklung eines mischenden Systems deuten, dessen Varianz festgelegt ist. Das Theorem über die Schwankungen erweist die Konvergenz zur Glockenkurve, deren Varianz gerade dieselbe ist wie diejenige der X, die anfangs festgelegt wurde. Damit gehört die Gaußsche Wahrscheinlichkeit, die die Kurve angibt, zu jenen Wahrscheinlichkeiten, die dem Zwang entsprechen, d.h., sie ist die Wahrscheinlichkeit der maximalen Entropie: die Varianz ist festgelegt! Wenn man davon ausgeht, daß das System der aufeinanderfolgenden Summen sich so entwickelt, daß seine Wahrscheinlichkeit unter dem Zwang, über eine festgelegte Varianz zu verfügen, zu einer maximalen Entropie wird, dann kann man nur auf die Glockenkurve stoßen.

28 Es gibt keine isolierten menschlichen Gruppen. Jeder Gruppe fließt Information (oder Entropie) in unterschiedlichster Form zu. Soziologen wie Forsé haben die Kriterien maximaler Entropie in einer statischen Form verwendet, wobei das System gleichzeitig isoliert und Zwängen – denen des Einkommens zum Beispiel – unterworfen ist.

12. Kapitel
Die Bedeutung der Wahrscheinlichkeit

1 Sie zwingt zu einer distanzierten Betrachtungsweise und zu einer Selbstbetrachtung der Mathematik, die für viele Mathematiker nur außerhalb des mathematischen Arbeitsbereiches liegen kann.

2 Insbesondere dann, wenn man, wie wir in diesem Kapitel sehen werden, kein platonisches Verständnis von Mathematik hat.

3 Zum Beispiel die Arithmetik.

4 Die physikalisch-mathematischen Modelle sekundärer Funktionen wie des Sehens sind natürlich weit entfernt von den Modellen der wesentlichen Funktionen wie der Fortpflanzung.

5 Vgl. hierzu die Auseinandersetzung zwischen Jean-Pierre Changeux und Alain Connes, *Matière à pensée*, Paris 1992

6 Jean-Louis Krivine, *Mathématiques des programmes et Programme des mathématiques. Vues de la logique mathématique*, Ecole normale supérieure, 1992

7 Diese Entschlüsselung ist keine einfache Angelegenheit, da es mathematische Schwierigkeiten zu lösen gilt.

8 Zahlreiche Beispiele im Bereich der Verhaltensforschung belegen das Vorhandensein derartiger Programme. Allerdings findet beim Kuckuck, der von anderen Vögeln großgezogen wird, die Programmierung ohne jede Erziehung statt. Von den Wandervögeln ist bekannt, daß sie für ihre Flugrouten komplizierte Berechnungen »anstellen« müssen.

9 René Thom hat diese Idee in einem anderen Zusammenhang entwickelt. Er gab zu bedenken, daß es in unserem Gehirn einen Generator für zufällige Zahlen geben könnte. René Thom entwickelt diese Vorstellung aus

mehreren Gründen. Hierzu gehört unter anderem die für einen Deterministen, wie er einer ist, bestehende Notwendigkeit, einen Weg zu finden, damit der Mensch seine Freiheit bewahren kann. Vgl. René Thom, »Postface au débat sur le déterminisme«, in: *Querelle du déterminisme*, Paris 1990, S. 279

10 Vgl. R. Cerf, *Une théorie asymptotique des algorithmes génétiques*, Habilitationsschrift Montpellier II, 1993

11 Das gilt auch für Deutschland und die meisten anderen Länder.

12 Die herausragendste dieser Persönlichkeiten nach Henri Poincaré war Paul Lévy.

13 Noch im Jahre 1950 gehörte die Wahrscheinlichkeitsrechnung zum Fachgebiet »Theoretische Physik« des CNRS und nicht zur Mathematik.

14 K. Hauptmann und J. Karle im Jahre 1985

15 Zum Beispiel für die Potentialtheorie, die analytische Theorie der Zahlen, die harmonische Analyse, die Raumgeometrie von Banach usw.

16 Allerdings hatte J. Dieudonné, einer der ersten Bourbakisten und ein Spezialist für diese Art von Klassifizierung, in den siebziger Jahren die Wahrscheinlichkeitsrechnung mit einem Mal sehr hoch in der Hierarchie der Mathematik angesiedelt, nachdem er sie zuvor lange für nebensächlich hielt.

17 Erst in der ersten Hälfte der dreißiger Jahre wurden die axiomatischen Grundlagen der Wahrscheinlichkeitstheorie klar herausgearbeitet.

18 Schon zu Beginn unseres Jahrhunderts hatte Bertrand auf die ersten »Paradoxe« hingewiesen, die aus der Ungenauigkeit des Sprachgebrauchs resultierten. Hier ein einfaches Beispiel: ABC ist ein gleichschenkliges Dreieck, das in die Einheit Kreis mit dem Zentrum 0 eingeschrieben ist; man »lost« einen Strang PQ »aus«. Wie groß ist die Wahrscheinlichkeit, daß PQ größer ist als AB? »Auslosen« bedeutet hier nichts! Man kann beispielsweise zwei Punkte P und Q mit einer regelmäßigen Verteilung innerhalb des Kreises auslosen, oder man kann auch den Punkt R als Mitte zwischen P und Q mit einem regelmäßigen Abstand auf der Scheibe auslosen und PQ im rechten Winkel zu QR zeichnen. Die Ergebnisse stimmen nicht miteinander überein!

19 René Thom, *Prédire n'est pas expliquer*, Paris 1993

20 So gilt beispielsweise das Wetter über einen Zeitraum von zehn Tagen hinaus als nicht vorhersehbar. Die Chaostheorie war die Systematisierung der Ideen Poincarés, und augenblicklich befindet sie sich in einem Stadium intensiver Entwicklung. Sie hat sich auch als Glücksfall für alle die herausgestellt, die sich zu Predigern der in Mode gekommenen Ideologie der allgemeinen Unvorhersehbarkeit machen. In den populärwissenschaftlichen Zeitschriften ist alles chaotisch, alles das, was man nicht vorhersehen »sollte« und was man nicht vorhersehen kann, vor allem aber natürlich der Preis bestimmter Finanzprodukte. Vgl. D. Ruelle, *Hasard et Chaos*, Paris 1991

21 Es ist sehr in Mode, davon zu sprechen, daß »der Zufall geordnet inner-

halb der Unordnung wirkt und das Chaos ungeordnet innerhalb der Ordnung«. Wobei die Ordnung der Determinismus und die Unordnung der Zufall ist. Diese Formulierung ist von einigen Philosophen genüßlich aufgenommen worden.

22 So etwa bei denjenigen des markowschen Prozesses und ganz allgemein bei den von Kolmogorow, Sinai oder Ornstein entwickelten Ideen zur Entropie.

23 Eine alles in allem klassische Ansicht. Vgl. Wittgenstein, zitiert bei J. Bouveresse, *L'homme probable, Robert Musil, le hasard, la moyenne et l'escargot de l'histoire*, l'Eclat, 1993, S. 66

24 Vgl. I. Ekeland, *Le Hasard et l'imprévu*, Paris 1990

25 Vgl. François Jacob, *Le Jeu des possibles*, Paris 1986

26 Ebda., S.43

27 Zitiert bei J. Bouveresse, *a.a.O.*

28 Schrödingers Beispiel der zugleich toten und lebendigen Katze scheint in der Zwischenzeit von dem Beispiel der zugleich geschlossenen und offenen Tür überholt worden zu sein. Hierbei handelt es sich um die von der Forschergruppe Kastler-Brossel 1994 an der Ecole normale supérieure durchgeführten Arbeiten über die einatomige Tür, die allem Anschein nach neue Probleme bei der Anwendung der Wahrscheinlichkeitsrechnung in der Quantenmechanik aufgeworfen haben.

29 Roland Omnès, *Philosophie de la science contemporaine*, Paris 1994

30 J. Hartong, zitiert bei A. Dahan-Dalmedico, »Le déterminisme de Pierre Simon Laplace« und »Le déterminisme aujourd'hui«, in: *Chaos et Déterminisme*, Paris 1995, S. 495

31 Die Stellung des Zufalls und seltener Ereignisse in der Geschichte sind von J. Bouveresse untersucht worden. Vgl. J. Bouveresse, *a.a.O.*

32 J. Bouveresse erinnert diesbezüglich an die Äußerungen von Maxwell: »Der Wert der Metaphysik ist gleich dem mathematischen und physikalischen Wissen des Autors, dividiert durch die Sicherheit, mit der er auf der Grundlage des Namens der Dinge argumentiert.« (vgl. Bouveresse, *a.a.O.*) Welcher Mathematiker, mag er auch noch so empfänglich sein für den philosophischen Diskurs, könnte dem zweifelhaften Vergnügen widerstehen, das ein derartiges Zitat bereitet, mag es auch ein wenig übertrieben sein?

Epilog
Anstiftung zu einer Pädagogik des Zufalls

1 Maxwells Teufel, das emblematische Symbol für die moderne Physik, war ein Teufel, der Unordnung schuf, die der göttlichen Ordnung entgegensteht.

2 In Frankreich sind die jährlichen Einnahmen des Staates aus den Glücksspielen doppelt so hoch wie die Einnahmen aus der Vermögenssteuer.

3 Nach jahrelangen Widerständen hat auch die Linke den Sportwetten ihre Zustimmung erteilt. Sie hat keine Mittel gescheut, damit man besser auf Menschen setzen kann.

4 Die Vereinigten Staaten nutzen beispielsweise das Losverfahren bei der Erteilung von Einwanderungsgenehmigungen.

5 Allerdings ist die ganze Angelegenheit in Rom schnell sehr viel komplizierter geworden.

6 Als demgegenüber einmal in einem Jahr in Folge einer krankheitsbedingten Abwesenheit die Zusammensetzung des Ausschusses, der für die Besetzung von Professorenstellen verantwortlich ist, per Losentscheid bestimmt werden sollte, überstieg die Selbsternennung der Mitglieder des Ausschusses die übliche Quote, die auch sonst schon nicht gerade klein ist, erheblich! Der Losentscheid hat bedauerlicherweise keine deontologische Wirkung gehabt!

7 In einem sehr viel wichtigeren Bereich haben die Vereinigungen zur Bekämpfung der Immunschwächekrankheit Aids zu Recht den skandalösen Charakter eines Losverfahrens verurteilt, auf das man zurückgriff, um die Zuteilung eines neuen Medikaments zu regeln. Dank des entschlossenen Vorgehens der Vereine hat das Fehlen einer ausreichenden Menge dieses Medikaments keine negativen Folgen gehabt. Die Vereinigungen konnten den Skandal des Losverfahrens zum Vorteil der Kranken ausnutzen.

8 In den achtziger Jahren hatte in Dänemark eine große Zahl junger Frauen die Kriterien für die Ausübung des Berufs einer Hebamme erfüllt. Da abgesehen von den schulischen Voraussetzungen die Qualitäten einer »praktizierenden« Hebamme erst dann offensichtlich werden, wenn sie den Beruf auch tatsächlich ausübt, entschied man sich, per Losentscheid diejenigen auszuwählen, die eine Zulassung als Hebamme bekommen sollten. Diese Vorgehensweise löste keine nennenswerten Proteste aus.

9 In Frankreich werden bestimmte Stellen in der öffentlichen Verwaltung mittels Prüfungsverfahren vergeben. (A. d. Ü.)

10 Auch die »psychologischen« Eignungstests verdienen eine scharfe Kritik. Ihre Bewertungskriterien sind den erklärten Zielen vollkommen unangemessen. Mit Hilfe statistischer Untersuchungen konnten wir feststellen, daß die benutzten Tests (die glücklicherweise nur ein Bestandteil der Prüfung für die Zulassung zum Diplom in angewandter Informatik sind) kaum Rückschlüsse auf die universitären, dann die beruflichen Leistungen der Studenten zuließen! Um so weniger, als die Studenten, die auf dem laufenden sind, ihre Tests mit Hilfe spezieller Lehrwerke büffeln!

11 Der Ausdruck stammt von Philippe Nozières.

12 C. Robert, *Modèles statistiques pour l'intelligence artificielle*, Paris 1991

13 Sei es, daß die theoretischen Modelle nicht mehr gültig sind, sei es, daß die Parameter der verwendeten Modelle ganz einfach plötzliche Veränderungen erfahren haben.

14 Das Beispiel der Arbeitslosenzahl, die regelrechte Unmöglichkeit, sie wirklich zu zählen, die für die Allgemeinheit undurchsichtige Kategorisierung der Arbeitslosen entsprechend der jeweiligen Berufsgruppen, die Unterschiede zwischen den internationalen und den nationalen Kriterien haben deutlich gemacht, wie notwendig eine Relativierung des Begriffs

der Kategorie sowie der Klassifikationsverfahren im sozialen Bereich ist.

15 Die Bewertungsverfahren in der Schule müssen aufgewertet werden. Macht man den Kindern verständlich, das jede Bewertung die Wahl eines Kriteriums notwendig macht und daß diese Wahl Schwierigkeiten bereiten kann, so handelt es sich um ein sehr wichtiges Verfahren.

16 Es handelt sich um eine vom französischen Fernsehsender TF 1 am 16. April 1995 ausgestrahlte Sendung mit dem Titel »7 sur 7«. Die Leiter der wichtigsten Meinungsforschungsinstitute haben sich selbst mit dem Attribut »wahrer« Fachleute versehen. Die Umfragekommission, die mit der Überprüfung von deren Praktiken beauftragt ist, scheint zu vertrauensselig zu sein und nicht über den entsprechenden wissenschaftlichen Einblick und die unverzichtbaren Werbe- und Erziehungsmittel zu verfügen.

17 In dem Kapitel über das Gesetz der großen Zahl haben wir gesehen, daß sie von der zwar unbekannten, aber gleichzeitig mit dem Durchschnitt geschätzten Variabilität abhängt.

18 I.N.E.D.: *Institut national des études démographiques* (Nationales Institut für demographische Studien)

19 C. Baudelot/Pierre Bourdieu/C. Lévy in: *Le Monde*, 8. Juli 1994

20 »Demzufolge fordern die Organisatoren des Seminars und die Mitglieder des Komitees für Richtlinien und Statistik der A.S.U., daß eine politische Instanz, die den Entschluß faßt, die statistischen Ergebnisse einer großen Umfrage zu veröffentlichen, es sich zur Pflicht macht, gleichzeitig eine wissenschaftliche Untersuchung der befragten Bevölkerungsgruppe in Auftrag zu geben und die entsprechenden Ergebnisse zu veröffentlichen.« Bei den zitierten Einrichtungen handelt es sich um das Komitee des nationalen Instituts für demographische Studien und um die Vereinigung der Statistiker (A.S.U.). Eine freimütige Diskussion zwischen den Verantwortlichen für den Fragebogen und seinen Kritikern, an die sich die hier zitierte Resolution anschließt, findet sich im *Bulletin de liaison*, Nr. 10, Juni 1995, das die Société de statistique de France herausgegeben hat.

21 Nennen wir ein lobenswertes Beispiel: Die Erziehungs-, Umwelt- und Verteidigungsministerien haben zusammen eine Broschüre mit dem Titel *Schule und schwerwiegende Risiken* veröffentlicht. Ihr außergewöhnlich gutes Erscheinungsbild ist zweifellos auf die Tatsache zurückzuführen, daß das Verteidigungsministerium mit ihrer Herstellung beauftragt war. Ihr für die Lehrkräfte bestimmter technischer Teil ist sehr anspruchsvoll. So findet sich dort etwa eine schematische Darstellung eines Atomkraftwerks. Aber das Wort »Wahrscheinlichkeit« kommt nirgendwo vor. Das schwerwiegende Risiko wird dort definiert als »das Zusammentreffen eines Zufalls mit bestimmten Umständen«. Achtung! Alles in allem ist die Definition nicht falsch, aber man ließ die Gelegenheit ungenutzt, zum Nachdenken über die tieferen Gründe jenseits von zweitrangigen technischen Details anzuregen. Es wird keine einzige Zahl in bezug auf die Wahrscheinlichkeit genannt.

22 Die allgemeine Unkenntnis der Lehrpläne ist erstaunlich. In einer Radiosendung mit dem Titel »Le téléphone sonne« (Das Telefon klingelt) vom Freitag, dem 14. April 1995, auf France Inter, konnte Roland Cayrol, der Leiter eines Meinungsforschungsinstituts behaupten, den Franzosen sei das Gesetz der großen Zahl sehr wohl bekannt, weil es auf dem Lehrplan der Hauptschule und selbst der Grundschule stehe. Allerdings steht es noch nicht einmal auf dem Lehrplan der Gymnasien, und auch auf dem Lehrplan vieler *classes préparatoires*, in denen die besten Schüler auf die Aufnahmeprüfung für die französischen Elite-Universitäten, die Grandes Ecoles, vorbereitet werden, und auf dem des Grundstudiums vieler Universitäten sucht man es vergeblich.

23 Und verstehen, daß es sich hierbei um einen Bereich handelt, in dem sich in enger Verbindung zur Algebra und zur Geometrie wunderbar Mathematik betreiben läßt, ohne daß es zu einer Absenkung des kulturellen Niveaus kommt.

24 Bei der Auseinandersetzung mit Wahrscheinlichkeit darf man vor allem nicht den Fehler begehen, sich auf die kombinatorischen Schwierigkeiten der Glücksspiele zu beschränken.

25 So ist es beispielsweise sehr interessant, sie auf der Grundlage von Münzwurf- oder Pausenspielen über die Vielfalt der Möglichkeiten, der Ursachen und Wirkungen nachdenken zu lassen.

26 Statistiken füllen sich erst dann wirklich mit Leben, wenn man sich Fragen stellt, wenn das behandelte Problem zur Formulierung von Hypothesen anregt oder wenn man sich ernsthaft mit einem vom I.N.S.E.E. veröffentlichten Dokument auseinandersetzt.

Literatur

Azencott, R./D. Dacunha-Castelle, *Série d'observations irrégulières*, Paris 1984

Baudelot, C./R. Establet, *Durkheim et le suicide*, Paris 1984

Baudelot, C./P. Bourdieu/C. Lévy, in: *Le Monde*, 8. Juli 1994

Baudoin, J., *Karl Popper*, Paris 1989

Becker, M. H., *The health belief model and personal health behavior*, in: *Health Education Monographs*, 2, 1974, S. 220-243

Beran, J., *Statistics for long-memory processes*, Chapman & Hall, 1994

Bossuet, J.-B., *Sermon sur le mauvais riche*, verfaßt 1649-1690

Boulat/Chabert, *Les Swaps*, Paris 1991

Bourdieu, P., »La société traditionnelle. Attitude à l'égard du temps et conduite économique«, in: *Sociologie*, Januar 1963, Nr. 1, S. 26-42

Bouveresse, J., *L'homme probable, Robert Musil, le hasard, la moyenne et l'escargot de l'histoire*, l'Eclat, 1993

Breton, J., *La Dimension invisible, le défi du temps et de l'information*, Paris 1991

Bulletin de liaison, Hg. Société de statistique de France, Nr. 10, Juni 1995

Casti, R., *Search for certainty*, Scribners, 1991

Cerf, R., *Une théorie asymptotique des algorithmes génétiques*, Habilitationsschrift Montpellier II, 1993

Changeux, J.-P./A. Connes, *Matière à pensée*, Paris 1992

CNPP-AFNOR, *Les Accidents technologiques*, AFNOR 1988

Cohen, E., in: *Le Monde des Débats*, Juli 1994

Credo, L./A. Gualtierotti, »Ajustement statistique en finance: le cas du mouvement brownien gémétrique«, in: *XVI Journées de statistique ASSU*, Neufchâtel 1994, S. 188-195

Dacunha-Castelle, D./M. Duflo, *Probabilités et Statistique*, t. 1, Paris 1994

Dahain-Dalmedico, A., »Le déterminisme de Pierre Simon de Laplace« und »Le déterminisme aujourd'hui«, in: *Chaos et déterminisme*, Paris 1995

Desrosiers, A., *La politique des grands nombres*, Paris 1993

Durkheim, E. *Le suicide*, Paris 1897

Ekeland, I., *Le Hasard et l'imprévu*, Paris 1990

Fisher, R. A., *Annals of Science*, I, 1936, S. 115-137

Forsé, M., *L'Ordre improbable*, Paris 1989

Giraud, A., »L'étrange passivité des médecins«, in: *Le Monde, Science et Médecine*, 22. August 1993

Godard, O., »A propos du livre d'Yves Lenoir sur l'effet de serre«, in: *Natures, Sciences, Sociétés*, vol. 1, 1993, Nr.3

Habermas, J., *Technik und Wissenschaft als »Ideologie«*, Frankfurt am Main 1968

Jacob, F., *Das Spiel der Möglichkeiten*, München 1983

Jonas, H., *Das Prinzip Verantwortung. Versuch einer Ethik für die technologische Zivilisation*, Frankfurt am Main 1979

Kahnemann, D./A. Tversky, »Project theory and analysis of decision under risk«, in: *Econometrica*, vol 47, 1979, Nr. 2, S. 263-291

Keynes, J. M., *Allgemeine Theorie der Beschäftigung, des Zinses und des Geldes*, Berlin, 7. Auflage 1994.

Krivine, J.-L., *Mathématiques des programmes et Programme des mathématiques. Vues de la logique mathématique*, Ecole normale supérieure, 1992

Lenoir, Y., *La Vérité sur l'effet de serre; le dossier d'une manipulation planétaire*, Paris 1992

Majnoni d'Intignano, B., in: *Le Monde*, 11. April 1993

Majnoni d'Intignano, B., *La Protection sociale*, Paris 1993

Maurois, A., *Les Silences du Colonel Bramble*, Paris 1929

Moatti u.a., »Les modèles d'analyse des comportements à risque face à l'infection VIH: une conception trop étroite de la rationalité«, in: *Population*, 5, 1993, S. 1505-1534

Monod, J., *Zufall und Notwendigkeit*, München 1982

Montbrial, T. de, *Energie, le compte à rebours*, Club of Rome, 1978

Musil, R., *Der Mann ohne Eigenschaften*, Reinbek bei Hamburg 1978 (neu durchgesehene und verbesserte Ausgabe)

Nouchi, F., in: *Le Monde*, 11. April 1993

Omnès, R., *Philosophie de la science contemporaine*, Paris 1994

Pattiel, A. D./E. H. Kaplan, »The Epidemiological and Economic Consequences of AIDS Clinical Trial«, in: *Journal of Acquired Immune Deficiency Syndrome*, 6, 1993, S. 170-190

Peyrevelade, J., *Histoire de l'U.A.P.*, (U.A.P.) 1989

Rao, C. R., *Statistics and Truth*, International Cooperative Publishing House, 1989

Rasmussen, N., u.a., Reaction *Safety Study; an assessment of accident risks in US Commercial Nuclear Regulatory Commission*, Washington 1975

Robert, C., *Modèles statistiques pour l'intelligence artificielle. L'exemple du diagnostic médical*, Paris 1991

Rouillère, R. de la, »Rendement sur longue période de quelques actifs financiers«, in: *Risque*, Nr. 15, Juli 1993

Ruelle, D., *Hasard et Chaos*, Paris 1991

Thisted/Efron, »Did Shakespeare write a newly-discovered poem?«, in: *Biometrika*, 74, 1996, S. 445-463

Thom, R., »Postface au débat sur le déterminisme«, in: *Querelle du déterminisme*, Paris 1990

Thom, R., *Prédire n'est pas expliquer*, Paris 1991

Westfall, R. S., *Science*, 1979, 1973, S. 751-758

Personenregister

Peter L. Bernstein

Wider die Götter
Die Geschichte von Risiko und
Riskmanagement von der
Antike bis heute

Aus dem Amerikanischen von
Gerhard Beckmann
480 Seiten, Leinen, Fadenheftung
ISBN 3-9803352-7-5

»Bernstein dringt zu einem Zentralthema unserer modernen, kapitalistischen Weltauffassung vor: dem der Rationalität in unseren Entscheidungen angesichts einer offenen Zukunft.«
FAZ